Frank Tränkle

Modellbasierte Entwicklung Mechatronischer Systeme

Weitere empfehlenswerte Titel

Modellbasierte Entwicklung Mechatronischer Systeme
Mit Funktionsmodellen und Laborprojekten für Servoantriebe
Jürgen Baur, geplant für 2022
ISBN 978-3-11-074444-6, e-ISBN (PDF) 978-3-11-074446-0,
e-ISBN (EPUB) 978-3-11-074448-4

Toleranzdesign
im Maschinen- und Fahrzeugbau
Bernd Klein, 2021
ISBN 978-3-11-072070-9, e-ISBN (PDF) 978-3-11-072072-3,
e-ISBN (EPUB) 978-3-11-072075-4

Maschinenelemente
Hubert Hinzen
Maschinenelemente 1, 2017
ISBN 978-3-11-054082-6, e-ISBN (PDF) 978-3-11-054087-1,
e-ISBN (EPUB) 978-3-11-054104-5
Maschinenelemente 2:
Lager, Welle-Nabe-Verbindungen, Getriebe, 2018
ISBN 978-3-11-059707-3, e-ISBN (PDF) 978-3-11-059708-0,
e-ISBN (EPUB) 978-3-11-059758-5
Maschinenelemente 3: Verspannung, Schlupf und
Wirkungsgrad, Bremsen, Kupplungen, Antriebe, 2020
ISBN 978-3-11-064546-0, e-ISBN (PDF) 978-3-11-064707-5,
e-ISBN (EPUB) 978-3-11-064714-3

Mechatronische Netzwerke
Praxis und Anwendungen
Jörg Grabow, 2018
ISBN 978-3-11-047084-0, e-ISBN (PDF) 978-3-11-047085-7,
e-ISBN (EPUB) 978-3-11-047095-6

Frank Tränkle

Modellbasierte Entwicklung Mechatronischer Systeme

mit Software- und Simulationsbeispielen für Autonomes Fahren

DE GRUYTER
OLDENBOURG

Autor

Prof. Dr.-Ing. Frank Tränkle
Fakultät Mechanik und Elektronik
Hochschule Heilbronn
Max-Planck-Str. 39
74081 Heilbronn

ISBN 978-3-11-072346-5
e-ISBN (PDF) 978-3-11-072352-6
e-ISBN (EPUB) 978-3-11-072355-7

Library of Congress Control Number: 2021940890

Bibliografische Information der Deutschen Nationalbibliothek
Die Deutsche Nationalbibliothek verzeichnet diese Publikation in der Deutschen
Nationalbibliografie; detaillierte bibliografische Daten sind im Internet
über http://dnb.dnb.de abrufbar.

© 2021 Walter de Gruyter GmbH, Berlin/Boston
Druck und Bindung: CPI books GmbH, Leck
Coverabbildung: Frank Tränkle

www.degruyter.com

Vorwort

Die modellbasierte Entwicklung mechatronischer und cyber-physischer Systeme ist eine Erfolgsgeschichte. Ohne den Einsatz modellbasierter Methoden wären die Innovationen der letzten beiden Jahrzehnte im Automobilbereich und in der Industrieautomatisierung nicht möglich gewesen. Die modellbasierte Entwicklung setzt mathematische Modelle zur Beschreibung technischer Prozesse und Systeme ein, um Entwicklungsumfänge durch modellbasierten Entwurf, Analyse und Computersimulation in frühe Phasen der Systementwicklung zu verlagern. Dadurch wird eine Kostenreduktion in der Systementwicklung bei einhergehender Erhöhung der Qualität, Sicherheit und Verfügbarkeit erzielt.

Bereits seit Mitte der 1990er Jahre wird die modellbasierte Entwicklung von mir mitgestaltet und angewendet. Ich entwickelte in meiner Doktorarbeit an der Universität Stuttgart das Modellierungswerkzeug PROMOT und die objektorientierte Modellierungssprache MDL zur Modellierung und Simulation dynamischer, verfahrenstechnischer Prozesse. Während meiner beruflichen Tätigkeit bei ETAS und GIGATRONIK setzte ich die modellbasierte Softwareentwicklung mit Hilfe von ASCET und MATLAB®/Simulink® zur Entwicklung von Echtzeit- und Embedded-Systemen im Automobilbereich ein. An der Hochschule Heilbronn und an der Hochschulföderation Südwest unterrichte ich den Einsatz modellbasierter Methoden in der Entwicklung von Regelungsfunktionen im Fachgebiet Automotive-Systems-Engineering.

Dieses Lehrbuch bündelt meine Erfahrungen aus Industrie, Lehre und Forschung. Es behandelt Grundlagen der modellbasierten Entwicklung und deren Anwendung in der Embedded-Software-Entwicklung für mechatronische Systeme. Weiterhin werden Modellierungsrichtlinien vermittelt, die die modellbasierte Entwicklung vereinfachen und die Entwicklungsergebnisse verbessern. Als Anwendungsbeispiel wird das Laborsystem Mini-Auto-Drive (MAD) für autonomes Fahren verwendet. In MAD fahren batterieelektrische Modellfahrzeuge autonom auf einer frei konfigurierbaren Fahrbahn. In den einzelnen Buchkapiteln werden Bewegungsregelungsfunktionen für autonomes Fahren schrittweise und durchgängig entwickelt. Durchgängigkeit bedeutet, dass Leser*innen dieses Lehrbuchs die modellbasierte Entwicklung mit allen Entwicklungsschritten von der Anforderungsspezifikation bis hin zum Testen der Funktionen auf dem Laborsystem kennenlernen und durchführen. Jede Funktion wird dabei mit Hilfe regelungstechnischer Methoden entworfen, modellbasiert entwickelt, in Fahrdynamiksimulationen getestet und als Embedded-Software implementiert und in Betrieb genommen.

Mein Kollege und Freund Jürgen Baur an der Hochschule Aalen und ich starteten vor einigen Jahren mit der Erstellung neuartiger Lehrbücher in den Fachgebieten des Automotive-Systems-Engineering und der Industrieautomatisierung, die sowohl die Grundlagen als auch die durchgängige Anwendung der modellbasierten Entwicklung anhand von Anwendungsbeispielen vermitteln. Während das vorliegende Lehrbuch

https://doi.org/10.1515/9783110723526-202

die Embedded-Software-Entwicklung für autonomes Fahren im Fachgebiet des Automotive-Systems-Engineering als Anwendungsbeispiel behandelt, wendet das Lehrbuch von Jürgen Baur modellbasierte Methoden zur Entwicklung von Servoachsantrieben in der Industrieautomatisierung an. Die modellbasierte Entwicklung in beiden Fachgebieten Automotive-Systems-Engineering und Industrieautomatisierung beruht auf denselben Grundlagen und Konzepten. In beiden Lehrbüchern wird einheitlich MATLAB/Simulink als Toolkette für die modellbasierte Entwicklung verwendet.

Unterschiede bestehen in den Zielplattformen zur Regelung und Steuerung der Systeme in Echtzeit. So werden die Softwarefunktionen für autonomes Fahren auf Hochleistungsrechnern implementiert und ausgeführt. Im Laborsystem MAD werden dazu ein Echtzeit-Linux-Computer und das Robot-Operating-System (ROS) als Middleware eingesetzt. Die automatisierte Codegenerierung für die Embedded-Software des Linux-Computers erfolgt mit Hilfe des Embedded-Coders®. Embedded-Coder ist ein Zusatzprodukt zu MATLAB/Simulink, das automatisiert C/C++-Code aus Simulink-Modellen generiert. Diese Form der modellbasierten Softwareentwicklung wird auch als modellgetriebene Softwareentwicklung bezeichnet.

Da neben dem Einsatz der modellgetriebenen Softwareentwicklung mit MATLAB/Simulink die Anwendung der general-purpose Programmiersprache C++ in der Softwareentwicklung für autonomes Fahren sehr verbreitet ist, behandelt dieses Lehrbuch weiterhin die modellbasierte Softwareentwicklung mit C++. Die Leser*innen können entscheiden, ob sie die Regelungsfunktionen modellgetrieben mit MATLAB/Simulink oder modellbasiert mit C++ entwickeln.

Zielgruppen des Lehrbuchs sind Student*innen in Bachelor- oder Masterstudiengängen und berufserfahrene Softwareentwickler*innen, die sich grundlegend in die modellgetriebene oder modellbasierte Embedded-Software-Entwicklung mit MATLAB/Simulink oder C++ einarbeiten und Robot-Operating-System (ROS) unter Linux zur Steuerung und Regelung autonomer Systeme anwenden möchten. Weiterhin ist dieses Lehrbuch sehr gut als Manuskript für Vorlesungen und Labore geeignet, da es kapitelweise die Grundlagen der modellbasierten Softwareentwicklung und die schrittweise Entwicklung der Bewegungsregelungsfunktionen für autonomes Fahren im Rahmen von Laborübungen behandelt.

Heilbronn, im Juni 2021   Frank Tränkle

Inhalt

Abbildungsverzeichnis

https://doi.org/10.1515/9783110723526-204

Tabellenverzeichnis

https://doi.org/10.1515/9783110723526-205

1 Einleitung

Die *modellbasierte Entwicklung* ist eine Methode zur Entwicklung softwareintensiver, mechatronischer und cyber-physischer Prozesse und Systeme. Sie wird seit über 20 Jahren in verschiedenen Anwendungsbereichen eingesetzt und hat sich in der Entwicklung von Steuerungs- und Regelungsfunktionen auf breiter Basis durchgesetzt, vor allen Dingen in der Verfahrenstechnik, in Aerospace und in Automotive-Systems-Engineering [1]. Aufgrund dieser Erfolgsgeschichte setzt sich die modellbasierte Entwicklung auch in der Industrieautomatisierung und anderen Bereichen immer mehr durch. Nur durch Einsatz modellbasierter Entwicklungsmethoden und dabei unterstützender Modellierungs- und Simulationsumgebungen ist die Realisierung hoch komplexer mechatronischer Systeme oder Fahrzeugsysteme bei stetig steigender Variantenvielfalt und immer kürzer werdenden Entwicklungszyklen möglich. Innovative Produkte für die Automotive Megatrends Elektromobilität, vernetztes Fahren und autonomes Fahren wären ohne Einsatz der modellbasierten Entwicklung nicht realisierbar.

Die modellbasierte Entwicklung setzt mathematische Modelle zur Beschreibung technischer Prozesse und Systeme ein, um Entwicklungsumfänge durch modellbasierten Entwurf, Analyse und Computersimulation in frühe Phasen der Systementwicklung zu verlagern. Dadurch wird eine Kostenreduktion in der Systementwicklung bei einhergehender Erhöhung der Qualität, Sicherheit und Verfügbarkeit erzielt.

Der Schwerpunkt dieses Lehrbuchs liegt auf der *modellbasierten Softwareentwicklung* als Teildisziplin der modellbasierten Entwicklung. Das Produkt der modellbasierten Softwareentwicklung ist Embedded-Software, die den wesentlichen Teil der Funktionalität in heutigen und zukünftigen Systemen realisiert und auf elektronischen Steuergeräten implementiert wird. Allgemein setzt die modellbasierte Softwareentwicklung formale, simulationsfähige oder auch nicht ausführbare *Funktions- und Softwaremodelle* für den Entwurf der Embedded-Softwarefunktionen ein.

Als Anwendungsbeispiel behandelt dieses Lehrbuch die modellbasierte Softwareentwicklung von Funktionen der Bewegungsregelung (engl. Motion-Control) für autonomes Fahren. Die Methoden der modellbasierten Softwareentwicklung werden im buchbegleitenden Laborprojekt Mini-Auto-Drive (MAD) [2] angewendet und praktisch vertieft. Die Leser*innen können sich dabei für die Modellierungs- und Simulationsumgebung MATLAB®/Simulink® [3] oder alternativ für die general-purpose Programmiersprache C++ [4, 5] entscheiden. Simulink und C++ ermöglichen beide ein hohes Abstraktionsniveau in der Softwareentwicklung und werden in der Entwicklung von Softwarefunktionen für automatisiertes und autonomes Fahren auf breiter Basis sowohl in der Industrie als auch an Hochschulen und Forschungsinstituten eingesetzt.

In der modellbasierten Softwareentwicklung von Steuerungs- und Regelungsfunktionen kommen im Allgemeinen *formale, simulationsfähige Modelle* zum Einsatz,

https://doi.org/10.1515/9783110723526-001

die die Embedded-Software durch Differentialgleichungen, Differenzengleichungen, Übertragungsfunktionen, Signalflusspläne und endliche Zustandsautomaten basierend auf den Entwurfskonzepten der Steuerungstechnik, der Regelungstechnik und der digitalen Signalverarbeitung beschreiben. Diese Modelle werden zum einen dazu genutzt, die Softwarefunktionen frühzeitig in Simulationen durch Einsatz von MATLAB/Simulink oder C++ zu testen. Zum anderen generieren Codegeneratoren, wie z.B. Embedded-Coder®, aus MATLAB/Simulink/Stateflow®-Modellen automatisiert Embedded-C/C++-Code für elektronische Steuergeräte.

Während des Entwurfs und Tests der Softwarefunktionen kommen darüber hinaus dynamische Umgebungsmodelle zur Beschreibung des physikalischen, deterministischen oder stochastischen Prozess- und Systemverhaltens zum Einsatz. Diese basieren allgemein auf gewöhnlichen und partiellen Differentialgleichungen, endlichen Zustandsautomaten und algebraischen Gleichungen. Gesamtsystemmodelle, die aus den Funktions- und Softwaremodellen der Embedded-Software sowie den Umgebungsmodellen aufgebaut sind, werden zur Validierung und Verifikation der Softwarefunktionen durch Computersimulation in MATLAB/Simulink/Stateflow oder in C++ eingesetzt.

Über den Lehrbuchinhalt hinaus werden in der modellbasierten Softwareentwicklung auch UML- und SysML-Modelle für den objektorientierten Entwurf und den Systementwurf verwendet [6]. UML- und SysML-Modelle werden jedoch nicht im Rahmen dieses Lehrbuchs behandelt, da diese nur bedingt für den signalflussbasierten Entwurf von Regelungs- und Signalverarbeitungsfunktionen oder für die Autocodegenerierung entsprechender Softwarefunktionen geeignet sind.

1.1 Lehrbuchinhalte

Dieses Lehrbuch behandelt die modellbasierte Softwareentwicklung der Bewegungsregelung (engl. Motion-Control) für autonomes Fahren. Als Beispiel wird die Embedded-Software für folgende *automatisierte Fahrfunktionen* als Komponenten der Bewegungsregelung entwickelt:
-   Geschwindigkeitsregelung,
-   Longitudinalpositionsregelung,
-   Bahnfolgeregelung.

Dabei kommen frequenzkennlinien- und zustandsraumbasierte Reglerentwurfsmethoden sowie der Vorsteuerungsentwurf aus der Regelungstechnik zum Einsatz. Die Regelungsfunktionen werden zunächst zeitkontinuierlich entworfen und dann im nächsten Schritt durch zeitdiskrete Differenzengleichungen approximiert. Diese zeitdiskrete Formulierung ist eine Voraussetzung für die Implementierung von Regelungsfunktionen als Embedded-Software auf Digitalrechner. Für den Entwurf und den Test der Regelungsfunktionen werden darüber hinaus Fahrdynamikmodelle hergeleitet und in Computersimulationen eingesetzt.

Abb. 1: Laborprojekt Mini-Auto-Drive mit autonomen Modellfahrzeugen

Im buchbegleitenden Laborprojekt Mini-Auto-Drive (MAD) wird das theoretische und praktische Wissen schrittweise angewendet und vertieft. Das Laborsystem MAD ist eine *Miniplant*[1] im Maßstab 1:24 zur Entwicklung automatisierter Fahrfunktionen. In MAD fahren batterieelektrische Modellfahrzeuge autonom auf der in Abb. 1 dargestellten horizontalen, ebenen Fahrbahn mit einer Fläche von 2,70m auf 1,80m. Weitere Fotos und Videos zu MAD sind unter https://asert.hs-heilbronn.de/ zu finden.

Die Leser*innen setzen in diesem Laborprojekt entweder die Modellierungs- und Simulationsumgebung MATLAB/Simulink [3] oder alternativ die general-purpose, objektorientierte Programmiersprache C++ [4] zur modellbasierten Softwareentwicklung der Fahrfunktionen ein. Die Leser*innen können sich dabei

- für die *modellgetriebene Softwareentwicklung* mit MATLAB/Simulink
- oder die *modellbasierte Softwareentwicklung* mit Modern C++ ab Version C++14

---

1 *Miniplants* sind Anlagen im Labormaßstab, mit welchen durch Rapid-Control-Prototyping neue technische Prozesse und Systeme entwickelt und erprobt werden.

entscheiden, wobei in beiden Fällen die MATLAB-Control-System-Toolbox™ für den Reglerentwurf zum Einsatz kommt. Zielsystem ist ein Echtzeit-Linux-Computer als elektronisches Steuergerät, der die Fahrzeuge über Bluetooth-Low-Energy (BLE) fernsteuert. Die Softwarefunktionen werden als Software-Komponenten in der Middleware Robot-Operating-System (ROS) [7] implementiert. Die *modellgetriebene Softwareentwicklung* ist eine Variante der modellbasierten Softwareentwicklung, wobei bei Verwendung von MATLAB/Simulink der C++-Code der Software-Komponenten automatisiert mit Hilfe der MATLAB/Simulink-Toolbox Embedded-Coder® generiert wird.

Beide Ansätze führen zu demselben Ergebnis, unterscheiden sich aber in der Vorgehensweise und im Abstraktionsgrad. Während in MATLAB/Simulink Signalflusspläne für Funktions-, Software- und Umgebungsmodelle direkt eingegeben und simuliert werden können, ist bei Verwendung von C++ eine Abbildung der Signalflusspläne in Datenobjekte und Programmflüsse notwendig. Deshalb und wegen der notwendigen Einbindung der Numerik-Bibliothek Boost-Odeint[2] [8] ist der Arbeitsaufwand in der modellbasierten Softwareentwicklung mit C++ als höher einzustufen als bei der modellgetriebenen Softwareentwicklung mit MATLAB/Simulink.

1.1.1 Lernziele

- Die Leser*innen kennen die Softwarearchitektur für automatisierte Fahrfunktionen.
- Die Leser*innen können die modellbasierte und modellgetriebene Softwareentwicklung anwenden.
- Die Leser*innen können automatisierte Fahrfunktionen in MATLAB/Simulink oder C++ modellieren bzw. programmieren.
- Die Leser*innen können die Fahrdynamik und die Dynamik elektrischer Antriebssysteme der MAD-Fahrzeuge entweder in MATLAB/Simulink oder in C++ modellieren und simulieren.
- Die Leser*innen können Sollbahnkurven mit Hilfe von Streckenabschnitten und kubischen Splines erstellen.
- Die Leser*innen können Geschwindigkeits-, Positions- und Bahnfolgeregler entwerfen, modellieren und testen.
- Die Leser*innen können Softwarefunktionen für autonomes Fahren in MATLAB/Simulink oder C++ modellieren bzw. programmieren und in Betrieb nehmen.

---

2 Boost ist eine weit verbreitete C++-Bibliothek, die eine große Zahl an Routinen für I/O, Prozessmanagement, Datenstrukturen, Numerik usw. enthält.

- Die Leser*innen können Simulationsmodelle, Geschwindigkeits-, Positions- und
  Bahnfolgeregler in verschiedenen Fahrszenarien, wie z.B. für Parksysteme, Kreu-
  zungen, Kreisverkehre und Rennstrecken, anwenden.
- Die Leser*innen können die erforderlichen Ergebnisse in Teamarbeit erzielen.

1.1.2 Softwareentwicklungsumgebungen

Im Laborprojekt MAD wird ROS (Robot-Operating-System) unter Linux als Middleware und Bedienumgebung zur Entwicklung und Ausführung der automatisierten
Fahrfunktionen eingesetzt. Die ROS-Softwarekomponenten für die Fahrdynamiksimulation und automatisierten Fahrfunktionen werden entweder in MATLAB/Simu-
link modelliert oder in C++ programmiert. Für den Reglerentwurf wird in beiden Fällen die MATLAB-Control-System-Toolbox angewendet.

Im Fall von MATLAB/Simulink generiert die MATLAB/Simulink-Toolbox Embed-
ded-Coder den C/C++-Code für ROS. Im Fall von C++ werden die Werkzeugkette GNU
C/C++ sowie die integrierte Entwicklungsumgebung (engl. Integrated-Development-
Environment) QT-Creator angewendet.

1.1.3 Vorausgesetzte Kenntnisse

Dieses Lehrbuch setzt folgende Kenntnisse voraus, die in Lehrveranstaltungen bis
zum 4. Semester eines ingenieur- oder naturwissenschaftlichen Bachelorstudien-
gangs erlangt werden:
- Signale und Systeme: Beschreibung und Analyse von linearen, dynamischen
  Übertragungsgliedern im Zeit- und im Frequenzbereich,
- Simulationstechnik: Erstellung und Simulation dynamischer Zustandsraummodelle,
- Regelungstechnik: Frequenzkennlinien-basierter Entwurf von PID-Reglern und
  zeitdiskreten Reglern,
- Anwendung von MATLAB/Simulink einschließlich der Control-System-Toolbox,
- Programmiererfahrung in der objektorientierten Programmiersprache C++,
- selbständige und vernetzte Lösung komplexer Problemstellungen in der Rege-
  lungstechnik.

Zur Einarbeitung in MATLAB/Simulink steht auf der Webseite von MathWorks [3]
Schulungsmaterial zur Verfügung. Online-Kurse für MATLAB/Simulink sind unter
https://matlabacademy.mathworks.com/ zu finden.

1.2 Automatisiertes und autonomes Fahren

Abb. 2 zeigt einen signifikanten Rückgang an tödlichen Unfällen auf deutschen Straßen im Zeitraum von 1990 bis 2010. Dieser großartige Rückgang wurde durch die Einführung von passiven und aktiven Sicherheitssystemen und Verbesserungen in der Infrastruktur erreicht. Jedoch stagniert die Zahl an tödlichen Unfällen seit 2010. Nur durch eine konsequente Einführung von *Advanced-Driver-Assistance-Systems* (ADAS) und des *automatisierten Fahrens* kann die Zahl an Verkehrstoten zukünftig weiter reduziert werden. Aktuell verfügbare ADAS, beispielsweise Abstandsregel- und Spurhaltesysteme,

– unterstützen den Fahrer in den primären Fahrfunktionen,
– reduzieren den Stress für den Fahrer,
– informieren den Fahrer über das Fahrzeugumfeld,
– warnen den Fahrer vor Gefahren,
– verbessern Komfort und Sicherheit.

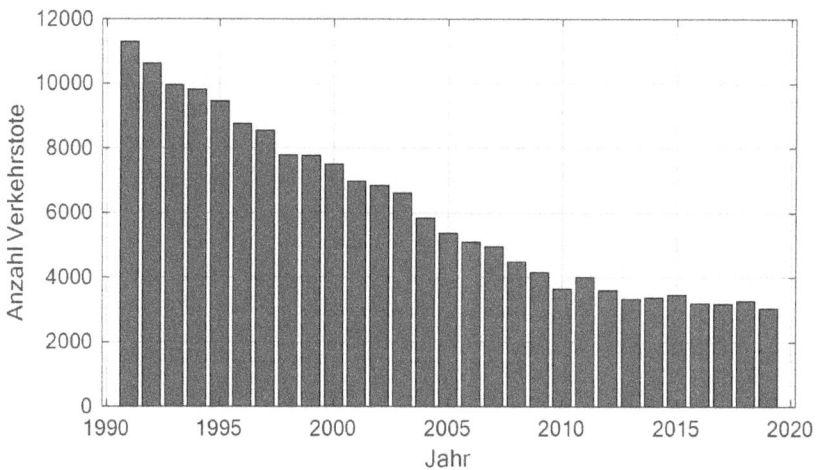

Abb. 2: Anzahl an Verkehrstoten im deutschen Straßenverkehr [9]

Die sogenannte *Vision Zero* sagt eine unfallfreie Zukunft voraus [10]. Die Ziele des *automatisierten Fahrens* sind:
– Reduktion der Unfallhäufigkeit,
– Reduktion der Unfallschwere.

Hoch- und vollautomatisiert fahrende Robotertaxis auf Sonderfahrspuren sind heute bereits im Betrieb. Fahrzeughersteller bieten Funktionen für das *teilautomatisierte*

Fahren auf Autobahnen an. Softwarefunktionen im teil-, hoch- und vollautomatisierten Fahren übernehmen zeitweise oder vollständig die Fahrfunktion und führen das Fahrzeug autonom. Die wesentlichen Merkmale von Systemen für *autonomes Fahren* sind:

- Das Fahrzeug übernimmt selbst die Fahrzeugführung einschließlich der Planung und der Entscheidungsfindung.
- Im Personentransport ist der Fahrer nicht länger der Fahrer sondern ein Passagier.
- Im Gütertransport transportiert das Fahrzeug Güter ohne Fahrer oder Passagiere.
- Das autonome Fahren reduziert den Energieverbrauch und Abgase durch optimale Planung und Regelung der Fahrdynamik und des Antriebsstrangs.
- Das autonome Fahren erleichtert und ermöglicht das Fahren für ältere und kranke Menschen.
- Das autonome Fahren führt zu einem Ausbau alternativer Betreibermodelle wie z.B. Car-Sharing und -Leasing.
- Das autonome Fahren erhöht die Betriebszeiten von Fahrzeugen um mehrere Größenordnungen.

Die amerikanische Society-of-Automotive-Engineers (SAE International) veröffentlichte die *SAE-Automation-Levels* zur Kategorisierung von Systemen des automatisierten Fahrens [11]. In den SAE-Levels 3 bis 5 übernimmt das automatisierte Fahrsystem alle Fahrfunktionen in einigen oder sogar in allen Fahrsituationen.

Teilautomatisierung (Level 3) implementiert eine „fußfreie" (engl. „feet-free") und gleichzeitig „handfreie" (engl. „hands-free") Bedienung des Fahrzeugs, wobei der Fahrer auf Aufforderung durch das System hin oder bei Gefahren die Fahrzeugkontrolle jederzeit wieder übernehmen muss.

Hochautomatisierung und *Vollautomatisierung* (Levels 4 und 5) implementieren darüber hinaus eine „gehirnfreie" (engl. „brains-free") Bedienung. D.h. der Fahrer kann während der Fahrt als Passagier schlafen oder sogar das Fahrzeug verlassen. Das Fahrzeug kann auch ohne Passagiere einen Gütertransport oder ein Automated-Valet-Parking durchführen. Es beherrscht selbständig sicherheitskritische Situationen ohne Fahrereingriff, d.h. *autonom*. Während Vollautomatisierung in Level 5 überall verfügbar ist, ist sind Operation-Design-Domains (ODD) der Hochautomatisierung in Level 4 auf abgegrenzte Szenarien oder Situationen, z.B. automatisiertes Parken oder Autobahnfahrten, begrenzt.

1.3 Kapitelübersicht

Jedes der in Abb. 3 dargestellten Kapitel vermittelt zunächst den theoretischen und methodischen Inhalt für die modellbasierte Softwareentwicklung der Regelungsfunktionen. Ab Kapitel 5 enthalten alle Kapitel am Ende Laboraufgaben als Teil des buchbegleitenden Laborprojekts Mini-Auto-Drive (MAD). Nach erfolgreicher Lösung dieser Laboraufgaben und entsprechender modellbasierter Entwicklung der Regelungsfunktionen fährt das MAD-Fahrzeug autonom auf einer konfigurierbaren Fahrbahnkarte (siehe auch Fotos und Videos unter https://asert.hs-heilbronn.de/).

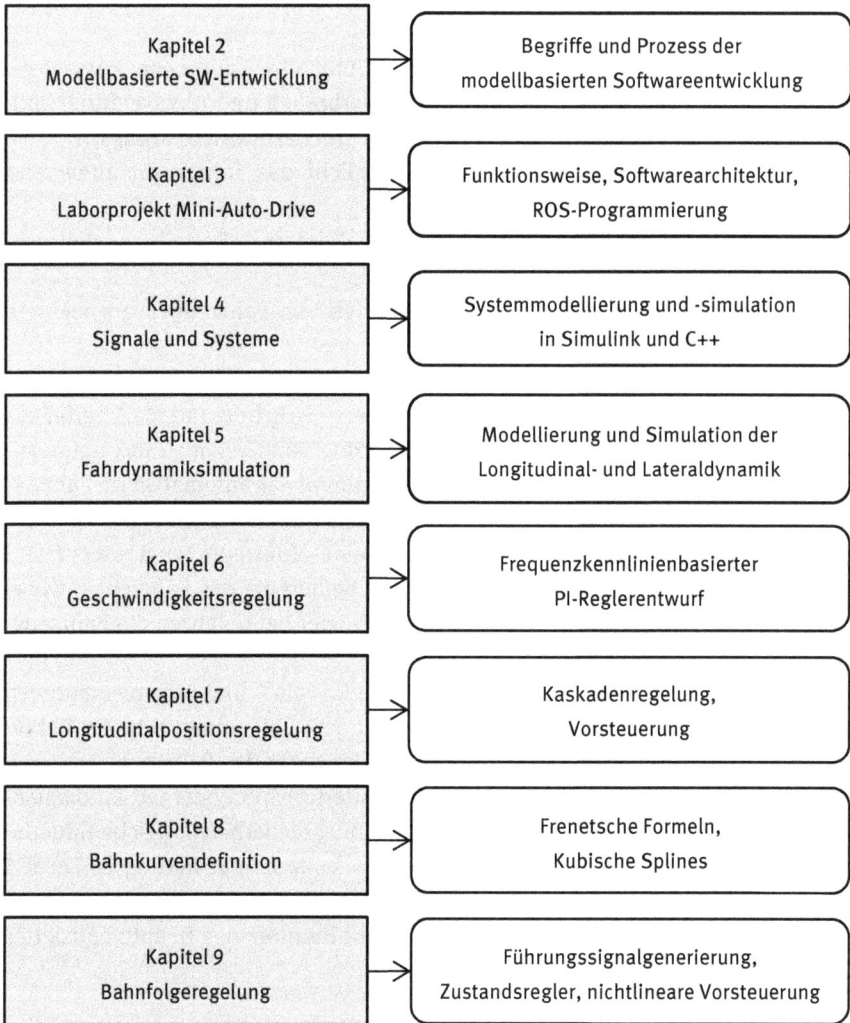

Kapitel 2 Modellbasierte SW-Entwicklung	→	Begriffe und Prozess der modellbasierten Softwareentwicklung
Kapitel 3 Laborprojekt Mini-Auto-Drive	→	Funktionsweise, Softwarearchitektur, ROS-Programmierung
Kapitel 4 Signale und Systeme	→	Systemmodellierung und -simulation in Simulink und C++
Kapitel 5 Fahrdynamiksimulation	→	Modellierung und Simulation der Longitudinal- und Lateraldynamik
Kapitel 6 Geschwindigkeitsregelung	→	Frequenzkennlinienbasierter PI-Reglerentwurf
Kapitel 7 Longitudinalpositionsregelung	→	Kaskadenregelung, Vorsteuerung
Kapitel 8 Bahnkurvendefinition	→	Frenetsche Formeln, Kubische Splines
Kapitel 9 Bahnfolgeregelung	→	Führungssignalgenerierung, Zustandsregler, nichtlineare Vorsteuerung

Abb. 3: Gliederung der Lehr- und Laborinhalte

Kapitel 2 definiert die technischen Begriffe der modellbasierten Entwicklung und stellt den Prozess der modellbasierten Softwareentwicklung vor. Anhand von Beispielen werden in den beiden einführenden Kapiteln 3 und 4 die Programmierung von ROS-Software-Komponenten sowie die Modellierung und Simulation dynamischer, zeitkontinuierlicher und zeitdiskreter Systeme grundlegend behandelt. Darüber hinaus beschreibt Kapitel 3 die Funktionsweise und Softwarearchitektur von MAD und definiert den Inhalt des Laborprojekts.

Im Rahmen des Kapitels 5 erfolgt zunächst die Modellierung und Simulation der Fahrdynamik, so dass in den nachfolgenden Kapiteln die Regelungsfunktionen modellbasiert entwickelt und simulativ getestet werden können. Kapitel 6 behandelt zunächst die Geschwindigkeitsreglung des Fahrzeugs. Darauf aufbauend wird in Kapitel 7 die Longitudinalpositionsregelung entwickelt, die beim Parken oder beim Halten an einer Kreuzung zur Anwendung kommt. Während in Kapitel 6 und 7 ausschließlich das Motorsignal für die Beschleunigung und Verzögerung des Fahrzeugs gestellt wird, wird in Kapitel 8 und 9 die Bahnfolgeregelung entwickelt, die den Lenkwinkel stellt.

2 Modellbasierte Softwareentwicklung

Innovationen in mechatronischen Systemen und Fahrzeugsystemen werden hauptsächlich realisiert durch softwareintensive Steuerungs- und Regelungssysteme. Die modellbasierte Softwareentwicklung ist eine sehr geeignete Methode in der Realisierung aktueller und zukünftiger technischer Innovationen. Nur durch Einsatz der modellbasierten Entwicklungsmethode und von Modellierungs- und Simulationsumgebungen ist die Realisierung hoch komplexer mechatronischer Systeme und Fahrzeugsysteme bei steigender Variantenvielfalt und immer kürzer werdenden Entwicklungszyklen möglich. Damit stellt die modellbasierte Softwareentwicklung einen wichtigen Wegbereiter der Innovationen in Automotive-Systems-Engineering der letzten 20 Jahre und in der Zukunft dar.

Modellbasierte Softwareentwicklung bedeutet allgemein, dass bei der Entwicklung der Embedded-Software elektronischer Steuergeräte Modelle für Systeme, Systemkomponenten und Software eingesetzt werden. Der Begriff *modellbasierte Softwareentwicklung* ist dabei abzugrenzen vom Begriff der *modellgetriebenen Softwareentwicklung*, die ein Teilgebiet der modellbasierten Softwareentwicklung darstellt. In der modellgetriebenen Softwareentwicklung generieren Codegeneratoren automatisiert Embedded-Software aus formalen Modellen. Die englischen Begriffe für modellbasierte und modellgetriebene Softwareentwicklung sind *Model-Based Software-Engineering (MBE)* bzw. *Model-Driven Software-Engineering (MDE)*.

In der MBE werden *Modelle* eingesetzt zur Beschreibung, Simulation, und Analyse von

- Steuergerätesoftware,
- Steuergerätehardware,
- Computernetzwerken,
- Regelstrecken (mechatronische Grundsysteme mit Systemkomponenten),
- Sensoren und Aktuatoren,
- Bediener bzw. Fahrer,
- Systemumfeld.

In der MBE werden Entwicklungsumfänge in frühe Phasen der Systementwicklung verlagert, in welchen die zu entwickelnde Software und das System simuliert werden. Durch diese Simulationen und zusätzliche Reviews werden Fehler in den Anforderungen oder in der Software frühzeitig noch vor der Integration ins reale Zielsystem erkannt. Dies spart Kosten und Zeit in der Software- und Systementwicklung.

Die folgenden Abschnitte behandeln die Prozesse der modellbasierten und modellgetriebenen Entwicklung von Embedded-Software für mechatronische Systeme und Fahrzeugsysteme. Insbesondere werden die Begriffe *Funktionsmodell*, *Softwaremodell* und *Umgebungsmodell* definiert. Des Weiteren wird gezeigt, in welchen

https://doi.org/10.1515/9783110723526-002

Prozessschritten Modelle der Embedded-Software und die Embedded-Software selbst validiert und verifiziert werden.

2.1 Prozess der modellbasierten Softwareentwicklung

Die modellbasierte Softwareentwicklung (MBE) erfolgt üblicherweise im Rahmen des *V-Modells*. In diesem Entwicklungsprozessmodell wird gemäß Abb. 4 zwischen der Gesamtsystem- bzw. Fahrzeugebene und der Steuergeräteebene unterschieden. Auch in der agilen Softwareentwicklung kann das V-Modell für einzelne kurze Entwicklungszyklen einsetzt werden. Dabei wird das V-Modell mehrfach durchlaufen.

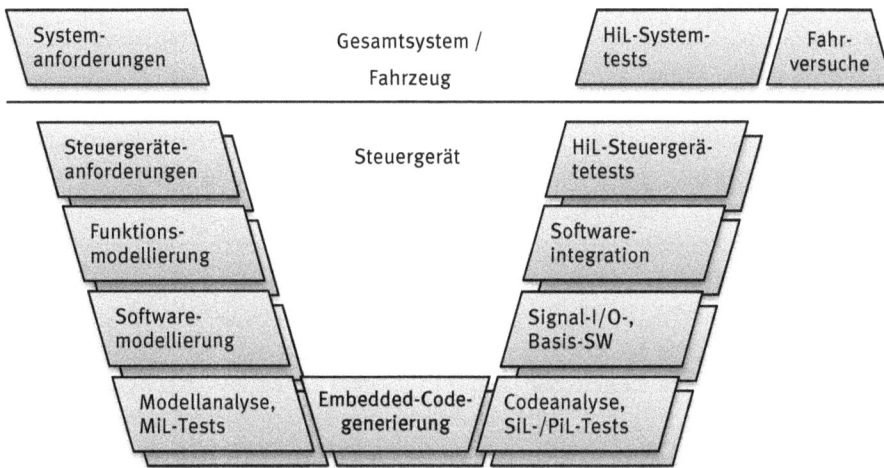

Abb. 4: V-Modell der modellbasierten Softwareentwicklung

Auf der *Gesamtsystem-* bzw. *Fahrzeugebene* werden die Anforderungen an das Gesamtsystem bzw. Fahrzeug spezifiziert und die Systemarchitektur festgelegt. Auf der rechten Seite des V-Modells erfolgen auf dieser Ebene die Integration des Gesamtsystems bzw. Fahrzeugs aus Komponenten sowie die Vernetzung elektronischer Steuergeräte. Weiterhin werden die Steuergeräte auf Systemebene getestet. Softwareparameter der Steuergeräte werden in Gesamtsystem- bzw. Fahrversuchen appliziert.

Auf der *Steuergeräteebene* erfolgt die Entwicklung der elektronischen Steuergeräte in einzelnen parallellaufenden Teilprojekten. Die Steuergeräteentwicklung umfasst die Hardware- und die Softwareentwicklung. Die Anforderungen an das jeweilige Steuergerät werden aus den Systemanforderungen konsistent hergeleitet.

Die MBE unterscheidet zwischen *Funktions-*, *Software-* und *Umgebungsmodellen*. *Funktionsmodelle* beschreiben die Applikationssoftware und sind unabhängig von der Microcontroller- oder Microprozessor-Plattform. Funktionsmodelle bestehen im Allgemeinen aus zeitkontinuierlichen Differentialgleichungen, zeitdiskreten Differenzengleichungen und endlichen Zustandsautomaten. *Softwaremodelle* werden dagegen auf die eingesetzte Microcontroller- oder Microprozessorplattform zur optimalen Nutzung der zur Verfügung stehenden Ressourcen angepasst. Daher enthalten Softwaremodelle nur Differenzengleichungen und keine Differentialgleichungen, so dass in der generierten Embedded-Software auf die ressourcenintensive Einbindung von Numerik-Bibliotheken zur Lösung von Differentialgleichungen verzichtet werden kann. *Umgebungsmodelle* beschreiben die Umgebung des elektronischen Steuergeräts einschließlich Sensoren, Aktuatoren, Fahrer bzw. Bediener und Systemumfeld. Umgebungsmodelle können dabei auch Modelle für andere elektronische Steuergeräte oder Computernetzwerke enthalten. Eine Computersimulation der Umgebungsmodelle wird daher auch als *Restbussimulation* bezeichnet. Wichtig dabei ist, dass Umgebungsmodelle die Umgebung des elektronischen Steuergeräts so genau und umfassend abbilden, dass eine modellbasierte Entwicklung der Applikationssoftware möglich ist.

In den Quality-Gates „Modellanalyse, MiL-Tests", „Codeanalyse, SiL-/PiL-Modultests", „HiL-Steuergerätetests" und „HiL-Systemtests" werden mit Hilfe von Computersimulationen die Embedded-Software und deren Funktions- und Softwaremodelle validiert und verifiziert. Diese Quality-Gates sind verpflichtend nach dem Stand der Technik und werden in Abschnitt 2.6 näher behandelt.

Im Automobilbereich erstreckt sich der gesamte Entwicklungszeitraum für ein Fahrzeug über mehrere Jahre. Dabei werden mehrere V-Zyklen iterativ durchlaufen. Durch die Verkettung der V-Zyklen entstehen *VA-Zyklen*. Im V-Teil eines VA-Zyklus erfolgt die Entwicklung der Steuergeräte inklusive der Embedded-Software. Im A-Teil erfolgen die System- oder Fahrversuche, die Applikation sowie die iterative Anpassung und Erweiterung der Systemanforderungen.

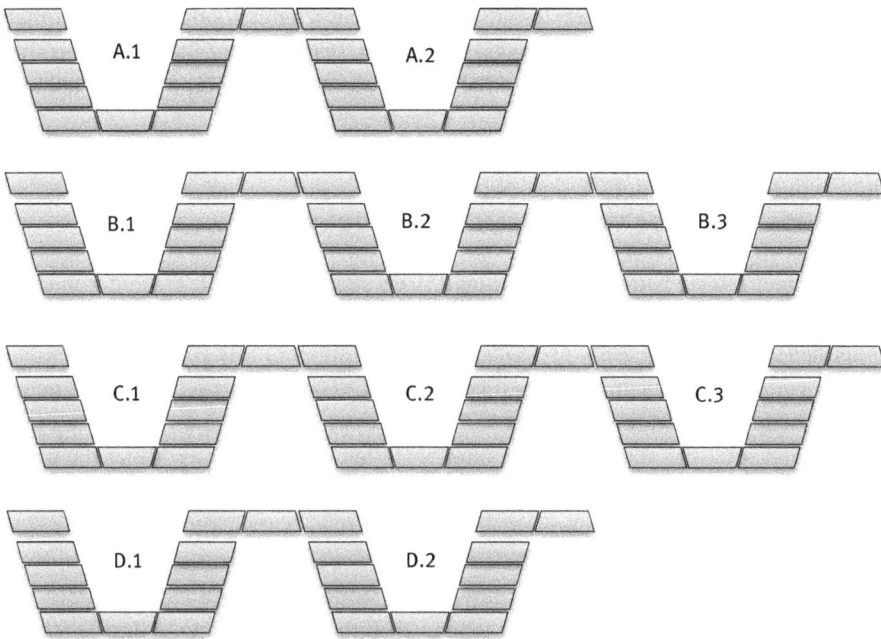

Abb. 5: VA-Zyklen der Fahrzeugentwicklung

Jeder VA-Zyklus liefert als Ergebnis einen freigegebenen Hardware- und Software-
stand der Steuergeräte. Folgende Bezeichnungen sind allgemein gebräuchlich:

- *A-Muster-Stände*: Ein A-Muster-Steuergerät verfügt über einen eingeschränkten
  Funktionsumfang und ist meist nicht vollständig funktionsfähig. A-Muster-Steu-
  ergeräte werden vor allen Dingen in der Vorausentwicklung und im *Rapid-Control-Prototyping* (RCP) eingesetzt. Gebräuchlich sind hierbei RCP-Steuergeräte,
  die über eine hohe Rechenleistung verfügen, eine Autocodegenerierung direkt
  für Funktionsmodelle und deren Ausführung in Echtzeit ermöglichen ohne vor-
  herige Softwaremodellierung oder manuelle Entwicklung der Embedded-Software. RCP-Steuergeräte sind als Produkte von verschiedenen Anbietern erhält-
  lich. Sie sind flexibel für verschiedene Anwendungen und Schnittstellen
  konfigurierbar.
- *B-Muster-Stände*: Ein B-Muster-Steuergerät ist ein seriennahes Steuergerät, das
  speziell für das Gesamtsystem bzw. das Fahrzeug entwickelt wird. Ein B-Muster-
  Steuergerät implementiert den vollen Funktionsumfang, wobei dieser aber nicht
  vollständig abgesichert ist.
- *C-Muster-Stände*: C-Muster-Stände sind Weiterentwicklungen der B-Muster-Steu-
  ergeräte. C-Muster-Stände werden in Kleinserien für Flottentests vor der Serien-
  freigabe hergestellt. Bei C-Mustern wird der volle Funktionsumfang abgesichert.

– *D-Muster-Stände*: D-Muster-Steuergeräte sind Seriensteuergeräte, die in hohen Stückzahlen produziert und eingesetzt werden. Bei D-Muster-Steuergeräten sind in der Regel ausschließlich eine Fehleranalyse und –behebung oder geplante Funktionserweiterungen in definierten Zyklen erlaubt.

2.2 Modellgetriebene Softwareentwicklung

Die *modellgetriebene Softwareentwicklung (MDE)* stellt eine Teildisziplin der *modellbasierten Softwareentwicklung (MBE)* dar. Codegeneratoren generieren automatisiert Embedded-Software aus Softwaremodellen. In der Mechatronik und im Automobilbereich werden hauptsächlich Embedded-C oder C++ als Zielsprachen für die generierte Embedded-Software verwendet.

Dagegen setzt die allgemeinere modellbasierten Softwareentwicklung die automatisierte Codegenerierung nicht auf alle Fälle ein. Softwaremodelle werden hier häufig als Vorlagen für eine manuelle Embedded-C/C++-Entwicklung sowie zur Systemanalyse, zum Systementwurf oder zum Testen des Embedded-Codes verwendet.

Beispielsweise erstellen Automobilhersteller Modelle, die sie an Steuergeräte-Zulieferer als Teil von Lastenheften übergeben. Die Zulieferer entwickeln dann Embedded-Code für Steuergeräte entweder mit herkömmlichen Methoden oder mit Hilfe der modellgetriebenen Softwareentwicklung.

In der modellgetriebenen Softwareentwicklung für mechatronische Systeme oder Fahrzeugsysteme werden vor allen Dingen die folgenden Modellierungs- und Simulationswerkzeuge für die Modellierung und die Simulation der Funktions- und Softwaremodelle eingesetzt:
– MATLAB/Simulink/Stateflow,
– ASCET [12].

Simulink und ASCET können AUTOSAR-Beschreibungsdateien [13] für Steuergeräte-Schnittstellen und Software-Komponenten importieren. Dies erleichtert wesentlich die Implementierung der Steuergeräte-Schnittstellen, die mehrere 1000 Signale übertragen.

In der Automobilentwicklung kommen folgende Codegeneratoren zum Einsatz, die aus Softwaremodellen in MATLAB/Simulink/Stateflow oder ASCET Embedded-C oder -C++-Code automatisiert generieren:
– Simulink-/Embedded-Coder für MATLAB-/Simulink-/Stateflow-Modelle,
– Targetlink [14] für MATLAB-/Simulink-/Stateflow-Modelle,
– ASCET-Codegenerator für ASCET-Modelle

Simulink/Stateflow und ASCET sind die „Programmiersprachen" der Ingenieure. Durch die MBE können Ingenieure komplexe und qualitativ hochwertige Embedded-

Software durch Einsatz von Modellierungskonzepten aus der Regelungstechnik, Steuerungstechnik und der Signalverarbeitung entwickeln.

2.3 Modelle

Modelle werden vielfältig eingesetzt in der modellbasierten und modellgetriebenen Softwareentwicklung. Modelle beschreiben
– das Steuergerät inklusive der Embedded-Software,
– die Umgebung des Steuergeräts einschließlich der Regelstrecke, Sensoren und Aktuatoren, Fahrer bzw. Bediener, das Systemumfeld und das restliche Steuergerätenetzwerk.

Dieser Abschnitt definiert den Begriff *Modell* und beschreibt die unterschiedlichen Modelltypen in der modellbasierten Softwareentwicklung.

Ein Modell ist eine Abstraktion eines Systems.
Ein Modell repräsentiert das reale System nie exakt.
Ein Modell ist ein Werkzeug zur Analyse, zum Entwurf und Testen mechatronischer Systeme.

2.3.1 Modelle in der modellbasierten Softwareentwicklung

In der modellbasierten Softwareentwicklung werden Modelle für alle Hardware- und Software-Komponenten eines Systems oder Fahrzeugs sowie für das Systemumfeld eingesetzt. In Abb. 6 wird angenommen, dass sich das zu entwickelnde System als Regelkreis darstellen lässt. Mehrere Steuergeräte im System können über Computernetzwerke vernetzt sein. Menschen bedienen das System über Human-Machine-Interfaces (HMI). Die Applikationssoftware eines Steuergeräts ist in Softwarekomponenten (SWC) unterteilt, die mit Sensoren, Aktuatoren, anderen Softwarekomponenten und anderen Steuergeräten über Signale, Nachrichten oder Services kommunizieren. Die Runtime-Environment (RTE) steuert die Ausführung der Softwarekomponenten und übernimmt die Abstraktion dieser Kommunikation. Die Runtime-Environment bildet die Zwischenschicht zwischen Applikationssoftware und Basissoftware. Die Basissoftware besteht in allen Fällen aus Bootmanager, Betriebssystem und Hardwaretreiber.

Cyber-physische Systeme (CPS) [15] stellen eine Erweiterung mechatronischer Systeme dar. Kennzeichnend für CPS ist die Vernetzung mechatronischer Teilsysteme untereinander und in der Cloud zur Realisierung übergeordneter Funktionen. In Abb. 6 ist diese Kommunikation als gestrichelter Doppelpfeil dargestellt. Weiterhin basiert die Informationsverarbeitung in CPS häufig auf Verfahren der Künstlichen

Intelligenz, die einen autonomen Betrieb des Systems ermöglichen und selbständig Entscheidungen treffen. CPS werden beispielsweise eingesetzt als „intelligente Systeme" in der Produktion und Fertigung sowie für Smartgrids in der Energieversorgung. In diesem Lehrbuch wird der Begriff „mechatronisches System" als Oberbegriff für mechatronische und cyber-physische Systeme verwendet.

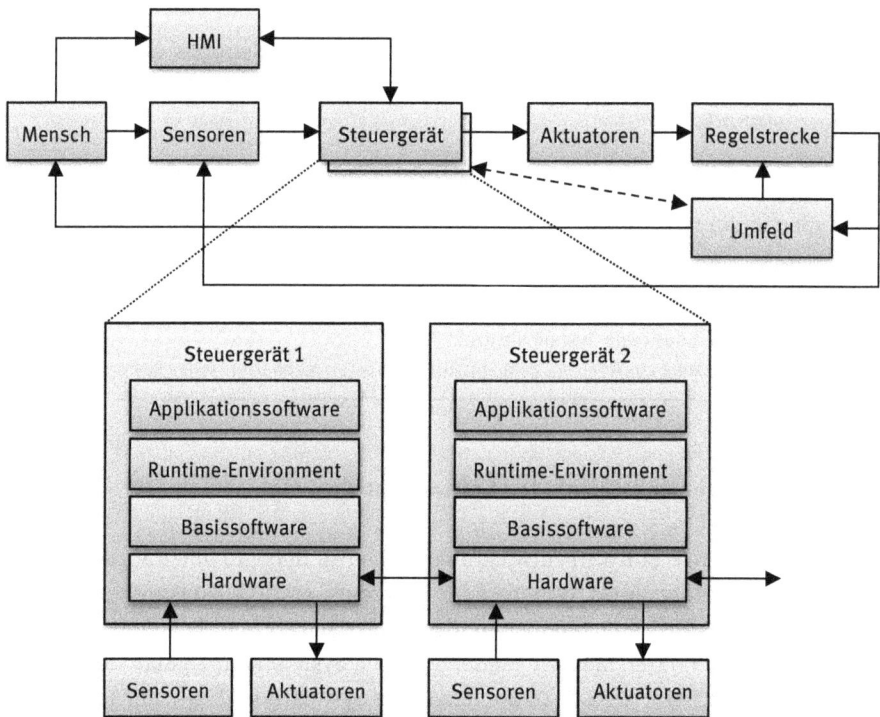

Abb. 6: Architektur eines mechatronischen Systems in Form eines Regelkreises

Wie in Abb. 7 dargestellt wird in der modellbasierten Softwareentwicklung zwischen folgenden Modelltypen unterschieden:
- *Umgebungsmodelle für die Regelstrecke (das mechatronische Grundsystem)* und deren Umgebung einschließlich Fahrer oder Bediener, Sensoren, Aktuatoren und Systemumfeld,
- *Modelle für das Steuergerät* bestehend aus Teilmodellen für
    - die Applikationssoftware und deren Softwarekomponenten (SWC),
    - die Basissoftware,
    - die Steuergerätehardware,

– *Modelle für Computernetzwerke* (z.B. CAN, FlexRay, Ethernet, WLAN, Bluetooth).

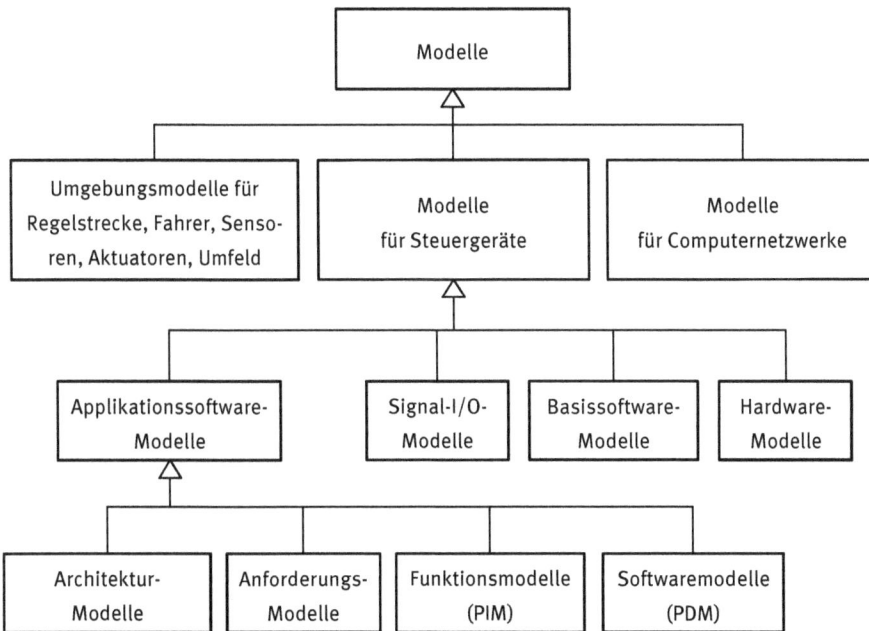

Abb. 7: Taxonomie der Modelle in der modellbasierten Softwareentwicklung

2.3.2 Umgebungsmodelle für Mensch, Regelstrecke, Sensoren, Aktuatoren, Umfeld

Mathematische *Umgebungsmodelle* beschreiben das stationäre und dynamische Verhalten eines Systems. Die Modellherleitung erfolgt durch Anwendung physikalischer Gesetze:
– Erhaltungssätze der Physik (z.B. für Masse, Impuls, Energie),
– phänomenologischer Beziehungen (z.B. für elektronische Bauteile).

Zur Formulierung der Modelle werden folgende mathematische Beschreibungsformen verwendet:
– algebraische Gleichungen,
– Differentialgleichungen,
– endliche Zustandsautomaten,
– Kennlinien und Kennfelder,
– Signalflusspläne mit Übertragungsglieder.

Beispielsweise stehen in MATLAB/Simulink/Stateflow die folgende Modellierungs-
konzepte zur Eingabe dieser mathematischen Beschreibungsformen zur Verfügung:
– kausale Simulink-Signalflusspläne,
– MATLAB-Funktionen,
– Stateflow-Charts,
– akausale Simscape™-Diagramme,
– Zustandsraummodelle und Übertragungsfunktionen in der Control-System-Toolbox.

2.3.3 Modelle für Applikationssoftware des Steuergeräts

Die Applikationssoftware umfasst die
– Regelungsfunktionen,
– Steuerungsfunktionen,
– Signalverarbeitungsfunktionen,
– Zustandsschätzer (z.B. Luenberger-Beobachter, Kalman-Filter, Partikel-Filter),
– Überwachungsfunktionen für Fehlererkennung und Fehlerreaktion des mechat-
   ronischen Systems bzw. des Fahrzeugs oder der Fahrzeugkomponente.

Zur Beschreibung der Applikationssoftware wird in den verschiedenen Prozessschritten aus Abb. 4 mit Architektur-, Anforderungs-, Funktions- und Softwaremodellen
gearbeitet.

   Architekturmodelle werden im Prozessschritt „Systemanforderungen" eingesetzt
zur Beschreibung von
– Computernetzwerken,
– Signal-, Nachrichten- und Funktionsschnittstellen der Steuergerätesoftware.

Als Beschreibungsmittel kommen hier proprietäre, datenbankbasierte Kommunikati-
onsmatrizen, die Modellierungssprache SysML [6] oder der AUTOSAR-Standard [13]
zum Einsatz.

   Im nächsten Prozessschritt „Steuergeräteanforderungen" werden Modelle zur
Spezifikation von Anforderungen an die Steuergerätesoftware verwendet, vor allen
Dingen UML-Diagramme [6], insbesondere:
– Use-Case-Diagramme,
– Sequenzdiagramme,
– Klassendiagramme.

Diese Diagramme sind ohne Erweiterungen nicht ausführbar, d.h. sie sind nicht direkt simulationsfähig.

In den Prozessschritten „Funktionsmodellierung" und „Softwaremodellierung" werden ausführbare, simulationsfähige Modelle für die Applikationsschicht der Steuergerätesoftware in Abb. 6 entwickelt. Diese Modelle beschreiben die

- Regelungsfunktionen,
- Steuerungsfunktionen,
- Signalverarbeitungsfunktionen,
- Zustandsschätzer,
- Überwachungsfunktionen

mit Hilfe von mathematischen Beschreibungsmethoden aus der digitalen Signalverarbeitung sowie der Steuerungs- und Regelungstechnik:

- Differentialgleichungen,
- Differenzengleichungen,
- Übertragungsfunktionen (zeitkontinuierlich und zeitdiskret),
- Signalflusspläne,
- endliche Zustandsautomaten.

Das V-Modell in Abb. 4 unterscheidet zwischen der *Funktionsmodellierung* und *Softwaremodellierung*. Sowohl Funktionsmodelle als auch Softwaremodelle werden für die Simulation der Applikationssoftware und für die automatisierte Codegenerierung verwendet. Die Funktionsmodellierung wird in Abschnitt 2.4 beschrieben, die Softwaremodellierung in Abschnitt 2.5.

2.4 Funktionsmodellierung

Abb. 8 stellt den Prozessschritt der *Funktionsmodellierung* als Teil des V-Modells aus Abb. 4 im Detail dar. Der Prozessschritt Funktionsmodellierung unterteilt sich in drei wesentliche Teilschritte:

- Modellierung der Softwareschnittstellen,
- Modellierung der Steuergeräteumgebung,
- Modellierung der Applikationssoftware.

Als Voraussetzung für die Funktionsmodellierung müssen folgende Artefakte aus den vorhergehenden Prozessschritten vorliegen:

- Systemarchitektur,
- System- und Steuergeräteanforderungen.

Der Prozessschritt Funktionsmodellierung liefert folgende Ergebnisse:

- zeitkontinuierliche oder zeitdiskrete Funktionsmodelle für die Softwarekomponenten (SWC) der Applikationssoftware,
- Schnittstellen der SWC,

- Umgebungsmodelle für Regelstrecke, Sensoren, Aktuatoren, Fahrer bzw. Bediener und Umfeld einschließlich der Parametrierung,
- Reglerparameter aus Reglerentwurf,
- Testfälle für nachfolgende Quality-Gates.

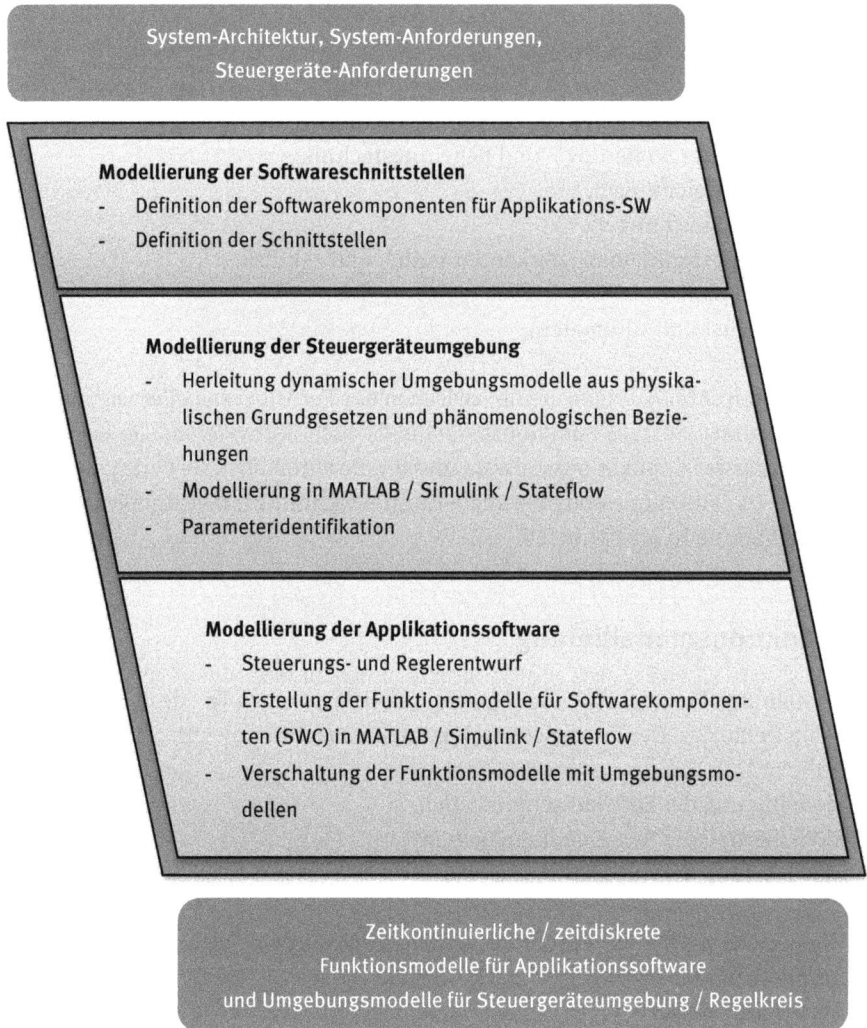

System-Architektur, System-Anforderungen,
Steuergeräte-Anforderungen

Modellierung der Softwareschnittstellen
- Definition der Softwarekomponenten für Applikations-SW
- Definition der Schnittstellen

Modellierung der Steuergeräteumgebung
- Herleitung dynamischer Umgebungsmodelle aus physikalischen Grundgesetzen und phänomenologischen Beziehungen
- Modellierung in MATLAB / Simulink / Stateflow
- Parameteridentifikation

Modellierung der Applikationssoftware
- Steuerungs- und Reglerentwurf
- Erstellung der Funktionsmodelle für Softwarekomponenten (SWC) in MATLAB / Simulink / Stateflow
- Verschaltung der Funktionsmodelle mit Umgebungsmodellen

Zeitkontinuierliche / zeitdiskrete
Funktionsmodelle für Applikationssoftware
und Umgebungsmodelle für Steuergeräteumgebung / Regelkreis

Abb. 8: Prozessschritt Funktionsmodellierung im Detail

Funktionsmodelle werden auf Basis der spezifizierten Steuergeräteanforderungen entwickelt. Die Ergebnisse der Funktionsmodellierung sind *Platform-Independent-Models (PIM)*. Plattformunabhängigkeit bedeutet:

— Die Funktionsmodelle sind unabhängig von der eingesetzten Microcontroller- oder Microprozessor-Plattform.
— Reelle Signale werden als Gleitkommazahlen dargestellt.
— Zur numerischen Lösung der Differentialgleichungen, Differenzengleichungen, Übertragungsfunktionen usw. wird Gleitkommaarithmetik eingesetzt
— Zur Simulation der Funktionsmodelle sind Microprozessoren oder Microcontroller mit Gleitkommaarithmetik-Einheiten (Floating-Point-Units FPU) erforderlich.

Die Funktionsmodellierung dient entsprechend Abschnitt 2.6 der frühzeitigen, schnellen Validierung neuer Applikationssoftware
— in Model-in-the-Loop-Simulationen im Labor (MiL-Test)
— oder mit Rapid-Control-Prototyping im Fahrzeug.

Funktionsmodelle dienen weiterhin als *ausführbare Anforderungsspezifikationen* für Applikationssoftware, die in der nachfolgenden Softwaremodellierung entwickelt wird.

2.5 Softwaremodellierung

Softwaremodelle sind im Gegensatz zu Funktionsmodellen plattformabhängig und werden als *Platform-Dependent-Models (PDM)* bezeichnet:

— Softwaremodelle enthalten Informationen über Microcontroller oder Microprozessor, Peripherie und die verwendete Variante von C oder C++, für welche automatisiert Embedded-Code generiert wird.
— Reelle Signale werden in Gleit- oder in Festkommaarithmetik dargestellt.
— Es werden ausschließlich Differenzengleichungen, zeitdiskrete Übertragungsfunktionen und endliche Zustandsautomaten verwendet.
— Es werden insbesondere keine Differentialgleichungen und keine zeitkontinuierlichen Übertragungsfunktionen im Laplace-Bereich eingesetzt, da zur Berechnung ressourcenintensive numerische Differentialgleichungslöser in der Embedded-Software verwendet werden müssten.
— Der Embedded-Code fürs Steuergerät wird automatisiert aus Softwaremodellen durch Einsatz von Codegeneratoren generiert.

Die Softwaremodellierung erfolgt in dem in Abb. 8 dargestellten V-Modell zeitlich nach der Funktionsmodellierung. Je nach Organisationseinheit und Entwicklungsprozess werden die Funktionsmodelle zu Softwaremodellen weiterentwickelt oder neu aufgebaut. Die Softwaremodellierung erfolgt üblicherweise in anderen

Abteilungen oder sogar in anderen Unternehmen als die Funktionsmodellierung. Forschungs- und Vorausentwicklungsabteilungen entwickeln hauptsächlich Funktionsmodelle. Serienentwicklungsabteilungen entwickeln dagegen hauptsächlich Softwaremodelle.

In einigen Unternehmen oder Abteilungen wird allerdings nicht zwischen der Funktions- und Softwaremodellierung unterschieden. Es wird ausschließlich mit Softwaremodellen gearbeitet. Dies schränkt jedoch die Wiederverwendbarkeit der Modelle für verschiedene Microcontroller- oder Microprozessor-Plattformen ein.

Softwaremodelle sind wie Funktionsmodelle MATLAB/Simulink/Stateflow- oder ASCET-Modelle für die Softwarekomponenten (SWCs) der Applikationsschicht:
– Steuerungsfunktionen,
– Regelungsfunktionen,
– Überwachungsfunktionen,
– Signalverarbeitung,
– Zustandsschätzer.

Aus den Softwaremodellen werden durch Auto-Codegenerierung Softwarekomponenten (SWC) der Applikationssoftware generiert. Softwaremodelle sind daher die Sources für die Embedded-Software, d.h. sie beschreiben die Applikationsschicht der Embedded-Software vollständig. Softwaremodelle sind auf alle Fälle zeitdiskret. Softwaremodelle bestehen aus:
– Signalflussplänen mit zeitdiskreten Übertragungsgliedern,
– endlichen Zustandsautomaten, die durch Ereignisse aktiviert werden.

2.6 Validierung und Verifikation

i *Validierung* prüft, ob das Richtige entwickelt wird und ob die System- und Steuergeräteanforderungen dem Kundenwunsch, den Unternehmenszielen sowie den geltenden Gesetzen, Normen und Standards entsprechen.

i *Verifikation* prüft dagegen, ob richtig entwickelt wird und ob die Funktionsmerkmale des Systems den Anforderungen entsprechen.

Das Ziel der Validierung und Verifikation besteht in der Erkennung möglichst vieler Fehler in möglichst kurzer Zeit mit möglichst wenig Aufwand. Durch Testautomatisierung ist die Validierung und Verifikation wiederholbar. Testergebnisse sind reproduzierbar.

Das V-Modell in Abb. 4 enthält die Prozessschritte „Modellanalyse, MiL-Tests", „Codeanalyse, SiL-/PiL-Modultests", „HiL-Steuergerätetests", „HiL-Systemtests", die der Qualitätssicherung dienen. Diese *Quality-Gates* sind verpflichtend nach dem Stand der Technik durchzuführen [16].

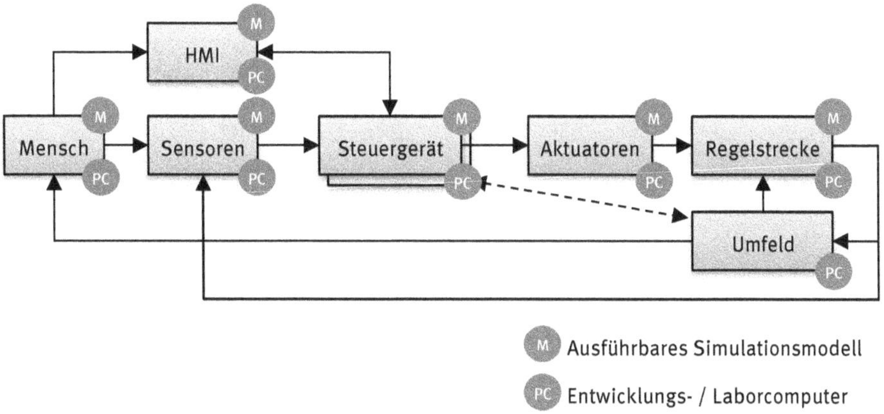

Abb. 9: Validierung und Verifikation in Model-in-the-Loop-Tests (MiL-Tests)

2.6.1 Model-in-the-Loop-Tests (MiL-Tests)

Die Testobjekte des Quality-Gates „Modellanalyse, MiL-Tests" sind
– Funktionsmodelle
– oder Softwaremodelle

als Ergebnisse der Prozessschritte „Funktionsmodellierung" und „Softwaremodellierung".

Funktions- und Softwaremodelle werden in erster Linie mit Hilfe von Model-in-the-Loop-Tests (MiL) validiert und verifiziert. Kennzeichnend für MiL-Tests ist, dass Funktions- und Softwaremodelle gemeinsam mit Umgebungsmodellen im Regelkreis auf Entwicklungs- oder Laborcomputer entsprechend Abb. 9 simuliert werden.

In der Verifikation wird durch manuelle oder automatisierte Ausführung von Testfällen überprüft, ob die Modelle den spezifizierten Anforderungen entsprechen. Durch die Simulation des Regelkreises kann darüber hinaus das Gesamtsystemverhalten des realen Systems prognostiziert werden. Diese ermöglicht eine Validierung der an das System gestellten Anforderungen in frühen Entwicklungsphasen, ohne dass ein reales System verfügbar sein muss.

Neben der eigentlichen Validierung und Verifikation werden die Funktions- und Softwaremodelle in Peer- und Teamreviews auf Fehler und Abweichungen hin bezüglich der spezifizierten Anforderungen analysiert. Weiterhin wird überprüft, ob die Modelle den im Entwicklungsprojekt angewandten Modellierungsrichtlinien entsprechen. Hierfür stehen auch automatisierte Modell-Checker als Teil der Modellierungs- und Simulationsumgebungen zur Verfügung. Diese Modell-Checker berechnen darüber hinaus die Modellabdeckung während der Ausführung automatisierter MiL-Tests.

2.6.2 Software-in-the-Loop-Tests (SiL-Tests)

Die Testobjekte des Quality-Gates „Codeanalyse, SiL-/PiL-Modultests" sind Komponenten der Applikationssoftware (SWC) in Form von Maschinencode.

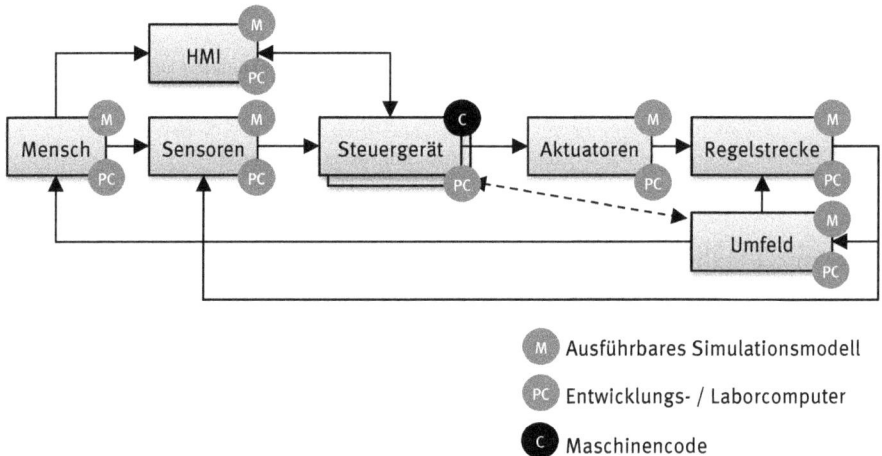

Abb. 10: Validierung und Verifikation in Software-in-the-Loop-Tests (SiL-Tests)

Diese Softwarekomponenten werden entweder automatisiert im Prozessschritt "Autocodegenerierung" aus Softwaremodellen generiert oder manuell in C oder C++ programmiert. Simulationsumgebungen, wie z.B. Simulink, können den aus C/C++-Code generierten Maschinencode der Applikationssoftware zur Simulation des Regelkreises einbinden.

Falls die Softwarekomponenten aus Softwaremodellen automatisiert generiert werden, konzentrieren sich die Software-in-the-Loop-Tests (SiL) auf eine Verifikation der Softwarekomponenten bzgl. der Softwaremodelle oder Anforderungen. Bei einer manuellen Programmierung der Softwarekomponenten werden darüber hinaus die zugrundeliegenden Anforderungen und das Gesamtsystemverhalten validiert.

Kennzeichnend für SiL-Tests gemäß Abb. 10 ist es, dass die SiL-Tests auf Entwicklungs- oder Laborcomputer ausgeführt werden. Die Steuergeräteumgebung kann dabei entweder in Simulationsmodellen oder in C/C++-Code modelliert und simuliert werden.

Der Maschinencode im SiL-Test entspricht im Allgemeinen nicht dem Maschinencode des Steuergeräts, falls das Steuergerät eine andere Computerarchitektur aufweist als der Entwicklungs- bzw. der Laborrechner. Jedoch können bei Einsatz von Hochleistungs-Steuergeräten im Anwendungsbereich des autonomen Fahrens SiL-Tests direkt auf diesen Hochleistungs-Steuergeräten ausgeführt werden. In diesem Fall können SiL-Tests die Embedded-Software unter Echtzeitbedingungen validieren und verifizieren.

Die Ausführung der SiL-Tests kann in Realzeit, in Zeitraffer oder in Zeitlupe erfolgen. Ein Zeitraffer wird verwendet, um möglichst viele Testfälle in kurzer Zeit durchzuführen. Realzeit wird beispielsweise verwendet, wenn das Systemverhalten in virtuellen 3D-Umgebungen animiert wird.

Ähnlich zu den Modellanalysen in Abschnitt 2.6 werden in diesem Quality-Gate auch Peer- oder Teamreviews des C-/C++-Codes durchgeführt. Unter anderem wird verifiziert, ob der C-/C++-Code den spezifizierten Anforderungen und den vorgegebenen Codierungsrichtlinien entspricht. Code-Checker können diese Analyse automatisieren und den C-/C++-Code weiterhin auf formale Fehler hin überprüfen, wie z.B. auf Widersprüche in Bedingungen oder Bereichsüberläufe beim Zugriff auf Datenfelder. Darüber hinaus können Code-Checker die Codeabdeckung während der Ausführung automatisierter SiL-Tests berechnen.

2.6.3 Processor-in-the-Loop-Tests (PiL-Tests)

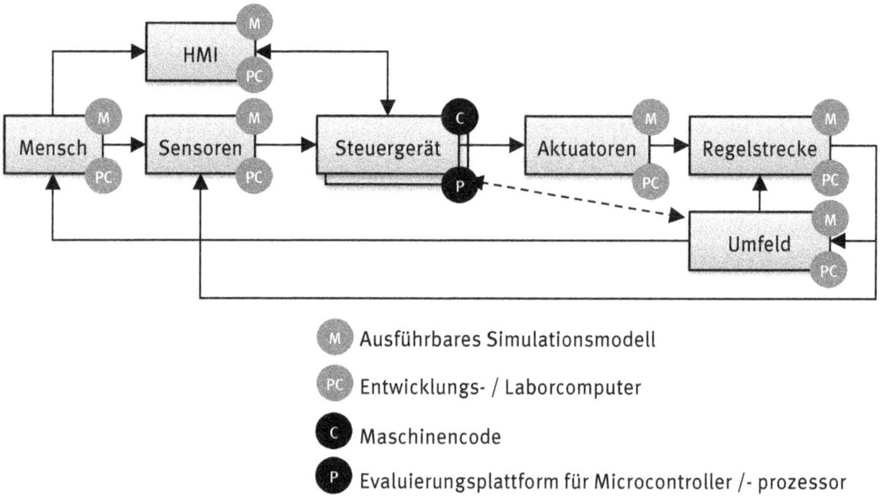

Abb. 11: Validierung und Verifikation in Processor-in-the-Loop-Tests (PiL-Tests)

Die in Abb. 11 dargestellten Processor-in-the-Tests (PiL) sind eine Erweiterung der SiL-Tests. Die Testobjekte sind wie bei SiL-Tests Komponenten der Applikationssoftware (SWC) in Form von Maschinencode. Im Unterschied zu SiL-Tests wird der C-/C++-Code für seriennahe Mikroprozessoren bzw. Microcontroller compiliert. Im Fall von Simulink wird der Maschinencode auf Evaluierungsboards für diese Mikroprozessoren und -controller im Einzel-Step-Modus über Debug-Schnittstellen gesteuert und ausgeführt. Die I/O-Signale der Funktionen werden mit Simulink ausgetauscht. Über diese I/O-Signale können Regelkreise geschlossen werden.

Dadurch erfolgt eine schrittweise Ausführung der Embedded-Software auf dem Mikroprozessor bzw. -controller bei synchroner Simulation des Umgebungsmodells in Simulink. Neben der Verifikation der Softwarekomponente können PiL-Tests dadurch das Laufzeitverhalten und den Ressourcenbedarf des Maschinencodes auf dem seriennahen Mikroprozessor / -controller analysieren und validieren.

2.6.4 Hardware-in-the-Loop-Tests (HiL-Tests)

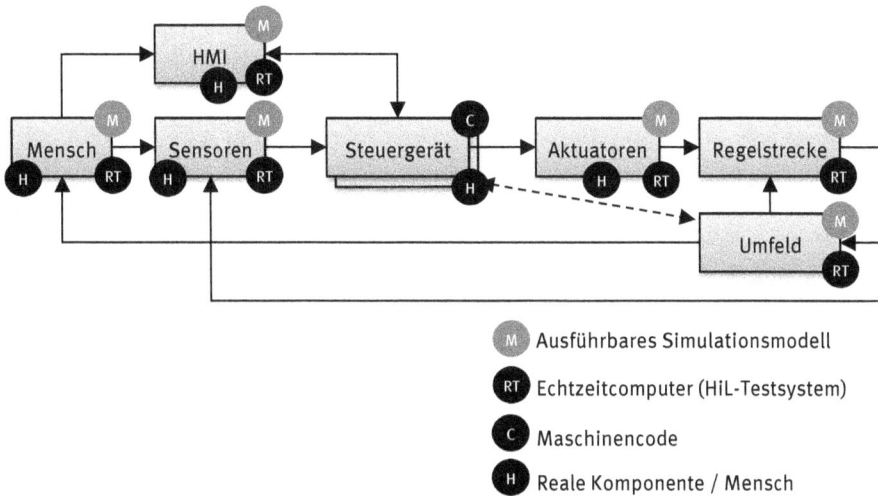

Abb. 12: Validierung und Verifikation in Hardware-in-the-Loop-Tests (HiL-Tests)

In den Prozessschritten „HiL-Steuergerätetests" und „HiL-Systemtests" werden
– einzelne Steuergeräte einschließlich der Hardware und Embedded-Software,
– Steuergeräteverbunde einschließlich der Computernetzwerke

als Testobjekte über Signalleitungen mit HiL-Testsystemen verschaltet. Da die Umgebung der Steuergeräte auf den HiL-Testsystemen in Echtzeit wie in Abb. 12 dargestellt simuliert wird, verhalten sich die Steuergeräte wie im realen System bzw. Fahrzeug. Voraussetzung dafür ist, dass die Simulationsmodelle für die Umgebung eine hohe Genauigkeit aufweisen und echtzeitfähig sind.

Sensoren und Aktuatoren werden teilweise als reale Komponenten verwendet und nicht simuliert. Dies ist zum einen notwendig, falls keine ausreichend genauen, echtzeitfähigen Simulationsmodelle für diese Sensoren oder Aktuatoren verfügbar sind. Zum anderen sind Sensoren teilweise im Steuergerät integriert, beispielsweise Beschleunigungs- und Drehratensensoren. Des Weiteren ist in manchen Fällen eine Erstellung von ausreichend genauen, echtzeitfähigen Simulationsmodellen zu aufwändig. So werden häufig Videokameras fürs automatisierte Fahren als reale Komponenten in HiL-Systemen integriert.

Das Ziel der HiL-Tests besteht in einer Validierung und Verifikation der Steuergerätehardware und -software. Vorteile gegenüber realen Fahrversuchen bestehen darin, dass kritische Fahrsituationen gefahrlos unter Laborbedingungen simuliert werden können. Weiterhin können Überwachungs-, Sicherheits- und Diagnosefunktionen durch gezielte Fehlerinjektionen aktiviert und getestet werden.

HiL-Tests werden häufig automatisiert durchgeführt. Dabei ist auch ein Einspielen von in Fahrversuchen aufgezeichneten Fahrmanövern und Fahrsituationen möglich. Die Gesamtlaufzeit der automatisierten Tests kann mehrere Tage oder Wochen betragen. Erfolgreiche HiL-Tests sind eine Voraussetzung für die Freigabe von Steuergeräteständen für Fahrversuche und für die Serienproduktion.

Weiterhin können Menschen HiL-Testsysteme über reale Human-Machine-Interfaces (HMI) bedienen. In diesem Fall ist das HiL-Testsystem nichts anderes als ein Simulator. Beispielsweise können Testfahrer neue Funktionen in solchen Fahrsimulatoren testen. Parallel kann eine Applikation der Steuergerätesoftware erfolgen, in welcher die Parameter der Steuerungs- und Regelungsfunktionen eingestellt werden.

2.6.5 System- und Fahrversuche

Die abschließenden Tests finden am realen Gesamtsystem oder in Fahrversuchen statt. Vorbereitend werden die zu testenden Steuergeräte gemäß Abb. 13 in Betrieb genommen. Dabei können sowohl seriennahe Steuergeräte oder auch Rapid-Control-Prototyping-Steuergeräte in frühen Entwicklungsphasen getestet werden. In vielen Fällen erfolgt weiterhin eine Systemidentifikation und eine Applikation der Steuergerätesoftware als Teil dieser Systemtests. Für eine effiziente Durchführung der Systemtests ist eine Planung und Analyse mit Methoden der statistischen Versuchsplanung (Design-of-Experiments, DoE) erforderlich.

Bei der Systemidentifikation werden die Simulationsmodelle der Steuergeräteumgebung angepasst und parametriert. Bei der Applikation erfolgt ein Einstellen der Parameter der implementierten Signalverarbeitungs-, Steuerungs- und Regelungsfunktionen und Zustandsschätzer.

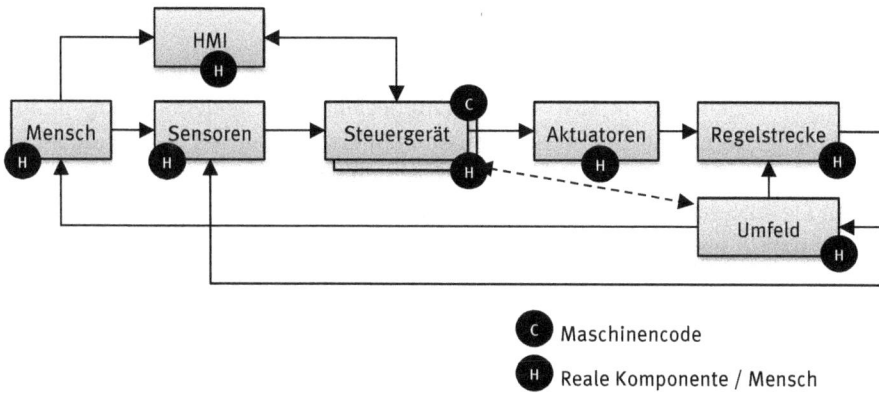

Abb. 13: Inbetriebnahme, Applikation und Validierung im realen System

Insbesondere auch bei Anwendung des *Rapid-Control-Prototyping (RCP)* werden diese Funktionen in System- und Fahrversuchen in Betrieb genommen und appliziert. Entsprechend zu Abschnitt 2.1 werden die RCP-Steuergeräte direkt durch Autocodegenerierung aus Funktionsmodellen programmiert. Häufig werden dabei alle Prozessschritte „Softwaremodellierung" bis „HiL-Systemtests" übersprungen, um ohne aufwändige Embedded-Software-Entwicklung das Gesamtsystem oder Fahrzeug mit Hilfe der Funktionsmodelle in Betrieb zu nehmen. Eine neue Funktion oder ein neues Gesamtsystem kann dadurch in kurzen Entwicklungszyklen validiert werden und Kunden oder anderen Stakeholdern präsentiert werden. Nach erfolgreichem RCP schließt sich eine modellbasierte Entwicklung der Embedded-Software fürs Seriensteuergerät an, bei welcher dann alle Prozessschritte in Abb. 4 durchlaufen werden.

3 Laborprojekt Mini-Auto-Drive

Das Laborsystem Mini-Auto-Drive (MAD) ist eine Miniplant zur Entwicklung automatisierter Fahrfunktionen. In MAD fahren batterieelektrische Modellfahrzeuge autonom auf einer horizontalen, ebenen Fahrbahn mit einer Breite von $2,70\,m$ und einer Tiefe von $1,80\,m$. Bei den Fahrzeugen handelt es sich um vorderachsgelenkte, ferngesteuerte Elektrofahrzeuge (RC-Cars) der Mini-Z-Serie im Maßstab 1:24. Ganz im Sinne des Miniplant-Ansatzes werden Softwarefunktionen zunächst in Rapid-Control-Prototyping entwickelt und getestet, bevor sie im realen Fahrzeug appliziert werden. Dabei werden die für das autonome Fahren bedeutsamen Programmier- und Modellierungssprachen C++ und MATLAB/Simulink sowie das Robot-Operating-System (ROS) als Middleware eingesetzt.

Die Fahrbahnkarte ist flexibel aus Bahnsegmenten konfigurierbar. Somit sind verschiedene Verkehrsszenarien und Anwendungsfälle des autonomen Fahrens darstellbar. Als ein Beispiel für eine Fahrstrecke zeigt Abb. 1 ein Parkdeck, auf welchem vier Fahrzeuge autonom fahren und auf sechs Parkplätzen vollautomatisiert parken. MAD verfügt über eine Web-Schnittstelle, so dass MAD über mobile Endgeräte oder Web-Browser bedient werden kann.

Dieses Kapitel beschreibt in Abschnitt 3.1 die Inhalte des buchbegleitenden Laborprojekts MAD und die Installation der erforderlichen Softwareentwicklungsumgebungen. Abschnitt 3.2 stellt allgemeine Softwarefunktionen und eine Softwarearchitektur für autonomes Fahren vor. Abschnitte 3.3 und 3.4 behandeln die konkrete Funktionsweise des Laborsystems MAD sowie dessen Softwarearchitektur und die Anwendung der modellbasierten und modellgetriebenen Softwareentwicklung. Der abschließende Abschnitt 3.5 enthält eine Installationsanleitung des Robot-Operating-Systems ROS unter Linux sowie eine Einführung in die Programmierung von Softwarekomponenten für ROS in C++.

3.1 Laborinhalte

Die Aufgaben des buchbegleitenden Laborprojekts umfassen:
- die modellbasierte bzw. modellgetriebene Softwareentwicklung automatisierter Fahrfunktionen für einzelne MAD-Fahrzeuge,
- MiL- oder SiL-Tests dieser Fahrfunktionen mit Hilfe der MAD-Simulationsumgebungen,
- Fahrversuche zur Inbetriebnahme und zum Testen dieser Fahrfunktionen auf der realen MAD-Fahrbahn.

Im Rahmen des Laborprojektes werden die folgenden automatisierten Fahrfunktionen entwickelt:

https://doi.org/10.1515/9783110723526-003

– Karten-Provider für Fahrbahnkarte und Sollbahnkurven basierend auf kubischen
   Splines,
– Geschwindigkeitsregler,
– Longitudinalpositionsregler,
– Bahnfolgeregler.

Als Voraussetzung für den Reglerentwurf und die MiL-/SiL-Tests erfolgt weiterhin
eine Modellierung und Simulation der Fahrdynamik.

3.1.1 Modellbasierte und modellgetriebene Softwareentwicklung

Im Laborprojekt kommen die modellbasierte Softwareentwicklung (MBE) oder alter-
nativ die modellgetriebene Softwareentwicklung (MDE) aus Kapitel 2 zum Einsatz.
Abhängig von der gewählten Modellierungs- bzw. Programmierplattform, MAT-
LAB/Simulink oder C++, wird das V-Modell aus Kapitel 2 in zwei unterschiedlichen
Workflows durchlaufen.

Im Fall von MATLAB/Simulink wird die MDE angewendet:
– Die Fahrdynamik des Fahrzeugs wird als Umgebungsmodell mit Simulink model-
   liert und simuliert.
– Die Regelungsfunktionen werden mit Verfahren der Regelungstechnik entwor-
   fen.
– Sie werden im geschlossenen Regelkreis mit Hilfe der MATLAB-Control-System-
   Toolbox (CST) analysiert.
– Die Regelungsfunktionen werden in Simulink modelliert.
– Die Regelungsfunktionen werden in MiL-Tests in Simulink getestet.
– Embedded-Coder, Robotics-System-Toolbox™ und ROS-Toolbox generieren au-
   tomatisiert C/C++-Code aus dem Simulink-Modell und implementieren die Rege-
   lungsfunktionen als Softwarekomponenten in ROS.
– Die Softwarekomponenten werden in SiL-Tests in ROS unter Linux getestet.
– Die Regelungsfunktionen werden auf dem realen MAD-System in Fahrversuchen
   getestet, ohne dass hierfür eine Änderung des Codes aus den vorhergehenden
   Schritten erforderlich wäre.

Im Fall von C++ wird MBE angewendet. Der Workflow ist in folgende Prozessschritte
untergliedert:
– Die Fahrdynamik des Fahrzeugs wird als Umgebungsmodell modelliert und mit
   C++, Boost-Odeint und ROS simuliert.
– Die Regelungsfunktionen werden mit Verfahren der Regelungstechnik entwor-
   fen.
– Sie werden im geschlossenen Regelkreis mit Hilfe der MATLAB-Control-System-
   Toolbox (CST) analysiert.

- Die Regelungsfunktionen werden als ROS-Softwarekomponenten in C++ auf dem Linux-Computer programmiert.
- Die Softwarekomponenten werden in SiL-Tests in ROS unter Linux getestet.
- Die Regelungsfunktionen werden auf dem realen MAD-System in Fahrversuchen getestet, ohne dass hierfür eine Änderung des Codes aus den vorhergehenden Schritten erforderlich wäre.

3.1.2 Installation der Entwicklungsumgebungen

Für die jeweils letzten Prozessschritte, dem Test in Fahrversuchen auf dem realen MAD-System, ist ein Zugang zum Labor an der Hochschule Heilbronn notwendig. Alle anderen Prozessschritte können auf geeignet konfigurierten Computer oder virtuellen Maschinen durchgeführt werden.

3.1.2.1 Modellgetriebene Softwareentwicklung (MDE) mit MATLAB/Simulink

Falls sich die Leser*innen für MDE mit MATLAB®/Simulink® entscheiden, ist eine Installation von MATLAB® einschließlich folgender Toolboxen erforderlich:
- Control-System-Toolbox™
- Simulink®
- Curve-Fitting-Toolbox™

Es werden alle MATLAB-Versionen ab R2019a unterstützt. Die verwendete Computerplattform ist beliebig. Als Betriebssysteme können Microsoft-Windows, Linux oder macOS verwendet werden.

Die Autocodegenerierung, SiL-Tests und Fahrversuche erfolgen unter ROS im Betriebssystem Linux. Eine Installationsanleitung für ROS ist in Abschnitt 3.5.2 zu finden. Für die Autocodegenerierung der ROS-Softwarekomponenten werden die folgenden, zusätzlichen MATLAB-/Simulink-Toolboxen benötigt:
- Stateflow®
- Simulink®-Coder™
- Embedded-Coder®
- Robotics-System-Toolbox™
- ROS-Toolbox (ab MATLAB R2019b)

3.1.2.2 Modellbasierte Softwareentwicklung (MBE) mit C++

Falls sich die Leser*innen für MBE mit C++ entscheiden, ist eine Installation von ROS und QT-Creator unter Linux entsprechend der Anleitung in Abschnitt 3.5.2 erforderlich. Des Weiteren wird MATLAB einschließlich der Control-System-Toolbox in der Version R2019a oder höher für den Reglerentwurf im Rahmen der Laboraufgaben benötigt.

3.1.2.3 MATLAB/Simulink-Schablonen und MAD-Umgebung unter ROS

Für die Entwicklung und den Test der Regelungsfunktionen im Rahmen des Labor-projekts stehen zwei Umgebungen zur Verfügung: eine für MATLAB/Simulink und eine zweite für ROS. Als Voraussetzung für die Bearbeitung der Laboraufgaben ist ein Klonen des Git-Repositories `https://github.com/modbas/mad` erforderlich, das die Sourcen dieser beiden Umgebungen enthält.

3.1.3 Laboraufgaben für MATLAB/Simulink oder C++

Das Laborprojekt ist in einzelne Laboraufgaben unterteilt. Die Laboraufgaben sind am Ende der jeweiligen Kapitel ab Kapitel 5 definiert. Zur Unterscheidung zwischen den beiden möglichen Workflows sind die Laboraufgaben mit [Simulink], [C++] oder [C++/Simulink] gekennzeichnet.
–   Laboraufgaben mit der Kennzeichnung [C++/Simulink] müssen in beiden Fällen gelöst werden.
–   Laboraufgaben mit der Kennzeichnung [Simulink] sind zu lösen, falls sich die Le-ser*innen für MDE mit Simulink entscheiden.
–   Dagegen müssen Laboraufgaben mit der Kennzeichnung [C++] gelöst werden, falls sich die Leser*innen für MBE mit C++ entscheiden.

3.2 Automatisierte Fahrzeugführung

Die Embedded-Software für autonomes Fahren wird in allgemeingültige *automati-sierte Fahrfunktionen* strukturiert. Das übergeordnete Ziel besteht in der Durchfüh-rung einer *Mission*, die vom Fahrer oder Passagier eingegeben oder von einem über-geordneten *Verkehrs-* oder *Logistikmanagementsystem* geplant wird. Eine Mission definiert den Startpunkt, den Zielpunkt, eine optionale Liste von Zwischenstopps, er-laubte Straßentypen und Attribute für den Energieverbrauch und Reisezeiten.

Die *automatisierten Fahrfunktionen* in Abb. 14 werden als *Embedded-Software* auf dem *Onboard-Embedded-Computersystem* des Ego-Fahrzeugs implementiert. Ein-zelne Funktionen können weiterhin verteilt und teilweise in der *Cloud* realisiert wer-den. Auf alle Fälle sind die Funktionen *Karten-Provider* und *Verkehrs-/Logistik-/Renn-management* dedizierte Funktionen der Cloud, mit welcher sich das Fahrzeugsystem verbindet.

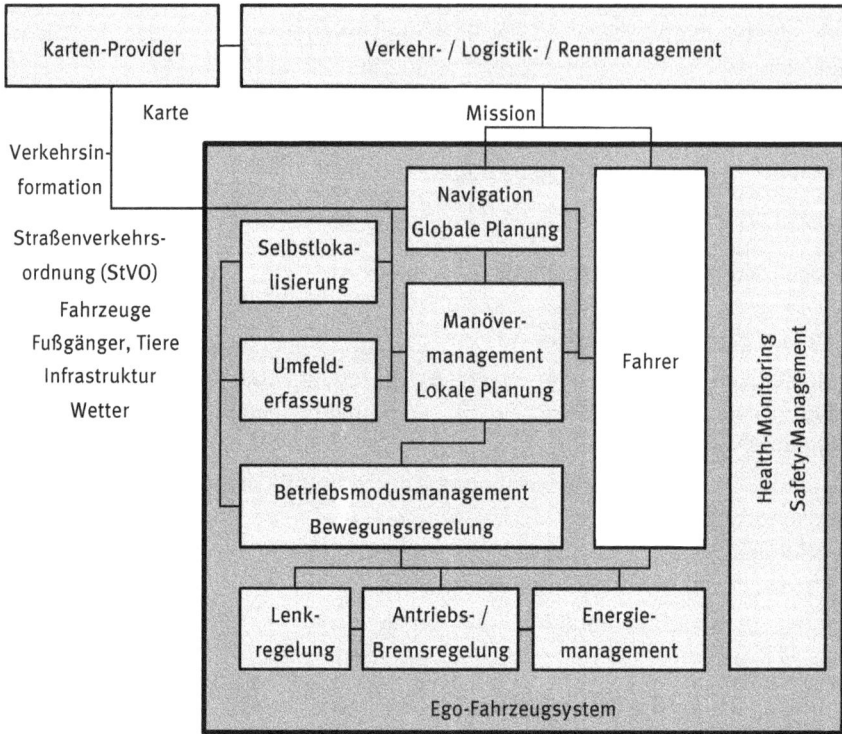

Abb. 14: Funktionen des autonomen Fahrens

Die Darstellung in Abb. 14 enthält die primären Fahrfunktionen. Sekundäre Fahrfunktionen wie das Lichtsystem, Fahrtrichtungsanzeiger, Soundsysteme oder Türschließanlagen sind nicht dargestellt, obwohl diese Funktionen ebenfalls automatisiert gesteuert werden. Beispielsweise verwenden selbstfahrende Fahrzeuge das Lichtsystem oder eine externe Soundanlage zur Information des Fahrzeugumfelds über das aktuelle Fahrmanöver.

Sobald das automatisierte Fahrsystem deaktiviert ist, muss der *Fahrer* Fahrfunktionen übernehmen. Die Low-Level-Funktionen *Lenk-, Antriebs- und Bremsregelung* sowie das *Energiemanagement* sind in allen Fahrsituationen aktiv.

3.2.1 Navigation und globale Planung

Die automatisierte Fahrfunktion *Navigation* plant einen *globalen Pfad* durch Verarbeitung der eingegebenen Mission und der *Karten-* und *Verkehrsinformationen*. Die *globale Planung* verwendet hierzu heuristische Suchalgorithmen aus dem Informatikbereich der *Künstlichen Intelligenz*. Diese Suchalgorithmen finden den näherungsweisen optimalen globalen Pfad in einer Karte mit Bahnsegmenten unter Berücksichtigung der Missionsattribute.

3.2.2 Selbstlokalisierung

Die *Selbstlokalisierung* lokalisiert das Ego-Fahrzeug auf der Karte und gibt die Fahrzeugpose inklusive der Fahrzeugkoordinaten, des Geschwindigkeitsvektors und des Gierwinkels aus. Diese Signale werden als Eingangssignale aller anderen Fahrfunktionen verwendet. Daher stellt die Selbstlokalisierung eine zentrale Funktion dar als notwendige Voraussetzung für die Ausführung aller anderen Funktionen.

Die Selbstlokalisierung liest Signale von Inertialsystemen ein: von globalen Navigationssystemen (z.B. GPS), von Inertial-Measurement-Units (IMU) zur Erfassung von Beschleunigungen und Drehraten sowie von Abstandssensoren mit kleiner und großer Reichweite (Radar, Kameras, Lidar). Zustandsschätzer wie beispielsweise Kalman-Filter oder Partikel-Filter fusionieren diese Sensorsignale und berechnen eine Schätzung der Fahrzeugpose einschließlich zugehöriger Varianzen und Kovarianzen.

3.2.3 Umfelderfassung

Die Funktion *Umfelderfassung* erfasst das Fahrzeugumfeld. Das Fahrzeugumfeld umfasst andere Fahrzeuge, Fußgänger, die Verkehrsinfrastruktur einschließlich Verkehrszeichen und Ampeln, die Straßenverhältnisse und das Wetter. Neben Umfeldsensoren werden eine Car-to-Car- und Car-to-Infrastructure-Kommunikation (Car2X) zur Erfassung und Speicherung der Umfeldinformation eingesetzt. Diese Information wird in Form von objektorientierten Datenmodellen aufbereitet und den anderen Funktionen zur Verfügung gestellt.

3.2.4 Manövermanagement und lokale Planung

Das *Manövermanagement* plant und verwaltet das aktuelle und nachfolgende *Fahrmanöver*. Beispiele wichtiger Fahrmanöver sind:
– Starten und Stoppen des Antriebssystems,
– geschwindigkeitsgeregelte freie Fahrt,
– abstandsgeregelte Folgefahrt,
– Notbremsung,
– Stopp an Ampeln oder Kreuzungen,
– Abbiegen bei Kreuzungen,

- Spurwechsel,
- Überholmanöver,
- quer und längs Ein- und Ausparken,
- Laden der Onboard-Batterie.

Die *lokale Planung* berechnet die *Sollbahnkurve*, auf welcher sich das Fahrzeug bewegen muss. Die lokale Planung ist mehrfach implementiert und erfolgt anhand der von *globaler Planung*, *Selbstlokalisierung* und *Umfelderfassung* zur Verfügung gestellten Information. Unterschiedliche Fahrmanöver rufen unterschiedliche Bahnplanungsalgorithmen auf. Bahnplanungsalgorithmen werden allgemein in zwei Kategorien eingeteilt: *zeitunabhängige Bahnkurvenplanung* und *Trajektorienplanung*.

Zeitunabhängige Bahnkurven enthalten kein Geschwindigkeitsprofil. Die Koordinaten, die Orientierung und die Krümmung der Sollbahnkurve werden in Abhängigkeit der gefahrenen Bogenlänge parametriert. Der Vorteil dieser Form der Darstellung besteht darin, dass das Fahrzeug derselben Bahnkurve mit unterschiedlichen Geschwindigkeiten folgen kann.[3] Dies ist eine wesentliche Voraussetzung für das Fahren auf Fahrspuren, wobei die Geschwindigkeit fortlaufend an den Verkehr, die Straßenverhältnisse, das Wetter und Geschwindigkeitsbeschränkungen angepasst wird. Zeitunabhängige Bahnkurven werden bei den folgenden Fahrmanövern angewendet: geschwindigkeitsgeregelte freie Fahrt, abstandsgeregelte Folgefahrt, Anhalten an Ampeln und Kreuzungen, Ein- und Ausparken, Notbremsung.

Im Gegensatz zu zeitunabhängigen Bahnkurven definieren *Trajektorien* alle Bahnkurvenattribute in Abhängigkeit von der Zeit. Daher enthält eine Trajektorie implizit das Sollgeschwindigkeitsprofil des Fahrzeugs. Die Fahrzeuggeschwindigkeit kann nicht unabhängig von der Trajektorie geregelt werden. Trajektorien werden in Fahrmanövern eingesetzt, die innerhalb vordefinierter Zeitintervalle abgeschlossen sein müssen, wie z.B. Spurwechsel oder Überholmanöver.

Im Fall von *zeitunabhängigen Bahnkurven* plant die *lokale Planung* ein Geschwindigkeitsprofil parallel zur eigentlichen Sollbahnkurve. Im Fall von *Trajektorien* kann das Geschwindigkeitsprofil dagegen aus der zeitbasierten Trajektorie mathematisch berechnet werden. Die *Bewegungsregelung* liest die geplante Bahnkurve oder Trajektorie und das Geschwindigkeitsprofil ein, misst die Fahrzeugpose und regelt das Fahrzeug auf die Sollbahnkurve einschließlich Geschwindigkeitsprofil oder die Trajektorie ein.

---

3 Das Geschwindigkeitsprofil und die Bahnkurve sind voneinander abhängig. Die Fahrzeuggeschwindigkeit in einer Kurve muss an die Kurvenkrümmung angepasst werden aus Gründen der Fahrdynamik und des Komforts. Aus der Krümmung in Verbindung mit einer maximal erlaubten Querbeschleunigung kann das Geschwindigkeitsprofil in der Kurve geplant werden. In Abhängigkeit des Verkehrs kann die Geschwindigkeit unabhängig von der geplanten, zeitunabhängigen Bahnkurve reduziert werden.

3.2.5 Betriebsmodusmanagement und Bewegungsregelung

Die *Bewegungsregelung* regelt die Fahrdynamik des Fahrzeugs [17]. Eine mögliche Option ist dabei die Unterteilung des Bewegungsreglers in die Teilfunktionen *Bahnfolgeregelung*, *Geschwindigkeits*- und *Longitudinalpositionsregelung*. *Bahnfolgeregler* regeln das Fahrzeug auf der geplanten Bahnkurve ein, während *Geschwindigkeits*- und *Longitudinalpositionsregler* die Fahrzeuggeschwindigkeit gemäß des geplanten Geschwindigkeitsprofils und die Longitudinalposition oder den Zeitabstand zum vorausfahrenden Fahrzeug regeln.

Eine alternative Option besteht in der Implementierung eines Fahrdynamikreglers, der das Fahrzeug als Multi-Input-Multi-Output-System (MIMO) durch gleichzeitige Stellung von Lenkung, Beschleunigung und Verzögerung regelt [18]. In diesem Fall muss die Funktion *lokale Planung* Trajektorien anstelle von Bahnkurven planen. Der Vorteil dieser Option besteht darin, dass Zeitbedingungen, z.B. bei Überholmanöver, garantiert eingehalten werden können.

3.2.6 Lenk-, Antriebs-, Bremsregelung, Energiemanagement

Diese Low-Level-Funktionen sind auf jedem Fahrzeug verfügbar, egal ob es manuell oder automatisiert gesteuert wird. Im Fall des autonomen Fahrens stellen diese Funktionen erweiterte Schnittstellen zur Verfügung, über welche die Upper-Level-Funktionen volle Kontrolle über das Fahrzeug übernehmen können. Im Fall des manuellen Fahrens oder bei Advanced-Driver-Assistance-Systems (ADAS) sind diese Schnittstellen nur eingeschränkt verfügbar aus Gründen der Fahrsicherheit. Beispielsweise ist der Lenkeingriff für den Spurhalteassistent limitiert und erlaubt nur geringe Drehmomentvorgaben für die Lenkunterstützung.

3.2.7 Health-Monitoring und Safety-Management

Autonomes Fahren darf keine Menschen oder Tiere verletzen oder gefährden. Weiterhin dürfen das Umfeld oder andere Fahrzeuge nicht beschädigt werden. Daher müssen die automatisierten Fahrfunktionen die Straßenverkehrsordnung, z.B. die deutsche StVO, einhalten. Die Grundregel §1 der StVO ist:
- „Die Teilnahme am Straßenverkehr erfordert ständige Vorsicht und gegenseitige Rücksicht."
- „Jeder Verkehrsteilnehmer hat sich so zu verhalten, dass kein anderer geschädigt, gefährdet oder mehr, als nach den Umständen unvermeidbar, behindert oder belästigt wird."

Die automatisierten Fahrfunktionen müssen dieser Grundregel und allen anderen Regeln der StVO entsprechen. Zur Sicherstellung dieser fundamentalen Anforderungen werden die Fahrdynamik und jede individuelle Fahrfunktion aus Abb. 14 vom *Health-Monitoring* überwacht. Im Fall einer Verletzung der Straßenverkehrsordnung, im Fall von Abweichungen von der *Intended-Function* oder bei *Systemfehlern (System-Faults und -Errors)* führt das *Safety-Management* Fehlerreaktionsmaßnahmen aus und überwacht diese.

3.2.8 Fahrfunktionen in Mini-Auto-Drive (MAD)

Das buchbegleitende Laborprojekt Mini-Auto-Drive (MAD) konzentriert sich auf die Entwicklung der Fahrfunktionen *Karten-Provider*, *lokale Planung* und *Bewegungsregelung*. Für die Bahnplanung wird der Ansatz der zeitunabhängigen Bahnkurven verwendet. Die *Bewegungsregelung* wird in die Funktionen *Geschwindigkeitsregelung*, *Longitudinalpositionsregelung* und *Bahnfolgeregelung* unterteilt.

Darüber hinaus werden im Rahmen von Forschungsprojekten und studentischen Arbeiten alle automatisierten Fahrfunktionen aus Abb. 14 für MAD entwickelt, implementiert und getestet.

3.3 Systemübersicht

Im Laborprojekt MAD werden die *automatisierten Fahrfunktionen* aus Abb. 14 als Softwarekomponenten der *Driving-Software* implementiert. Die Driving-Software wird wie in Abb. 15 dargestellt auf einem Echtzeit-Linux-Computer ausgeführt. Die Online-Lokalisierung der Fahrzeuge erfolgt durch eine Topview-Infrarot-Kamera, die in $3m$ Höhe mittig über der Fahrbahnoberfläche montiert ist. Dabei erfasst die Kamera Infrarot-Marker, die auf den Fahrzeugkarosserien geklebt sind und von einem Infrarot-Strahler aktiv beleuchtet werden.

In der aktuellen Version ersetzt ein an der Hochschule Heilbronn entwickeltes elektronisches Onboard-Steuergerät die ursprüngliche Elektronik der Mini-Z-Fahrzeuge. Dieses Steuergerät verfügt über eine Bluetooth-Low-Energy-Schnittstelle (BLE) zur Fernsteuerung der Fahrzeuge, eine Servo-Lenkregelung, eine Steuerung des elektrischen Antriebsmotors und eine induktive Ladefunktion für die Onboard-Batterie.

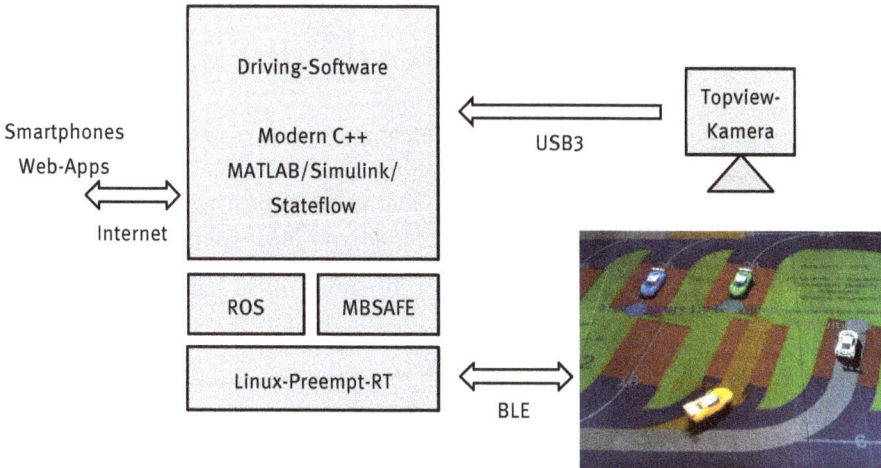

Abb. 15: Mini-Auto-Drive-System (MAD)

Die Stellsignale für die Beschleunigung, Verzögerung und Lenkung jedes Fahrzeugs werden über BLE übertragen. Dazu sendet der Linux-Computer die Stellsignale über USB an ein Nordic-Microcontroller-Board, das als Gateway zwischen USB und BLE dient. Im Rückkanal werden die Health-States, Error-Codes und Batteriezustände der Fahrzeuge an den Computer übertragen.

Die Fahrsoftware und die digitale Bildverarbeitung werden auf einem Echtzeit-Linux-Computer ausgeführt. Wie in Abb. 15 dargestellt liest dieser den Videostream der Infrarot-Kamera über USB3 ein und steuert alle Fahrzeuge über BLE. Als Betriebssystem kommt eine Ubuntu-Distribution mit einem Linux-Preempt-RT-Kernel zum Einsatz. Die Echtzeit-Videostream-Verarbeitung ist in C++ implementiert und verwendet MODBAS-Safe (MBSAFE) [19] als Mittelschicht zur Abstraktion der POSIX-Echtzeit-Funktionen und zur Überwachung des Echtzeit-Verhaltens.

Neben der realen Fahrbahn im Maßstab 1:24 ermöglicht die MAD-Konfiguration die Entwicklung und das Testen der automatisierten Fahrfunktionen in virtuellen MiL- und SiL-Simulationen. Nach erfolgreichen MiL- und SiL-Tests können die entwickelten Funktionen ohne Änderungen in realen Fahrversuchen in Betrieb genommen und ausgeführt werden.

In MAD können verschiedene Fahrbahnkarten flexibel programmiert und konfiguriert werden. Ein Short-Range-Full-HD-Beamer, der über HDMI an den Linux-

Computer angeschlossen ist, projiziert die Karte auf die Fahrbahnoberfläche. Neben der Karte werden dynamische Fahrzeugdaten wie beispielsweise die geplante Bahnkurve oder der aktuelle Geschwindigkeitsvektor zur Überprüfung der Funktionen dargestellt. Diese Erweiterung der Realität durch virtuelle Daten wird allgemein als Augmented-Reality bezeichnet.

3.4 Softwarearchitektur

Auf dem Linux-Computer wird *Robot-Operating-System (ROS)* ausgeführt. In ROS kommunizieren Softwarekomponenten, die als *ROS-Nodes* bezeichnet werden, nachrichtenbasiert über sogenannte *ROS-Topics* oder prozedurbasiert über sogenannte *ROS-Services*. Die automatisierten Fahrfunktionen von MAD werden im Laufe des lehrbuchbegleitenden Laborprojekts als Teile von ROS-Nodes implementiert.

3.4.1 Reales MAD-System

Auf dem realen MAD-System werden die in Abb. 16 dargestellten ROS-Nodes ausgeführt:

- rc_node steuert die Fahrzeuge durch Kommunikation über Bluetooth-Low-Energy (BLE). rc_node empfängt ROS-Messages des Typs CarInputs über das ROS-Topic /mad/carinputs mit folgenden Elementen:
    - carid zur Adressierung des jeweiligen Fahrzeugs,
    - cmd zur Auswahl des Fahrmodus Anhalten, Vorwärtsfahrt, Rückwärtsfahrt oder langsame Fahrt,
    - pedals zur Ansteuerung des Elektromotors zur Beschleunigung und Verzögerung des Fahrzeugs,
    - steering zur Ansteuerung der Lenkung,
- vision_node liest den Videostream von der Topview-Kamera über USB3 mit der Abtastfrequenz 50 Hz (Abtastzeit 20 ms) ein. vision_node sendet Messages des Typs CarOutputs auf ROS-Topic /mad/caroutputs mit folgenden Elementen:
    - carid zur Adressierung des Fahrzeugs,
    - Position s als Vektor mit zwei kartesischen Koordinaten [m],
    - Gierwinkel psi [rad].
- carlocate_node implementiert die Funktionen Selbstlokalisierung und Umfelderfassung. Für jedes Fahrzeug berechnet carlocate_node die Geschwindigkeit und den Schwimmwinkel des Hinterachsmittelpunkts. carlocate empfängt die CarOutputs–Messages von vision_node und sendet Messages des Typs CarOutputsExt auf ROS-Topic /mad/caroutputsext. CarOutputsExt hat dieselben Elemente wie CarOutputs und zusätzlich:
    - absolute Geschwindigkeit des Hinterachsmittelpunkts v [m/s],

- Schwimmwinkel beta [*rad*],
- gefahrene Bogenlänge x [*m*].

- cardisplay_node erzeugt Marker-Messages für die graphische Visualisierung der Fahrzeuge in der ROS-3D-Umgebung RViz. cardisplay_node generiert diese grafischen Marker durch Verarbeitung der in den CarOutputs- und CarOutputsExt-Messages enthaltenen Daten.
- track_node definiert die Fahrbahnkarte, die aus verschiedenen Bahnsegmenten aufgebaut werden kann. track_node erzeugt Marker-Messages für die grafische Visualisierung der Strecke in RViz und veröffentlicht ROS-Services (u.a. /mad/get_waypoints) zur Berechnung der Sollbahnkurven für Fahrmanöver.
- carctrl_node implementiert die folgenden Regelungsfunktionen als Teil der Bewegungsregelung:
    - Geschwindigkeitsregelung,
    - Longitudinalpositionsregelung,
    - Bahnfolgeregelung.

Diese Funktionen regeln das Fahrzeug auf einer vordefinierten Bahnkurve ein und regeln zusätzlich die Geschwindigkeit oder die Longitudinalposition des Fahrzeugs. Der Geschwindigkeitsregler, der Longitudinalpositionsregler und der Bahnfolgeregler senden CarInputs-Messages zur Stellung des Motorsignals und des Lenkwinkels über rc_node. Die für die Regelungsfunktionen erforderlichen Regelgrößen werden über die CarOutputsExt-Messages auf /mad/caroutputsext empfangen.

- carctrl_node liest weiterhin DriveManeuver-Messages auf dem Topic /mad/car0/navi/maneuver ein. Diese Fahrmanöver-Messages enthalten die zu fahrenden Sollbahnkurve, die Sollgeschwindigkeit oder die Sollposition für die Regelungsfunktionen.
- Zur Erzeugung dieser DriveManeuver-Messages steht das Python-Skript send_maneuver.py zur Verfügung, das den Service /mad/get_waypoints von track_node aufruft, um Sollbahnkurven für die Bewegungsregelung zu generieren. Dieses Python-Skript ersetzt die Fahrfunktionen *Navigation / Globale Planung* und *Manövermanagement / Lokale Planung* aus Abb. 14. Diese MAD-Funktionen werden nicht im Rahmen dieses Lehrbuchs behandelt.

Die ROS-Nodes rc_node, vision_node und track_node werden alle genau einmal als Singletons ausgeführt. Dagegen werden die ROS-Nodes carlocate_node, cardisplay_node und carctrl_node jeweils für jedes einzelne Fahrzeug instanziiert und ausgeführt.

Im Rahmen des Laborprojekts werden die ROS-Nodes carctrl_node und car-sim_node (siehe Abschnitt 3.4.2) entwickelt. Die ROS-Nodes rc_node, vision_node, cardisplay_node, carlocate_node und track_node sind fertig verfügbar. Der ROS-Node track_node kann für die Definition verschiedener Fahrbahnkarten angepasst werden.

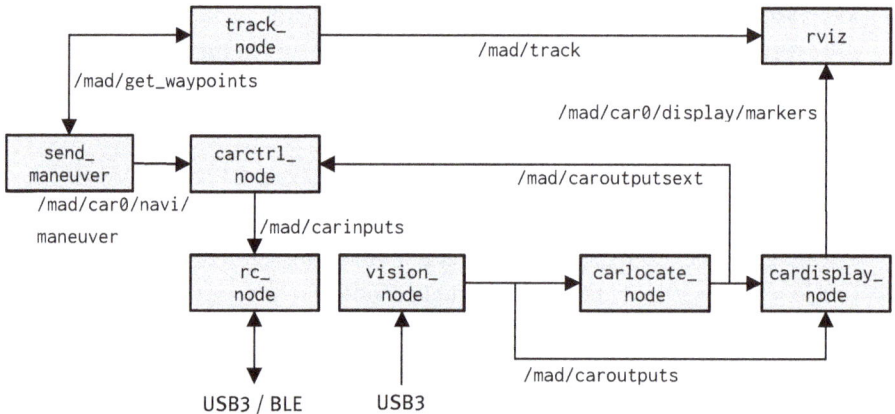

Abb. 16: ROS-Nodes und ROS-Topics von MAD

Die ROS-Nodes in Abb. 16 implementieren somit eine Untermenge der automatisierten Fahrfunktionen der Abb. 14:
- track_node: Karten-Provider, Verkehrs-/Rennmanagement,
- carlocate_node: Selbstlokalisierung, Umfelderfassung,
- carctrl_node: Bewegungsregelung.

Falls sich die Leser*innen für die modellbasierte Softwareentwicklung mit C++ im Laborprojekt entscheiden, wird der ROS-Node carctrl_node in C++ programmiert. Falls die modellgetriebene Softwareentwicklung mit MATLAB/Simulink angewendet wird, wird carctrl_node durch den ROS-Node madctrl_d1 ersetzt. ROS-Node madctrl_d1 wird automatisiert aus dem Simulink-Modell `madctrl_d1.slx` generiert (siehe Abschnitt 3.4.3). Die Schnittstellen von `carctrl_node` und `madctrl_d1` sind identisch.

3.4.2 MAD-Simulation in ROS

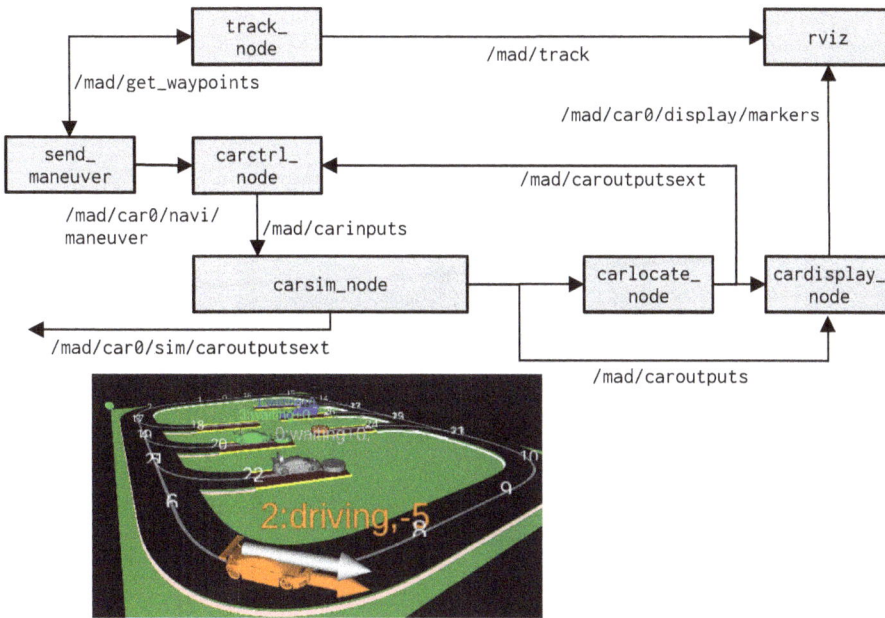

Abb. 17: ROS-Konfiguration für SiL-Simulationen

MAD verwendet ROS weiterhin als virtuelle Simulationsumgebung. Für SiL-Tests wird die Konfiguration aus Abb. 16 durch die Konfiguration aus Abb. 17 ersetzt. Der neue ROS-Node `carsim_node` simuliert das Umgebungsmodell, d.h. die Umgebung der Fahrsoftware entsprechend Abschnitt 2.6.2. Er simuliert die Fahrdynamik und ersetzt dadurch die realen Fahrzeuge, die Topview-Kamera sowie die ROS-Nodes `rc_node` und `vision_node`. `carsim_node` kann mehrfach für jedes einzelne Fahrzeug instanziiert und ausgeführt werden.

Die anderen ROS-Nodes `carlocate_node`, `cardisplay_node`, `track_node` und `carctrl_node` (oder `madctrl_d1`) werden ohne Änderungen identisch zum realen Fahrversuch ausgeführt. Dadurch kann flexibel zwischen realen Fahrversuchen und SiL-Simulationen gewechselt werden. Erfolgreich in SiL-Simulationen getestete

Regelungsfunktionen können identisch ohne Code-Änderungen in realen Fahrversuchen in Betrieb genommen und ausgeführt werden.

Da die Fahrzeuge simuliert werden, kennt `carsim_node` die internen dynamischen Zustände der Fahrdynamik einschließlich der Geschwindigkeit und des Schwimmwinkels. ROS-Node `carsim_node` sendet die Message `CarOutputsExt`, die diese internen Zustände enthält. Dies ist einer der Vorteile der Simulation, da interne Zustandssignale simuliert und gemessen werden können anders als im realen System.

3.4.3 MAD-Simulation in MATLAB/Simulink

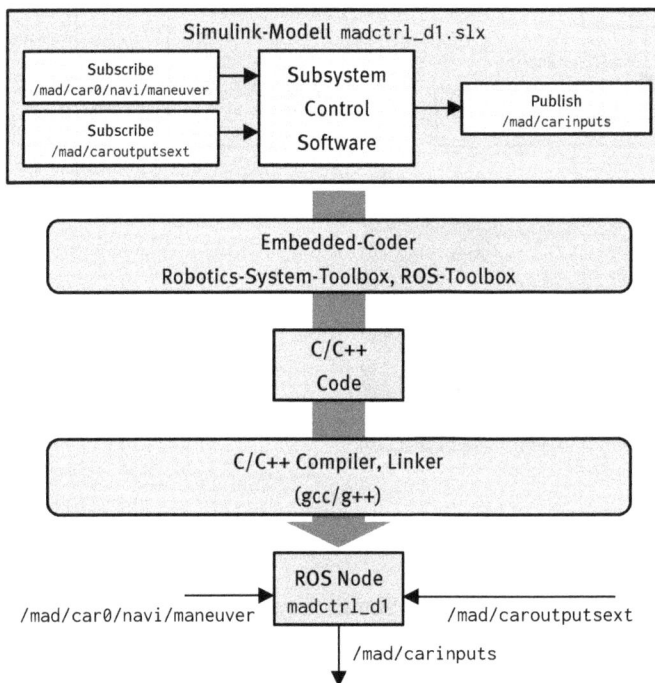

Abb. 18: Modellgetriebene Softwareentwicklung des ROS-Nodes `madctrl_d1`

Als Alternative zu C++ kann MATLAB/Simulink zur Entwicklung des ROS-Node `madctrl_d1` verwendet werden, der `carctrl_node` ersetzt. Dabei wird die modellgetriebene Softwareentwicklung (MDE) für die Geschwindigkeits-, Longitudinalpositions- und Bahnfolgeregelung eingesetzt, bei welcher Softwaremodelle für diese Regelungsfunktionen im Simulink-Modell `madctrl_d1.slx` erstellt werden.

Nach erfolgreicher Modellierung und MiL-Tests in Simulink generiert Embedded-Coder automatisiert den ROS-Node `madctrl_d1` aus dem Simulink-Modell `madctrl_d1.slx`. Dieses Simulink-Modell verwendet die Simulink-Blöcke `Subscribe` and `Publish` aus den Robotics-System- und ROS-Toolboxen, um Messages auf den Topics `/mad/car0/navi/maneuver` und `/mad/caroutputsext` zu empfangen und Messages auf dem Topic `/mad/carinputs` zu versenden. Diese Schnittstellen sind kompatibel zu den Schnittstellen des ROS-Nodes `carctrl_node`.

Abb. 19 zeigt den Workflow der Codegenerierung. Die Regelungsfunktionen werden als Softwaremodelle im Simulink-Subsystem `Control Software` modelliert. Embedded-Coder zusammen mit den Robotics-System- und ROS-Toolboxen generieren C/C++-Code, der den ROS-Node `madctrl_d1` implementiert. Dieser C/C++-Code wird mit der GNU-C/C++-Toolkette auf dem MAD-Linux-Computer kompiliert und gelinkt.

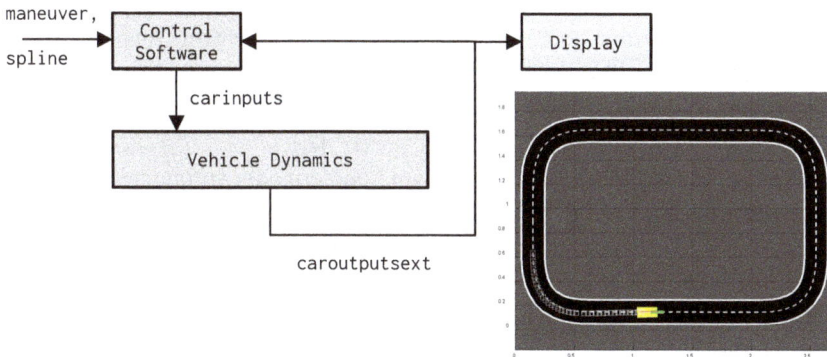

Abb. 19: Simulink-Simulation der Regelungsfunktionen im Regelkreis mit Fahrdynamik

Vor der Codegenerierung wird das Simulink-Subsystems `Control Software` in MiL-Simulationen validiert und verifiziert. Für diese Tests wird das Simulink-Modell in Abb. 19 erstellt, das der ROS-Simulationskonfiguration aus Abb. 17 entspricht. Die Subsysteme dieses Simulink-Modells in Abb. 19 ersetzen die ROS-Nodes in Abb. 17:

- Das Subsystem `Control Software` ist ein Softwaremodell für die Geschwindigkeits-, Longitudinalpositions- und Bahnfolgeregelung entsprechend zu ROS-Node `carctrl_node`.
- Das Subsystem `Vehicle Dynamics` ist ein Fahrdynamikmodell entsprechend zu ROS-Node `carsim_node`.
- Das Subsystem `Display` stellt das Fahrzeug grafisch auf der Karte dar entsprechend zu ROS-Node `cardisplay_node`.

In Gegensatz zur ROS-Konfiguration, die ROS-Messages zur nachrichtenbasierten Kommunikation verwendet, kommunizieren die Simulink-Subsysteme signalfluss-orientiert über die Simulink-Bussignale `carinputs`, `caroutputsext`, `maneuver` und `spline`. Während die ROS-Konfiguration den ROS-Node `carlocate_node` für die Selbstlokalisierung verwendet, enthält das Simulink-Modell keine entsprechende Funktion. Stattdessen lesen die Subsysteme `Control Software` und `Display` die Fahr-zeugkoordinaten, den Gierwinkel, die Geschwindigkeit und die gefahrene Bogen-länge über das Bussignal `caroutputsext` ein, welches dem ROS-Topic `/mad/carout-putsext` in der ROS-Simulation entspricht. Dadurch erfolgen die MiL-Tests des Simulink-Subsystems `Control Software` in Simulink-Simulationen ohne Einbezie-hung der Selbstlokalisierung.

3.5 Robot-Operating-System (ROS)

„The Robot Operating System (ROS) is a flexible framework for writing robot software. It is a collection of tools, libraries and conventions that aim to simplify the task of creating complex and robust robot behavior across a wide variety of robotic plat-forms." (zitiert von `http://www.ros.org/about-ros/` [7]).

ROS ist ein Framework zur Entwicklung von Robotern oder autonomen Fahrzeu-gen und verfügt über einen großen Funktionsumfang und einer Vielzahl an Software-werkzeugen und Bibliotheken. ROS hat eine sehr große Nutzergemeinde in den Be-reichen industrielle Robotik und autonome Systeme. ROS wird sowohl an Hochschulen als auch in der Industrie angewandt in der Forschung und in der Pro-duktentwicklung.

3.5.1 Funktionsmerkmale

ROS weist folgende wesentliche Funktionsmerkmale auf:
- Softwarewerkzeuge zur Entwicklung und Ausführung von Roboter-Software,
- Software-Bibliotheken für ROS-Nodes, -Topics, -Services, -Nodelets,
- ROS-Nodes zur Ansteuerung von Sensoren und Aktuatoren:
    - Kameras, Laser-Scanner, Odometrie, GPS,
    - Robotersteuerungen,
- ROS-Nodes für Applikationssoftware:
    - Lokalisierung,
    - Kartengenerierung,
    - Bahnplanung,
    - Bewegungsregelung,
- Experimentierumgebung,
- Simulationsumgebung,

–   Aufzeichnung und Playback von ROS-Messages.

ROS-Nodes können u.a. in folgenden Sprachen programmiert bzw. modelliert werden: C++, Python, MATLAB, Simulink oder LISP.

3.5.2 Installation

Falls C++ im Laborprojekt verwendet wird und ROS-Nodes in SiL-Tests validiert und verifiziert werden sollen, ist eine Installation der Linux-Distribution Ubuntu 18.04, der ROS-Distribution Melodic und der integrierten Softwareentwicklungsumgebung QT-Creator erforderlich. Es können auch neuere Ubuntu- oder ROS-Versionen verwendet werden, aber keine ROS2-Distribution. Die Installationsschritte sind im Einzelnen:

1. Installiere Ubuntu 18.04 LTS Desktop 64bit (AMD64)
    –   siehe `http://releases.ubuntu.com/18.04/`
2. Installiere ROS Melodic: `ros-melodic-desktop-full`
    –   siehe `http://wiki.ros.org/melodic/Installation/Ubuntu`
3. Installiere LTTng (Linux-Tracing-Tools)

    ```
    sudo apt install lttng-tools liblttng-ctl-dev liblttng-ust-dev
    ```

4. Installiere die integrierte Softwareentwicklungsumgebung (IDE) Qt-Creator für ROS
    –   siehe `https://ros-qtc-plugin.readthedocs.io/en/latest/`
    –   Bitte beachten: das Default-Ubuntu-Package `qtcreator` funktioniert nicht mit ROS. Falls das Default-Package `qtcreator` bereits installiert ist, muss dieses zwingend vor Installation der ROS-Variante von QT-Creator deinstalliert werden:

    ```
    sudo apt purge qtcreator
    ```

ROS ist auch auf virtuellen Maschinen ausführbar. Virtuelle Maschinen führen ein Guest-Operating-System auf einem Host-Operating-System aus, z.B. den Guest Ubuntu-Linux auf dem Host Microsoft-Windows. Die virtuellen Maschinen VMware oder Oracle-Virtual-Box ermöglichen eine Installation von Ubuntu mit wenigen Mausklicks. Für die Installation muss ein ISO-Image der Ubuntu-Distribution von der Ubuntu-Homepage oben heruntergeladen werden.

3.5.3 Hello World

Am Anfang ist nichts und alles wird von Grund auf erarbeitet. Im folgenden einführenden Beispiel wird die Entwicklung eines ROS-Nodes mit C++ grundsätzlich behandelt. Als einziges wird eine Installation von Ubuntu-Linux mit ROS und QT-Creator
benötigt. Diese Kurzeinführung ist in folgende Schritte unterteilt:

1. Erstelle einen ROS-Workspace, das Dein Projekt im Dateisystem enthält.
2. Erstelle ein ROS-Package zur Modularisierung dieses ROS-Workspace.
3. Konfiguriere die integrierte Entwicklungsumgebung QT-Creator.
4. Erstelle den in Abb. 20 dargestellten ROS-Node `sine_node` in C++, der Zeichen-
   ketten in Form von ROS-Messages mit einer konstanten Abtastzeit auf ROS-Topic
   `/chatter` sendet.
5. Erweitere diesen ROS-Node zur Generierung eines Sinussignals und Ausgabe des
   Signals als ROS-Messages im Gleitkommaformat auf ROS-Topic `/sine/signal`.
6. Messe diese ROS-Messages mit der ROS-Experimentierumgebung `rqt`.

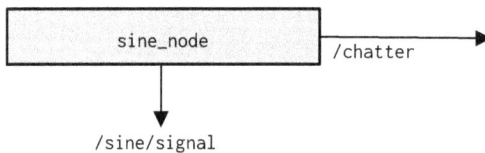

Abb. 20: ROS-Node `sine_node` mit ROS-Topics `/chatter` und `/sine/signal`

3.5.3.1 ROS-Workspace und ROS-Node zur Ausgabe von „hello world"

1. Login in Linux und öffne ein Terminal mit `Ctrl+Alt+t`
2. Konfiguriere die ROS-Umgebungsvariablen

```
source /opt/ros/melodic/setup.bash
```

3. Erzeuge den ROS-Workspace im Verzeichnis ~/PERSISTENT

```
cd
mkdir -p PERSISTENT/autosys/catkin_ws/src
cd PERSISTENT/autosys/catkin_ws/
catkin_make
```

4. Konfiguriere ROS-Workspace-Umgebungsvariablen

```
source ~/PERSISTENT/autosys/catkin_ws/devel/setup.bash
```

5. Mache diese Einstellungen persistent durch Erzeugen der Bash-Datei ~/PERSIS-TENT/.bashrc mit folgendem Inhalt:

```
#!/bin/bash
source ~/PERSISTENT/autosys/catkin_ws/devel/setup.bash
```

und Ergänzen von ~/.bashrc um folgenden Inhalt:

```
# ROS
PERSISTENTBASH="$HOME/PERSISTENT/.bashrc"
if [ -f $PERSISTENTBASH ]; then
    source $PERSISTENTBASH
else
    source /opt/ros/melodic/setup.bash
fi
```

6. Erzeuge das neue ROS-Package test

```
cd ~/PERSISTENT/autosys/catkin_ws/src
catkin_create_pkg test
```

7. Builde dieses Package (das ist erforderlich für alle folgenden Schritte, obwohl dieses neue Package noch keinen Code enthält)

```
cd ..
catkin_make
```

8. Öffne QT-Creator

```
qtcreator&
```

9. Erstelle das neue QT-Creator-Projekt autosys für den neuen ROS-Workspace

```
Click "File - New File or Project …"
Select "Other Project - ROS Workspace"
Click "Choose …"
Enter "autosys" in "Name" field
Select "/opt/ros/melodic" in "Distribution" field
Select "CatkinMake" in "Build System" field
```

Click "Browse …" and select "~/PERSISTENT/autosys/catkin_ws"
Click „Next >"
Click „Finish"

10. Der ROS-Workspace und alle seine ROS-Packages (bisher gibt es nur das ROS-Package test) werden gebuildet. Du kannst immer ein neues Builden anstoßen durch Betätigung von Ctrl+b.
11. Beachte die Ausgabe des Build-Prozesses durch Selektion von Compile Output in der unteren Fensterzeile.
12. Beachte die Build-Warnings und -Errors durch Selektion von Issues in der unteren Fensterzeile.
13. Editiere ROS-Package-Abhängigkeiten durch Selektion von Edit in der linken Toolbar und Selektion von autosys/src/test/package.xml im Projects-Browser

Listing 1: autosys/src/test/package.xml

```
<?xml version="1.0"?>
<package>
<name>test</name>
<version>1.0.0</version>
<description>The test package in AutoSys</description>

<!-- One maintainer tag required, multiple allowed, one person per tag -->
<!-- Example:   -->
<!-- <maintainer email="jane.doe@example.com">Jane Doe</maintainer> -->
<maintainer email="frank.traenkle@hs-heilbronn.de">Frank Traenkle</maintainer>

<!-- One license tag required, multiple allowed, one license per tag -->
<!-- Commonly used license strings: -->
<!--    BSD, MIT, Boost Software License, GPLv2, GPLv3, LGPLv2.1, LGPLv3 -->
<license>proprietary</license>

<!-- Url tags are optional, but multiple are allowed, one per tag -->
<!-- Optional attribute type can be: website, bugtracker, or repository -->
<!-- Example: -->
<!-- <url type="website">http://wiki.ros.org/test</url> -->


<!-- Author tags are optional, multiple are allowed, one per tag -->
<!-- Authors do not have to be maintainers, but could be -->
<!-- Example: -->
<!-- <author email="jane.doe@example.com">Jane Doe</author> -->


<!-- The *_depend tags are used to specify dependencies -->
```

```
<!-- Dependencies can be catkin packages or system dependencies -->
<!-- Examples: -->
<!-- Use build_depend for packages you need at compile time: -->
<!--   <build_depend>message_generation</build_depend> -->
<!-- Use buildtool_depend for build tool packages: -->
<!--   <buildtool_depend>catkin</buildtool_depend> -->
<!-- Use run_depend for packages you need at runtime: -->
<!--   <run_depend>message_runtime</run_depend> -->
<!-- Use test_depend for packages you need only for testing: -->
<!--   <test_depend>gtest</test_depend> -->
<!-- AUTOSYS <<<<< -->
<buildtool_depend>catkin</buildtool_depend>
<build_depend>roscpp</build_depend>
<build_depend>std_msgs</build_depend>
<run_depend>roscpp</run_depend>
<run_depend>std_msgs</run_depend>
  <!-- >>>>> -->

<!-- The export tag contains other, unspecified, tags -->
<export>
<!-- Other tools can request additional information be placed here -->

</export>
</package>
```

---

14. Erstelle das Unterverzeichnis autosys/src/test/src, das alle C++-Source-Files enthalten wird, und erstelle das C++-Source-File sine_node.cpp für den ROS-Node sine_node. Verwende dazu den in QT-Creator enthaltenen Template-Mechanismus:

```
Right-click the folder "autosys/src/test"
Select "Add New …"
Select "ROS" and "Basic Publisher Node"
Click "Choose …"
Enter "sine_node" in "Name" field
Create the subfolder "src" in the file explorer by selecting
"Browse …"
Click „Next >"
Click „Finish"
```

15. Das neue automatisch von QT-Creator erzeugte C++-Source-File sine_node.cpp enthält keine Kommentare. Hier ist eine kommentierte Version, die die einzelnen C++-Code-Zeilen erklärt:

Listing 2: `autosys/src/test/src/sine_node.cpp`

```cpp
/**
  * AutoSys
  * @brief Starts ROS node and outputs string message
  */

// include the interface of the general ROS C++ library
#include <ros/ros.h>
// include the data type of the standard ROS message String
#include <std_msgs/String.h>

/**
  * @brief The main function.
  * @param argc number of arguments
  * @param argv C array of string pointers to arguments
  * @return EXIT_SUCCESS on success
  */
int main(int argc, char **argv)
{
  ros::init(argc, argv, "sine_node"); // initialize ROS
  ros::NodeHandle nh; // initialize node

  // create publisher for topic /chatter which is a string message
  // set output FIFO size to 1000
  ros::Publisher chatter_pub = nh.advertise<std_msgs::String>(“chatter”, 1000);
  // define sampling rate of 10Hz (which corresponds to a sample time of 100ms)
  ros::Rate loopRate(10.0);
  // loop while ROS is running
  while (ros::ok()) {
    // create ROS message of type string
    std_msgs::String msg;
    // set data element of this message
    msg.data = "hello world";

    // output the message on the topic /chatter
    chatter_pub.publish(msg);

    // pass control to ROS for background tasks
    ros::spinOnce();

    // wait for next sampling point
    // neighbor sampling points have a time distance of 100ms
    loopRate.sleep();
  }

  // return success
  return EXIT_SUCCESS;
}
```

16. Füge den ROS-Node zum CMake-Build-Prozess durch Editieren von auto-
    sys/src/test/CMakeLists.txt hinzu:

Listing 3: autosys/src/test/CMakeLists.txt

```
cmake_minimum_required(VERSION 2.8.3)
project(test)


## Compile as C++14, supported in ROS Kinetic and newer
add_compile_options(-Wall -std=c++14) # AUTOSYS: show all warning, enable Modern C++
## Find catkin macros and libraries
## if COMPONENTS list like find_package(catkin REQUIRED COMPONENTS xyz)
## is used, also find other catkin packages
find_package(catkin REQUIRED COMPONENTS roscpp) # AUTOSYS

## System dependencies are found with CMake's conventions
# find_package(Boost REQUIRED COMPONENTS system)


## Uncomment this if the package has a setup.py. This macro ensures
## modules and global scripts declared therein get installed
## See http://ros.org/doc/api/catkin/html/user_guide/setup_dot_py.html
# catkin_python_setup()


## Declare ROS messages, services and actions ##


## To declare and build messages, services or actions from within this
## package, follow these steps:
## * Let MSG_DEP_SET be the set of packages whose message types you use in
##    your messages/services/actions (e.g. std_msgs, actionlib_msgs, ...).
## * In the file package.xml:
##    * add a build_depend tag for "message_generation"
##    * add a build_depend and a run_depend tag for each package in MSG_DEP_SET
##    * If MSG_DEP_SET isn't empty the following dependency has been pulled in
##      but can be declared for certainty nonetheless:
##      * add a run_depend tag for "message_runtime"
## * In this file (CMakeLists.txt):
##    * add "message_generation" and every package in MSG_DEP_SET to
##      find_package(catkin REQUIRED COMPONENTS ...)
##    * add "message_runtime" and every package in MSG_DEP_SET to
##      catkin_package(CATKIN_DEPENDS ...)
##    * uncomment the add_*_files sections below as needed
##      and list every .msg/.srv/.action file to be processed
##    * uncomment the generate_messages entry below
```

```
##    * add every package in MSG_DEP_SET to generate_messages(DEPENDENCIES ...)

## Generate messages in the 'msg' folder
# add_message_files(
#    FILES
#    Message1.msg
#    Message2.msg
# )

## Generate services in the 'srv' folder
# add_service_files(
#    FILES
#    Service1.srv
#    Service2.srv
# )

## Generate actions in the 'action' folder
# add_action_files(
#    FILES
#    Action1.action
#    Action2.action
# )

## Generate added messages and services with any dependencies listed here
# generate_messages(
#    DEPENDENCIES
#    std_msgs  # Or other packages containing msgs
# )


## Declare ROS dynamic reconfigure parameters ##


## To declare and build dynamic reconfigure parameters within this
## package, follow these steps:
## * In the file package.xml:
##    * add a build_depend and a run_depend tag for "dynamic_reconfigure"
## * In this file (CMakeLists.txt):
##    * add "dynamic_reconfigure" to
##      find_package(catkin REQUIRED COMPONENTS ...)
##    * uncomment the "generate_dynamic_reconfigure_options" section below
##      and list every .cfg file to be processed

## Generate dynamic reconfigure parameters in the 'cfg' folder
# generate_dynamic_reconfigure_options(
#    cfg/DynReconf1.cfg
#    cfg/DynReconf2.cfg
# )
```

```
## catkin specific configuration ##


## The catkin_package macro generates cmake config files for your package
## Declare things to be passed to dependent projects
## INCLUDE_DIRS: uncomment this if you package contains header files
## LIBRARIES: libraries you create in this project that dependent projects also need
## CATKIN_DEPENDS: catkin_packages dependent projects also need
## DEPENDS: system dependencies of this project that dependent projects also need
catkin_package(
#  INCLUDE_DIRS include
#  LIBRARIES test
#  CATKIN_DEPENDS other_catkin_pkg
#  DEPENDS system_lib
)


## Build ##


## Specify additional locations of header files
## Your package locations should be listed before other locations
include_directories(
# include
${catkin_INCLUDE_DIRS} # AUTOSYS
)

## Declare a C++ library
# add_library(${PROJECT_NAME}
#    src/${PROJECT_NAME}/test.cpp
# )

## Add cmake target dependencies of the library
## as an example, code may need to be generated before libraries
## either from message generation or dynamic reconfigure
#  add_dependencies(${PROJECT_NAME}  ${${PROJECT_NAME}_EXPORTED_TARGETS}  ${catkin_EX-
PORTED_TARGETS})

## Declare a C++ executable
## With catkin_make all packages are built within a single CMake context
## The recommended prefix ensures that target names across packages don't collide
add_executable(sine_node src/sine_node.cpp) # AUTOSYS
## Rename C++ executable without prefix
## The above recommended prefix causes long target names, the following renames the
## target back to the shorter version for ease of user use
## e.g. "rosrun someones_pkg node" instead of "rosrun someones_pkg someones_pkg_node"
# set_target_properties(${PROJECT_NAME}_node PROPERTIES OUTPUT_NAME node PREFIX "")
## Add cmake target dependencies of the executable
## same as for the library above
```

```
add_dependencies(sine_node ${${PROJECT_NAME}_EXPORTED_TARGETS} ${catkin_EXPORTED_TAR-
GETS}) #AUTOSYS

## Specify libraries to link a library or executable target against
target_link_libraries(sine_node # AUTOSYS
${catkin_LIBRARIES}
)


## Install ##


# all install targets should use catkin DESTINATION variables
# See http://ros.org/doc/api/catkin/html/adv_user_guide/variables.html
## Mark executable scripts (Python etc.) for installation
## in contrast to setup.py, you can choose the destination
# install(PROGRAMS
#   scripts/my_python_script
#   DESTINATION ${CATKIN_PACKAGE_BIN_DESTINATION}
# )

## Mark executables and/or libraries for installation
# install(TARGETS ${PROJECT_NAME} ${PROJECT_NAME}_node
#   ARCHIVE DESTINATION ${CATKIN_PACKAGE_LIB_DESTINATION}
#   LIBRARY DESTINATION ${CATKIN_PACKAGE_LIB_DESTINATION}
#   RUNTIME DESTINATION ${CATKIN_PACKAGE_BIN_DESTINATION}
# )

## Mark cpp header files for installation
# install(DIRECTORY include/${PROJECT_NAME}/
#   DESTINATION ${CATKIN_PACKAGE_INCLUDE_DESTINATION}
#   FILES_MATCHING PATTERN "*.h"
#   PATTERN ".svn" EXCLUDE
# )

## Mark other files for installation (e.g. launch and bag files, etc.)
# install(FILES
#   # myfile1
#   # myfile2
#   DESTINATION ${CATKIN_PACKAGE_SHARE_DESTINATION}
# )


## Testing ##


## Add gtest based cpp test target and link libraries
# catkin_add_gtest(${PROJECT_NAME}-test test/test_test.cpp)
# if(TARGET ${PROJECT_NAME}-test)
```

```
#    target_link_libraries(${PROJECT_NAME}-test ${PROJECT_NAME})
# endif()

## Add folders to be run by python nosetests
# catkin_add_nosetests(test)
```

17. Jetzt bist Du bereit, den ROS-Node zu builden. Also betätige `Ctrl+b`.
18. Beachte die Ausgabe dieses Builds durch Selektion von `Compile Output` in der unteren Fensterzeile.

3.5.3.2 Ausführung des ROS-Node
Falls es keine Build-Errors oder -Warnings gibt, kannst Du nun den neuen ROS-Node `sine_node` ausführen.

1. Starte als Erstes den ROS-Master in einem Terminal

```
roscore
```

2. Öffne ein neues Terminal (z.B. mit `Ctrl+Shift+t`) und starte den ROS-Node

```
rosrun test sine_node
```

   – `test` ist der Name des oben erstellten ROS-Package
   – `sine_node` ist der Name des ROS-Nodes

3. Öffne ein weiteres Terminal und betrachte die ROS-Messages auf ROS-Topic `/chatter`, die mit einer Abtastrate von 10 *Hz* erzeugt werden

```
rostopic echo /chatter
rostopic hz /chatter
```

4. Betrachte die ROS-Messages auf `/chatter` mit dem Plugin `Topic Monitor` in rqt

```
rqt
```

5. Beende ROS durch Betätigung von `Ctrl+c` in allen Terminals

3.5.3.3 ROS-Node als C++ Klasse
Der ROS-Node `sine_node` wird nun als C++-Klasse neu programmiert.

1. Verändere den Inhalt von `sine_node.cpp` nach

Listing 4: `autosys/src/test/src/sine_node.cpp` mit C++-Klasse

```cpp
/**
  * AutoSys
  *
  * Copyright (C) 2017-2021, Frank Traenkle, frank.traenkle@hs-heilbronn.de
  *
  * @brief Starts ROS node and outputs string message
  */

// include the interface of the general ROS C++ library
#include <ros/ros.h>
// include the data type of the standard ROS message String
#include <std_msgs/String.h>

/**
  * @brief The SineNode C++ class
  */
class SineNode
{
public:
// The following members are visible to the outside world

  /**
    *@brief The only constructor which is called on class instantiation
    */
  SineNode()
  {
    // create publisher for topic /chatter which is a string message
    // set output FIFO size to 1000
    chatter_pub = node.advertise<std_msgs::String>("chatter", 1000);
  }

  /**
    * @brief step function to execute one sampling step
    */
  void step()
  {
    // create ROS message of type string
    std_msgs::String msg;
    // set data element of this message
    msg.data = "hello world";

    // output the message on the topic /chatter
    chatter_pub.publish(msg);
  }

private:
  // The following members are not visible to the outside of this class
```

```
  ros::NodeHandle node; /**< The ROS node handle */
  ros::Publisher chatter_pub; /**< The /chatter topic publisher */
};

/**
  * @brief The main function.
  * @param argc number of arguments
  * @param argv C array of string pointers to arguments
  * @return EXIT_SUCCESS on success
  */
int main(int argc, char **argv)
{
  ros::init(argc, argv, "sine_node"); // initialize ROS
  // instantiate class SineNode, call SineNode() constructor
  SineNode node;

  // define sampling rate of 10Hz (which corresponds to a sample time of 100ms)
  ros::Rate loopRate(10.0);
  // loop while ROS is running
  while (ros::ok()) {
    // call the method step() of the SineNode instance node
    node.step();

    // pass control to ROS for background tasks
    ros::spinOnce();

    // wait for next sampling point
    // neighbor sampling points have a time distance of 100ms
    loopRate.sleep();
  }

// return success
return EXIT_SUCCESS;
}
```

2. Builde und führe aus. Bitte beachte, dass sich das Ein-/Ausgangsverhalten des ROS-Nodes nicht verändert hat.

3.5.3.4 ROS-Launch-File
Vereinfache den Start des ROS-Nodes von rqt durch ein ROS-Launch-File.

1. Erstelle des Unterverzeichnis autosys/src/test/launch und das neue Launch-File sine.launch

```
Right-click the folder "autosys/src/test"
Select "Add New …"
Select "General" and "Empty File"
```

```
Click "Choose …"
Enter "sine.launch" in "Name" field
Create the subfolder "launch" in the file explorer by selecting
"Browse …"
Click „Next >"
Click „Finish"
```

2. Editiere den XML-Inhalt des Launch-Files `sine.launch`

```xml
<?xml version="1.0"?>
<launch>
<node pkg="test" name="sine" type="sine_node" output="screen"
required="true" />
<node pkg="rqt_gui" name="rqt" type="rqt_gui" output="screen"
required="true" />
</launch>
```

3. Starte den ROS-Master, `sine_node` und `rqt` mit einem einzigen ROS-Befehl

```
roslaunch test sine.launch
```

4. Beende ROS durch Betätigung von `Ctrl+c` im aktuellen Terminal

3.5.3.5 Ausgabe eines Sinussignals

Erweitere den ROS-Node `sine_node` um eine Ausgabe eines Sinussignals.

1. Editiere den Code von `sine_node.cpp`

Listing 5: `autosys/src/test/src/sine_node.cpp` mit Ausgabe eines Sinussignals

```cpp
/**
 * AutoSys
 *
 * Copyright (C) 2017-2021, Frank Traenkle, frank.traenkle@hs-heilbronn.de
 *
 * @brief Starts ROS node and outputs string message
 */


// include the interface of the general ROS C++ library
#include <ros/ros.h>
// include the data type of the standard ROS message String
#include <std_msgs/String.h>
// include the data type of the standard ROS message Float32
```

```cpp
#include <std_msgs/Float32.h>
// include interfaces of C++ standard math functions
#include <cmath>


/**
 * @brief The SineNode C++ class
 */
class SineNode
{
public:
  // The following members are visible to outside world

  /**
   * @brief Compute PI in single-precision (32bit floating-point).
   *         static means: this member is a class member and is common to
   *                        all SineNode instances
   *         constexpr means: the member's value cannot be changed and
   *                          the computation is done during compile time
   *                          which reduces runtime
   */
  static constexpr float PI = 4.0F * std::atan(1.0F);

  /**
   * @brief The only constructor which is called on class instantiation
   * @param[in] samplingTimeArg The sampling time [ s ]
   */
  SineNode(const float samplingTimeArg) :
    samplingTime(samplingTimeArg) // initializes the member samplingTime
  {
    // create publisher for topic /chatter which is a string message
    // set output FIFO size to 1000
    chatterPub = node.advertise<std_msgs::String>("/chatter", 1000);

    // create publisher for topic /sine/signal which is a single-precision
    // floating-point messsage
    // signal is relative to ROS node sine (whose name is specified in sine.launch)
    // set output FIFO size to 1
    signalPub = node.advertise<std_msgs::Float32>("signal", 1);
  }

  /**
   * @brief step function to execute one sampling step
   */
  void step()
  {
    // create ROS message of type String
    std_msgs::String stringMsg;
    // set data element of this message
```

```
    stringMsg.data = "hello world";

    // output the message on the topic /chatter
    chatterPub.publish(stringMsg);

    // create ROS message of type Float32
    std_msgs::Float32 signalMsg;

    // compute a 1Hz sine signal
    signalMsg.data = std::sin(2.0F * PI * time);

    // output the message on the topic /sine/signal
    signalPub.publish(signalMsg);

    // compute the time for the next step
    time += samplingTime;
  }

private:
  // The following members are not visible to the outside of this class
  ros::NodeHandle node { "~" }; /**< The ROS node handle. */
  // Note: with optional constructor argument "~" all topic names
  // are relative to the node name /sine

  ros::Publisher chatterPub; /**< The /chatter topic publisher */
  ros::Publisher signalPub; /**< The /sine/signal topic publisher */

  const float samplingTime = 0.0F; /**< The sampling time [s] */
  float time = 0.0F; /**< The simulation time [s] */
};

/**
 * @brief The main function.
 * @param[in] argc number of arguments
 * @param[in] argv C array of string pointers to arguments
 * @return 0 on success
 */
int main(int argc, char **argv)
{
  const float samplingTime = 100e-3F; // the constant sampling time [ s ]

  ros::init(argc, argv, "sine_node"); // initialize ROS

  // instantiate class SineNode, call SineNode constructor
  SineNode node(samplingTime);

  // define sampling rate as the inverse of the sampling time
  ros::Rate loopRate(static_cast<double>(1.0F / samplingTime));
```

```
// loop while ROS is running
while (ros::ok()) {
  // call the method step() of the SineNode instance node
  node.step();

  // pass control to ROS for background tasks
  ros::spinOnce();

  // wait for next sampling point
  // neighbor sampling points have a time distance of 100ms
  loopRate.sleep();
}

  // return success
  return EXIT_SUCCESS;
}
```

2. Builde und führe aus.
3. Messe das neue Sinussignal /sine/signal/data mit rqt im Plugin Visualiza-
   tion Plot.

3.5.4 ROS-Nodes

Ein *ROS-Node* ist eine Softwarekomponente in ROS. Ein anderer Typ von ROS-Kom-
ponenten sind die sogenannten *ROS-Nodelets*, die in diesem Lehrbuch nicht verwen-
det werden. Ein ROS-Node ist gekapselt und wird typischerweise in einem Linux-
Userspace-Prozess ausgeführt. Seine Schnittstellen zur Außenwelt sind:
– *ROS-Topics*: nachrichtenbasierte Publish-Subscriber-Kommunikation,
– *ROS-Services*: Remote-Procedure-Calls,
– *ROS-Parameters*: Parameter, die auf der Kommandozeile, in Launch-XML-Files
  oder in YAML-Files eingegeben werden können,
– *ROS-Info* zur Ausgabe von Meldungen.

ROS-Nodes veröffentlichen Topics zum Senden von Messages. Nodes abonnieren Topics zum Empfangen von Messages. Publish-Subscriber-Kommunikation bedeutet,
dass eine Message, die von einem ROS-Node gesendet wird, für alle ROS-Nodes sichtbar ist und von allen ROS-Nodes empfangen werden kann. Ein ROS-Node kann
– weitere POSIX-Threads erzeugen zusätzlich zum Prozessthread,
– auf File-I/O, Memory-I/O, Peripherie-I/O zugreifen durch Verwendung von
  Linux-Userspace-Libraries.

ROS-Device-Drivers sind spezielle ROS-Nodes oder –Nodelets, die auf Peripherie zugreifen. Zum Beispiel ist ROS-Node `rc_node` in Abb. 16 ein Device-Driver, der ein Nordic-BLE-Board über USB anbindet.

4 Grundlagen der Signale und Systeme

Dieses Kapitel behandelt Grundlagen aus der Signal- und Systemtheorie sowie der Simulationstechnik als Voraussetzungen für eine erfolgreiche Anwendung der modellbasierten Softwareentwicklung. Mechatronische Systeme und Fahrzeugsysteme werden aus Komponenten hierarchisch aufgebaut, indem diese über Signale gekoppelt werden. Abschnitte 4.1 und 4.2 behandeln eine für die modellbasierte Softwareentwicklung relevante Perspektive auf diese Signale und Systeme.

Der Schwerpunkt liegt hierbei auf dynamische, deterministische, örtlich konzentrierte, zeitkontinuierliche oder zeitdiskrete Systeme, die für das buchbegleitende Laborprojekt MAD benötigt werden. Ereignisdiskrete Systeme, die beispielsweise durch endliche Zustandsautomaten beschrieben werden, örtlich verteilte Systeme, die mit Hilfe von partiellen Differentialgleichungen modelliert werden, oder stochastische Systeme werden nicht behandelt.

Entsprechend Kapitel 2 kommen in der modellbasierten Softwareentwicklung sowohl Funktions- und Softwaremodelle für die Applikationssoftware als auch Umgebungsmodelle für die Umgebung der elektronischen Steuergeräte zum Einsatz. In Abhängigkeit der Systemeigenschaften, der Modellannahmen und des Abstraktionsgrads werden unterschiedliche Modelltypen für Funktions-, Software- und Umgebungsmodelle eingesetzt.

Abschnitt 4.3 behandelt zeitkontinuierliche, lineare und nichtlineare Zustandsraummodelle, die sowohl in der Modellierung und Simulation der Steuergeräteumgebung als auch in der Funktionsmodellierung nichtlinearer Steuerungs- und Regelungsfunktionen verwendet werden.

Dynamische, zeitkontinuierliche, lineare und zeitinvariante Modelle in Abschnitt 4.4 kommen in der Modellierung und Simulation von Umgebungskomponenten und in der Funktionsmodellierung zum Einsatz. Wichtige mathematische Beschreibungsformen hierbei sind lineare, zeitinvariante Zustandsraummodelle, Systemdifferentialgleichungen, Übertragungsfunktionen im Bildbereich der Laplace-Transformation sowie Frequenzgänge.

Applikationssoftware wird stets zeitdiskret auf elektronischen Steuergeräten ausgeführt. Daher werden Softwaremodelle zeitdiskret formuliert, aus welchen Codegeneratoren automatisiert Steuergerätesoftware generieren können. Des Weiteren wird auch bei Funktionsmodellen häufig eine zeitdiskrete Formulierung verwendet, damit das zeitliche Verhalten der modellierten Steuerungs- und Regelungsfunktionen in MiL-Simulationen möglichst genau dem Verhalten der Steuergerätesoftware entspricht. Abschnitt 4.5 behandelt dazu folgende mathematische Beschreibungsformen: zeitdiskrete Zustandsraummodelle, lineare Systemdifferenzengleichungen und Übertragungsfunktionen im Bildbereich der z-Transformation. Zeitkontinuierliche Modelle werden mit Hilfe numerischer Diskretisierungsverfahren durch zeitdiskrete

https://doi.org/10.1515/9783110723526-004

Modelle approximiert. Diese werden insbesondere beim modellbasierten Reglerentwurf im Laborprojekt MAD angewendet.

Darüber hinaus werden im Rahmen dieses Kapitels die Modellierungs- und Simulationsumgebungen MATLAB-Control-System-Toolbox und MATLAB/Simulink sowie die Programmiersprache C++ in Verbindung mit der Numerikbibliothek Boost-Odeint und dem Robot-Operating-System ROS zur Erstellung und Simulation der verschiedenen Modelltypen eingesetzt. Dabei werden durchgehend PT1- und PT2-Übertragungsglieder als Beispiele für dynamische Systeme betrachtet. Eine Berücksichtigung der in den Abschnitten 4.3.5 und 4.5.9 definierten Modellierungsrichtlinien führt zu strukturierten Simulink-Modellen, aus denen Codegeneratoren Embedded-Software mit geringem Ressourcenbedarf automatisiert generieren können. Damit werden die Grundlagen geschaffen für eine erfolgreiche Verwendung der verschiedenen Modelltypen in MATLAB/Simulink oder C++/ROS/Boost-Odeint im Rahmen des Laborprojekts MAD.

4.1 Systeme

Ein *System* ist ein Objekt in der realen Welt, das mit anderen Systemen interagiert.

Dabei ist zu beachten, dass nicht alle Objekte Systeme darstellen. So kann beispielsweise ein Gedanke als Objekt betrachtet werden. Ein Gedanke ist jedoch kein System. Systeme lassen sich unterteilen in:
- Natürliche Systeme
    - Biologische Systeme (z.B. Mensch, Körperorgane, Zellen, DNA, mRNA)
    - Umweltsysteme (z.B. Ozeane, Gebirge, Wetter, Klima)
    - Astronomische Systeme (z.B. Erde, Mond, Sonne, Galaxie)
- Mikroskopische und submikroskopische Systeme (z.B. Moleküle, Atome, Elektronen, Quarks)
    - Von Menschenhand geschaffene Systeme
    - Transportsysteme (z.B. Fahrzeuge, Züge, Verkehrsleitsysteme, Flugzeuge, Schiffe, Raketen)
    - Mechatronische Systeme[4] (z.B. Antriebssysteme im Fahrzeug, Fahrdynamik-Regelsysteme, Roboter, Produktions- und Fertigungsmaschinen, Smartphones)

---

4 Die industrielle Produktion und Fertigung setzt mechatronische Systeme unter anderem als Werkzeuge ein, um weitere mechatronische Systeme herzustellen.

- Verfahrenstechnische Systeme (z.B. Kraftwerke, chemische Reaktoren, Destillationskolonnen, Fermenter, Verbrennungsprozesse in Antriebssystemen)
- Computersysteme und Computernetzwerke (z.B. elektronische Steuergeräte und Netzwerke im Fahrzeug)
- Optische Systeme (z.B. Mikroskope, Kameras)
- Nuklearsysteme (z.B. in Kernkraftwerken)
- Software (z.B. Regelungs- und Steuerungssoftware, Cloud-Services)

4.1.1 Systemgrenze

Jedes System hat eine *Systemgrenze*, über die das System mit anderen Systemen durch Austausch von *Information, Energie-* und *Materialflüssen* kommuniziert und interagiert. **i**

Die *Systemgrenze* umschließt das System vollständig. Eventuell wird die Systemgrenze in verschiedene Teilbereiche unterteilt. Über die Systemgrenze tritt das System in Wechselwirkung mit anderen Systemen und tauscht Information, Energie- und Materialflüsse mit anderen Systemen aus. Der Informationsaustausch erfolgt über Signale, die häufig in Computernetzwerken nachrichtenbasiert übertragen werden.

Weiterhin dient die Systemgrenze der physischen und logischen Kopplung an andere Systeme. Je nach Abstraktionsgrad bei der Modellierung eines Systems werden auch die Energie- und Materialflüsse als Signale beschrieben.

4.1.2 Hierarchisches System

Ein *hierarchisches System* besteht aus Teilsystemen (*Komponenten*), die aus weiteren Teilsystemen **i** bestehen können. Dabei werden die Teilsysteme durch Kopplung von Signalen, Energie- und Materialflüssen miteinander verschaltet.

Dies führt zu einer hierarchischen Aggregation von Systemen mit mehreren Aggregationsstufen, die sich in einer Baumstruktur (*Aggregationshierarchie*) darstellen lässt. Die Blätter des Baums sind elementare Systeme, die sich nicht weiter in andere Systeme unterteilen lassen oder für die eine weitere detaillierte Betrachtung als hierarchische Systeme in der jeweiligen Anwendung nicht sinnvoll ist. Hierarchische Systeme haben wie elementare Systeme eine Systemgrenze, die sich aus einzelnen Systemgrenzen der Teilsysteme zusammensetzt.

Die Gesamtfunktion eines hierarchischen Systems ist stets mehr als die Summe der Einzelfunktionen aller seiner Teilsysteme. Dieses Grundprinzip ist der wesentliche Treiber in der Entwicklung und Anwendung mechatronischer Systeme und Fahrzeugsysteme.

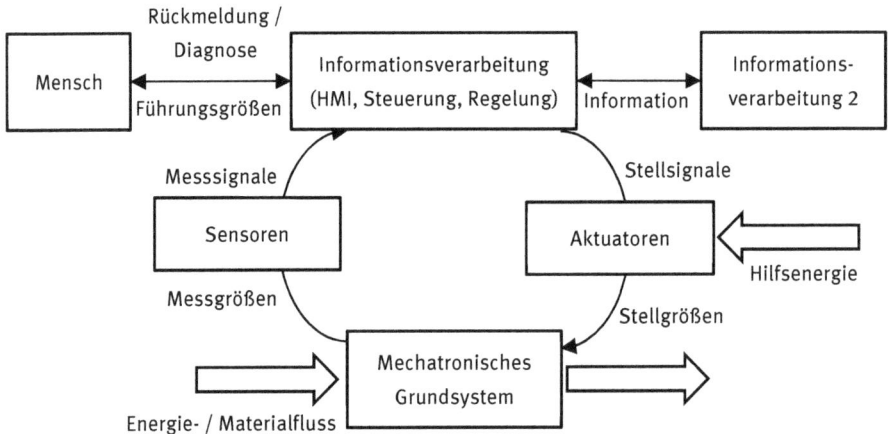

Abb. 21: Architektur mechatronischer Systeme

4.1.3 Mechatronisches System

Mechatronische Systeme [20] werden aus Komponenten der Mechanik, Elektronik und Informationsverarbeitung aufgebaut. Durch Vernetzung der Komponenten und der Informationsverarbeitung können Funktionen realisiert werden, die rein mechanisch oder elektronisch weder realisierbar noch wirtschaftlich wären.

Abb. 21 zeigt die allgemeine Architektur mechatronischer Systeme. Die in Automotive-Systems-Engineering gebräuchliche Abb. 6 stellt dagegen ein mechatronisches System als Regelkreis dar und verwendet den Begriff *Regelstrecke* als Synonym für den Begriff *mechatronisches Grundsystem*. Abb. 6 beschreibt anders als Abb. 21 weiterhin die Interaktion des mechatronischen Systems mit seiner Umgebung über Energieflüsse, Materialflüsse und Information. Informationsverarbeitende Komponenten werden bei Fahrzeugsystemen als elektronische Steuergeräte bezeichnet, die über Computernetzwerke miteinander kommunizieren.

4.1.4 Kausalität

In Abb. 6 und Abb. 21 werden Informations-, Energie- und Materialflüsse durch gerichtete Pfeile dargestellt. Dies bedeutet, dass die Wirkrichtung definiert ist und der
Austausch von Information, Energie- und Materialflüsse im Systemmodell als rück-
wirkungsfrei angenommen wird.

Ein System wird als ein kausales System bezeichnet, falls das Systemverhalten und der Systemzustand unabhängig von den Ausgangssignalen des Systems sind. Eine weitere Bedingung für Kausalität besteht darin, dass aktuelle Werte der Eingangssignale (zur Zeit $t = t_0$) nur das Systemverhalten
und den Systemzustand aktuell und in der Zukunft (für $t \geq t_0$) und nicht in der Vergangenheit (für $t <
t_0$) beeinflussen.

Dieses Lehrbuch nimmt Kausalität für das Ein- / Ausgangsverhalten aller betrachteten Systeme und Teilsysteme an. Nichtkausale Systeme treten beispielsweise in der
Thermodynamik von Gemischen auf. Bei einem Gleichgewicht zweier thermodynami-
scher Phasen findet ein Austausch von physikalischen Größen statt, die den thermi-
schen Zustand der beiden Phasengemische einschließlich Temperatur, Druck und
Mengenanteile beschreiben und deren Wirkrichtung nicht definiert ist.

4.2 Signale

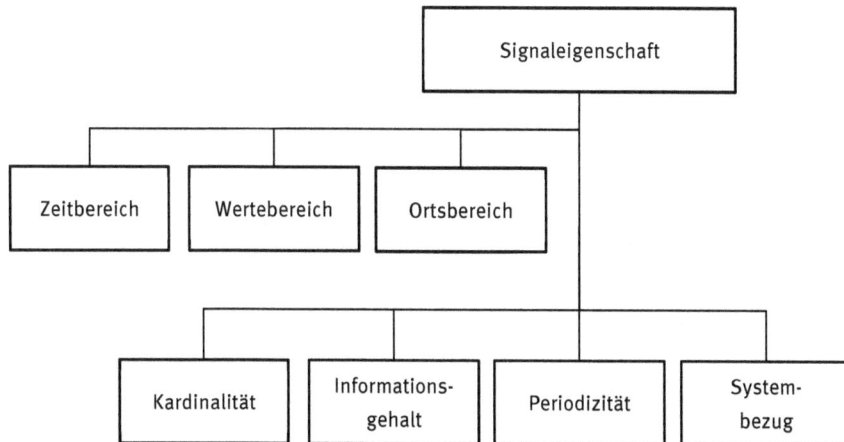

Abb. 22: Signaleigenschaften zur Klassifikation von Signalen

ℹ️ Ein *Signal* ist der zeitliche Verlauf oder der zeitkonstante Wert einer physikalischen oder informationstechnischen Größe und damit Träger von Information.

Signale können in verschiedene Klassen unterteilt werden. Die Klassifikation erfolgt anhand der in Abb. 22 dargestellten Signaleigenschaften, die in den folgenden Abschnitten näher behandelt werden.

4.2.1 Zeitbereich

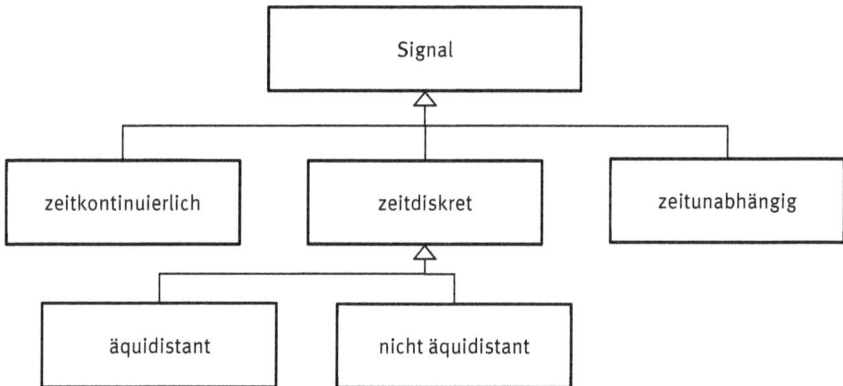

Abb. 23: Zeitbereich eines Signals

Die Signaleigenschaft *Zeitbereich* teilt die Signale in Klassen gemäß Abb. 23 ein. Klassifikationskriterium ist die Eigenschaft der Zeit t, von welcher das Signal abhängt.

- Ist das Signal zu jedem kontinuierlichen Zeitpunkt $t \in \mathbb{R}_0^+$ definiert, so handelt es sich um *zeitkontinuierliches Signal*.
- Ist das Signal nur zu diskreten Zeitpunkten t_k definiert, so handelt es sich um ein *zeitdiskretes Signal*.
- Ist das Signal zeitlich konstant und damit unabhängig von der Zeit t, so handelt es sich um ein *zeitunabhängiges Signal*.

Bei zeitdiskreten Signalen wird weiter unterschieden zwischen

- äquidistanter Abtastung mit konstanter Abtastzeit (Abtastperiodendauer) T_A bzw. konstanter Abtastrate (Abtastfrequenz) $f_A = 1/T_A$ oder Abtastkreisfrequenz $\omega_A = 2\pi/T_A = 2\pi f_A$ mit $t = t_k = k \cdot T_A$,
- nicht äquidistanter Abtastung, bei welcher die Zeitdifferenz zwischen den Abtastzeitpunkten t_k nicht konstant ist und keine konstante Abtastzeit T_A existiert.

Ein zeitkontinuierliches, skalares Signal x mit einem reellen Wertebereich kann durch eine skalare Signalfunktion in Abhängigkeit von der Zeit t definiert werden:

$$x = x(t) \in \mathbb{R}; \ t \in \mathbb{R}_0^+$$

Ein zeitdiskretes, skalares Signal x mit einem reellen Wertebereich kann durch eine skalare Signalfunktion in Abhängigkeit von der ganzzahligen Zeitvariablen k definiert werden:

$$x_k = x(t_k) \in \mathbb{R}; \ t_k = k \cdot T_A; \ k = 0,1,2,\ldots$$

Bei einem zeitdiskreten Signal nimmt die Zeit nur ganzzahlige Vielfache der Abtastzeit T_A als Werte an, falls die Abtastung äquidistant ist. Das zeitdiskrete Signal x_k ist eine Impulsfolge, die ausschließlich an den Abtastzeitpunkten t_k bekannt und definiert ist.

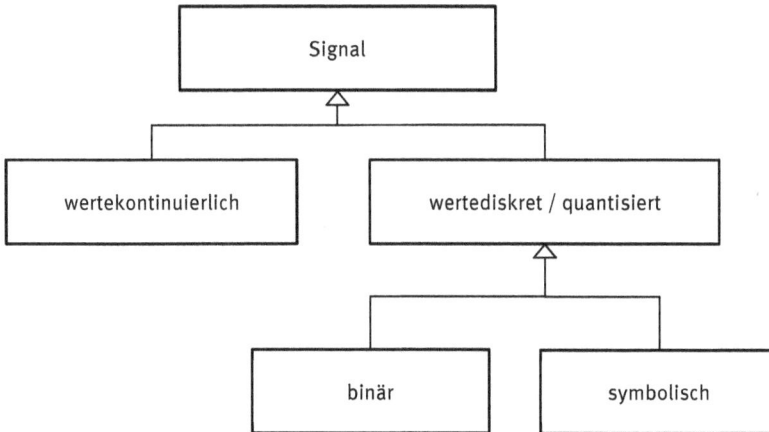

Abb. 24: Wertebereich eines Signals

4.2.2 Wertebereich

In Abb. 24 ist das Klassifikationskriterium der *Wertebereich* des Signals.

— *Wertekontinuierliches Signal*: Ein wertekontinuierliches Signal kann zu jedem beliebigen Zeitpunkt jeden beliebigen Wert des Wertebereichs annehmen, der als Intervall im Raum der reellen Zahlen definiert ist. Für ein skalares wertekontinuierliches Signal gilt: $x(t) \in [x_{min}; x_{max}] \subset \mathbb{R}$

    – *Wertediskretes, quantisiertes Signal*: Ein quantisiertes Signal kann zu jedem beliebigen Zeitpunkt nur definierte Werte annehmen. Der Wertevorrat ist endlich und stellt eine Teilmenge der ganzen Zahlen dar.

Auf Digitalcomputer ist der Wertevorrat durch die Wortbreite begrenzt. Daraus ergibt sich die Anzahl möglicher diskreter Werte zu $2^{\text{Anzahl Bits je Wort}}$.

– Beispiel: 8-bit Unsigned Integer
    – Anzahl Bits je Wort: 8
    – Anzahl diskreter Werte: 256
    – $x(t) \in [0; 255] \subset \mathbb{Z}$
– Beispiel: 16-bit Signed Integer
    – Anzahl Bits je Wort: 16
    – Anzahl diskreter Werte: 65536
    – $x(t) \in [-32768; 32767] \subset \mathbb{Z}$ in Zweierkomplement-Darstellung
– Beispiel: binäres Signal
    – Anzahl Bits je Wort: 1
    – Anzahl diskreter Werte: 2
    – $x(t) \in \{0; 1\} \subset \mathbb{Z}$

Symbolische Signale bilden eine weitere Unterklasse von wertediskreten Signalen. Bei symbolischen Signalen wird jeder einzelne mögliche Wert auf ein Symbol eines Alphabets abgebildet.

– Beispiel: Ampelphase
    – $x(t) \in \{rot; gelb; grün\}$
– Beispiel: Verkehrsszenario
    – $x(t) \in \{Stadt; Land; Autobahn; Parkplatz\}$

Ein Signal, das sowohl zeitkontinuierlich als auch wertekontinuierlich ist, wird als *analoges Signal* bezeichnet. Ein Signal, das sowohl zeitdiskret als auch wertediskret ist, wird als *digitales Signal* bezeichnet.

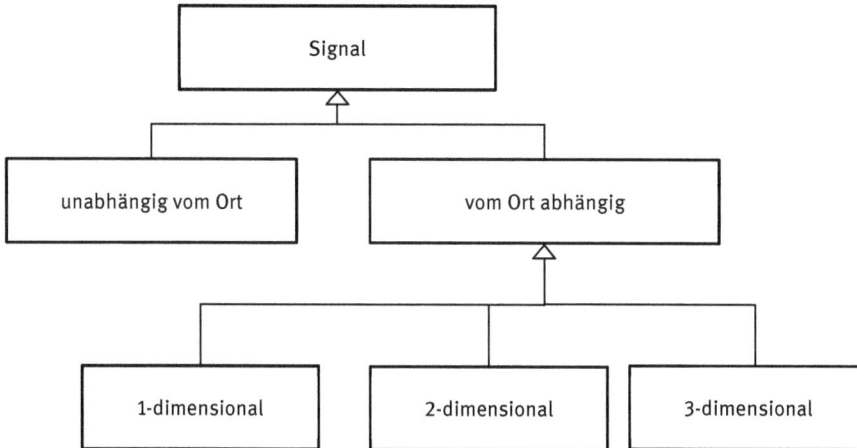

Abb. 25: Ortsabhängigkeit eines Signals

4.2.3 Ortsabhängigkeit

Ein Signal kann vom Ort abhängig sein, an welchem das Signal gemessen oder erfasst wird. Gemäß Abb. 25 wird hier unterschieden zwischen:
- unabhängig vom Ort
    - Signalfunktion $x(t)$
    - Beispiele: Temperatur eines ideal durchmischten Flüssigkeitsbehälters, elektrische Spannung an einer Induktivität, Drehzahl eines Motors
- 1 Ortsdimension
    - Signalfunktion $x(s_1, t)$
    - Ortskoordinate s_1
    - Beispiel: Druck im Saugrohr eines Verbrennungsmotors
- 2 Ortsdimensionen
    - Signalfunktion $x(s_1, s_2, t) = x(\boldsymbol{s}, t)$
    - Ortsvektor $\boldsymbol{s} = (s_1, s_2)^T$
    - Beispiele: Graustufenfoto, Temperatur über Breiten- und Längengrad auf Wetterkarte
- 3 Ortsdimensionen
    - Signalfunktion $x(s_1, s_2, s_3, t) = x(\boldsymbol{s}, t)$
    - Ortsvektor $\boldsymbol{s} = (s_1, s_2, s_3)^T$
    - Beispiele: Raumtemperatur, Feinstaubkonzentration

4.2.4 Kardinalität

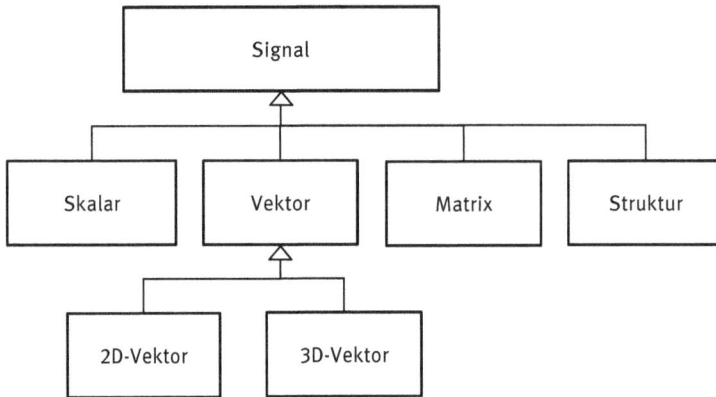

Abb. 26: Kardinalität eines Signals

Die Kardinalität beschreibt, aus welchen einzelnen skalaren Werten sich der Signalwert zusammensetzt und wie die skalaren Werte zueinander in Beziehung stehen. Abb. 26 unterteilt Signale in
- Skalare Signale
  - Beispiele: elektrische Spannung, elektrische Stromstärke, Temperatur, Druck
- 2-dimensionale oder 3-dimensionale vektorielle Signale
  - Beispiele: Geschwindigkeit, Winkelgeschwindigkeit, Beschleunigung, Kraft, Drehmoment, Impuls, Drall
- Matrizenförmige Signale
  - Beispiele: Rotationsmatrix, Spannungstensor
- Strukturen
  - Skalare, vektorielle und matrizenförmige Signale können zu komplexen Datenstrukturen mehrstufig aggregiert werden. Diese Datenstrukturen werden zur Vereinfachung der Systemschnittstellen und zur Verschaltung der Systeme in Signalflussplänen verwendet.
  - Beispiel: Pose eines Fahrzeugs inklusive skalaren und vektoriellen Signalen für Position, Gierwinkel und Geschwindigkeit.

Skalare Signale im Zeitbereich werden in diesem Lehrbuch durch kleine lateinische oder griechische Buchstaben dargestellt, z.B. v, ψ. Vektorielle Signale werden dagegen in Fettdruck dargestellt: z.B. $\boldsymbol{y}, \boldsymbol{\varphi}$.

4.2.5 Informationsgehalt

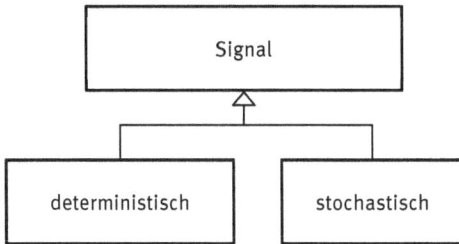

Abb. 27: Informationsgehalt eines Signals

Abb. 27 klassifiziert Signale entsprechend ihrem Informationsgehalt. *Deterministische Signale* sind Signale, die durch physikalische Gesetze oder Softwarealgorithmen exakt beschrieben werden können. Zu jedem Zeitpunkt kann das Signal genau einen Wert einnehmen.

In der Realität sind Messsignale jedoch durch ein stochastisches Messrauschen überlagert. Die Signalwerte dieser *stochastischen Signale* werden durch stochastische Prozesse beschrieben. Weiterhin setzen manche Softwarealgorithmen Pseudozufallszahlengeneratoren für die Generierung stochastischer Signale gezielt ein, beispielsweise Partikelfilter in der Lokalisierung und Objektverfolgung von Verkehrsteilnehmern [21].

4.2.6 Periodizität

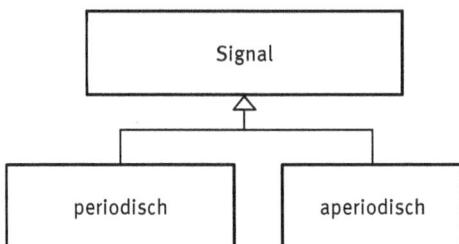

Abb. 28: Periodizität eines Signals

Abb. 28 klassifiziert zeitkontinuierliche oder zeitdiskrete Signale entsprechend ihrer Periodizität. Für ein periodisches Signal $x(t)$ gilt:

$$x(t + nT_0) = x(t); \quad t \in \mathbb{R}, n \in \mathbb{Z}$$

Das bedeutet, dass durch eine Zeitverschiebung des Signals um eine Zeit $n \cdot T_0$ wieder dasselbe Signal entsteht. Dabei ist die konstante Zeit T_0 die *Periodendauer* des Signals. Ist die ganze Zahl $n > 0$ wird das Signal nach links auf der Zeitachse verschoben. Bei $n < 0$ erfolgt eine Verschiebung nach rechts.

Signale, die keine Periode gemäß der obigen Beziehung aufweisen, werden als aperiodische Signale bezeichnet.

4.2.7 Systembezug

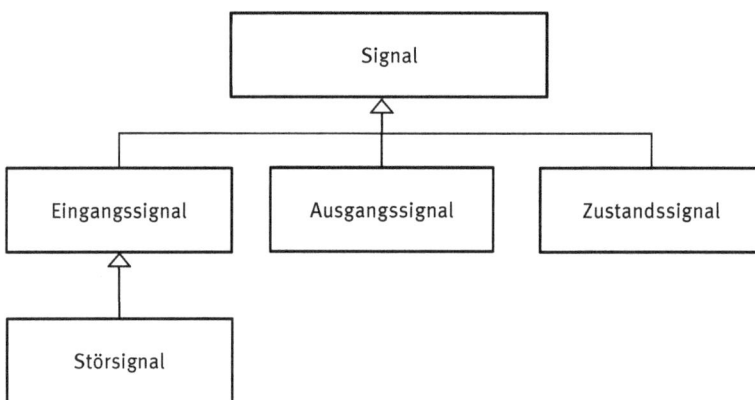

Abb. 29: Systembezug eines Signals

Abb. 29 betrachtet die Systemkausalität aus Abschnitt 4.1.4 und klassifiziert Signale entsprechend ihrer Wirkrichtung. Ein System wird beeinflusst durch seine *Eingangssignale*. Ein System beeinflusst andere Systeme durch seine *Ausgangssignale*. Über eine Kopplung von Eingangssignalen mit Ausgangssignalen erfolgt die Vernetzung und Aggregation der Systeme.

Signale, die den dynamischen Zustand des Systems beschreiben, werden als *Zustandssignale* bezeichnet. Zustandssignale können interne Signale sein, können aber auch gleichzeitig Ausgangssignale sein, z.B. wenn sie gemessen werden.

Störsignale sind spezielle Eingangssignale, die von Steuerungs- und Regelungsfunktionen nicht manipuliert werden und daher störend auf das Systemverhalten wirken. Eine Anforderung an Regelungsfunktionen besteht darin, die durch diese Störsignale verursachten Störungen zu unterdrücken.

Der Systembezug der Signale wird grafisch durch gerichtete Pfeile in Architekturdiagrammen und Signalflussplänen dargestellt. Weiterhin ist der Systembezug essenziell bei der Modellierung eines Systems und bei dessen Beschreibung durch Zustandsraummodelle oder Übertragungsfunktionen.

4.3 Zeitkontinuierliche, lineare und nichtlineare Modelle

Dynamische, zeitkontinuierliche, lineare und nichtlineare *Zustandsraummodelle (ZRM)* werden sowohl in der Umgebungsmodellierung als auch in der Funktionsmodellierung verwendet. Dynamische Umgebungsmodelle werden aus zwei Hauptgründen entwickelt:

– zur Analyse dynamischer Systeme als Voraussetzung für den Entwurf als Teil der Funktionsmodellierung von Steuerungs- und Regelungsfunktionen,
– zur Systemsimulation in MiL-, SiL-, PiL- und HiL-Tests zur Verifikation und Validierung von Steuerungs- und Regelungsfunktionen.

Darüber hinaus werden im Prozessschritt „Funktionsmodellierung" der Abb. 4 zeitkontinuierliche, lineare oder nichtlineare Zustandsregler beim Reglerentwurf als zeitkontinuierliche Zustandsraummodelle formuliert. Im Laborprojekt MAD werden zeitkontinuierliche Zustandsraummodelle mit folgenden Eigenschaften entwickelt und verwendet:

– Eingangs-, Ausgangs-, Zustandssignale und Parameter der Systeme haben einen reellen Wertebereich.
– Das Systemverhalten ist deterministisch und nicht stochastisch.
– Alle Signale und Parameter haben keine Ortsabhängigkeit.
– Die Systeme sind somit örtlich konzentriert und können durch gewöhnliche Differentialgleichungen modelliert werden.
– Die Zeit t ist kontinuierlich und größer gleich $0s$: $t \in \mathbb{R}_0^+$.
– Die Modellformulierung ist unabhängig von der verwendeten Computerarchitektur, die die Simulation ausführt, mit der Ausnahme, dass die für die Simulation notwendigen Signale und Parameter als Gleitkommazahlen (Floating-Point-Variables) implementiert werden.
– Zum Zeitpunkt $t = 0s$ sind Anfangswerte durch Anfangsbedingungen für die Zustandssignale vorgegeben.

Damit handelt es bei den betrachteten Zustandsraummodellen um sogenannte *Anfangswertprobleme*. *Randwertprobleme*, bei welchen Zustandssignale zu verschiedenen Zeitpunkten durch Randwerte vorgegeben sind, werden nicht behandelt.

4.3.1 Zustandsraummodell

Örtlich konzentrierte mechanische, elektronische und thermodynamische Systeme können meist als *gewöhnliche Differentialgleichungssysteme in Zustandsraumform* dargestellt werden. Die *nichtlineare Zustandsraumdarstellung* in ihrer expliziten Form besteht aus

- einer vektoriellen Differentialgleichung (4.1), die die erste zeitliche Ableitung des Zustandsvektors explizit durch eine mehrstellige, vektorielle Funktion f in Abhängigkeit des Zustandsvektors, des Eingangsvektors und der Zeit definiert,
- einer vektoriellen Anfangsbedingung (4.2), die die Anfangswerte jedes einzelnen Elements des Zustandsvektors zum Zeitpunkt $t = 0s$ definiert,
- einer vektoriellen Ausgangsgleichung (4.3), die die Ausgangssignale (z.B. Messsignale) des Systems durch eine im Allgemeinen mehrstellige, vektorielle Vektorfunktion h in Abhängigkeit der Zustands-, Eingangssignale und der Zeit definiert.

$$\dot{x} = f(x, u, t) \ ; \ t > 0 \tag{4.1}$$

$$x(0) = x_0 \tag{4.2}$$

$$y(t) = h(x, u, t) \ ; \ t \geq 0 \tag{4.3}$$

Diese nichtlineare Zustandsraumdarstellung (ZRM) enthält folgende Variablen und Funktionen:

- Zustandsvektor $x(t) = (x_1, x_2, \dots, x_n)^T$
- Eingangsvektor $u(t) = (u_1, u_2, \dots, u_m)^T$
- Ausgangsvektor $y(t) = (y_1, y_2, \dots, y_p)^T$
- vektorielle Systemfunktion $f(x, u, t) = (f_1, f_2, \dots, f_n)^T$
- vektorielle Ausgangsfunktion $h(x, u, t) = (h_1, h_2, \dots, h_p)^T$
- vektorieller Anfangswert der Zustände $x_0 = (x_{0,1}, x_{0,2}, \dots, x_{0,n})^T$

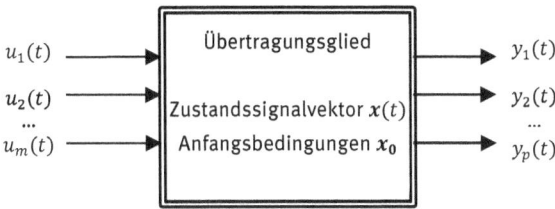

Abb. 30: System als Übertragungsglied im Signalflussplan

Die Länge n des Zustandsvektors x entspricht der Ordnung des Differentialglei-chungssystems. Abb. 30 zeigt den *Signalflussplan* eines einzelnen Systems mit m ska-laren Eingangssignalen und p skalaren Ausgangssignalen, die jeweils zu Vektoren zusammengefasst werden. Da das System kausal ist, wird dieses System auch als *Übertragungsglied* bezeichnet, welches die Eingangssignale zu den Ausgangssigna-len transformiert.

Ein Übertragungsglied wird im Signalflussplan als Rechteck dargestellt. Über den Rechteckrand, also der Systemgrenze, treten nur Ein- und Ausgangssignale u bzw. y. Die Zustandssignale x sind intern und von außen nicht sichtbar. Ist das System nicht-linear, wird ein doppelter Rechteckrand gezeichnet zur Unterscheidung von linearen Systemen, bei welchen ein einfacher Rand verwendet wird. Die Systemeigenschaft Linearität wird in Abschnitt 4.4.1 behandelt.

Je nach Kardinalität der Ein- und Ausgangssignale wird zwischen MIMO- und SISO-Systemen unterschieden. Bei MIMO-Systemen (Multiple-Input-Multiple-Out-put-Systemen) gilt $m > 1$ und $p > 1$. Bei SISO-Systemen (Single-Input-Single-Output-Systemen) gilt dagegen $m = 1$ und $p = 1$.

Mit Hilfe der sogenannten *Zustandsraumtransformation* kann eine skalare, ge-wöhnliche Differentialgleichung höherer Ordnung oder ein System von Differential-gleichungen mit Anfangsbedingungen in die Zustandsraumdarstellung (4.1), (4.2), (4.3) transformiert werden. Entsprechende Beispiele werden in den folgenden Ab-schnitten behandelt.

Dies ist allerdings nur dann möglich, falls die Differentialgleichungen nach den zeitlichen Ableitungen des Zustandssignals aufgelöst werden können. Insbesondere bei thermodynamischen und mechanischen Systemen ist dies aufgrund von nichtli-nearen Zwangsbedingungen nicht immer möglich. In diesen Fällen muss mit impli-ziten, nichtlinearen Zustandsraummodellen gearbeitet werden, die jedoch nicht ohne weiteres in Simulink ohne zusätzliche Toolboxen (Simscape™) modelliert werden können. Häufig handelt es sich bei diesen Modellen um Differential-Algebra-Sys-teme, die sowohl Differentialgleichungen als auch implizite, nichtlineare algebrai-sche Gleichungen enthalten.

4.3.2 Zustandsraummodell als Signalflussplan

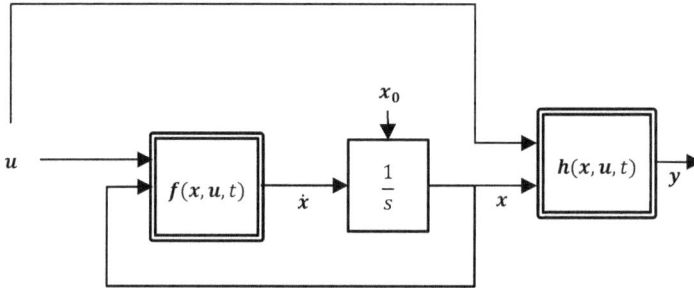

Abb. 31: Zustandsraummodell als Signalflussplan

Das nichtlineare, explizite Zustandsraummodell (4.1), (4.2), (4.3) kann allgemein als Signalflussplan gemäß Abb. 31 dargestellt werden. Dieser Signalflussplan ist Grundlage für die nachfolgende Modellierung und Simulation in Simulink. Denn Simulink-Modelle sind Signalflusspläne.

In diesem Signalflussplan wird die rechte Seite $f(x, u, t)$ der vektoriellen Differentialgleichung als nichtlineares Übertragungsglied modelliert. Die Eingangssignale dieses Übertragungsglieds sind der Eingangsvektor $u(t)$ und der Zustandsvektor $x(t)$. Der Ausgangsvektor dieses nichtlinearen Übertragungsglieds ist die Ableitung $\dot{x}(t)$ des Zustandsvektors.

Die vektorielle Differentialgleichung wird durch den Integrator $1/s$ definiert. Dessen Eingangssignal ist die Ableitung des Zustandsvektors $\dot{x}(t)$, die der rechten Seite $f(x, u, t)$ der Differentialgleichung entspricht. Nachgeschaltet ist ein nichtlineares Übertragungsglied für die nichtlineare Ausgangsfunktion $h(x, u, t)$. Dieses Übertragungsglied hat die Eingangsvektoren $u(t)$ und $x(t)$. Es generiert den Ausgangsvektor $y(t)$.

Simulink löst gewöhnliche Differentialgleichungssysteme durch numerische Differentialgleichungslöser. Die Ergebnisse dieser numerischen Simulation in Simulink sind der Zustandsvektor $x(t)$ und der Ausgangsvektor $y(t)$. Dabei ist zu beachten, dass in Simulink das Übertragungsglied $1/s$ kein Integrations-Glied im Bildbereich der Laplace-Transformation darstellt. Eine Anwendung der Laplace-Transformation wäre für ein nichtlineares Zustandsraummodell auch gar nicht möglich. Vielmehr wird in Simulink das Integrationsglied $1/s$ zur Definition von expliziten Differentialgleichungssystemen verwendet, wobei das Eingangssignal dieses Integrations-Glieds der rechten Seite f der vektoriellen Differentialgleichung (4.1) und damit der Ableitung $\dot{x}$ des Zustandsvektors entspricht. Ein Simulink-Modell kann mehrere Integrations-Glieder zur Definition mehrerer Differentialgleichungssysteme enthalten, die miteinander über Signallinien gekoppelt sind.

In Simulink werden beide nichtlinearen Übertragungsglieder $f(x, u, t)$ und $h(x, u, t)$

- entweder als virtuelle Subsysteme, die wiederum Signalflusspläne enthalten,
- oder durch MATLAB-Funktionen modelliert.

Die Verwendung von MATLAB-Funktionen hat meist den Vorteil einer kompakten, gleichungsbasierten Formulierung der Funktionen $f(x, u, t)$ und $h(x, u, t)$. Ein Nachteil von MATLAB-Funktionen besteht darin, dass Hilfsvariablen innerhalb der MATLAB-Funktionen während der Simulation nicht direkt gemessen werden können. Für eine Messung ist Debugging in MATLAB oder eine Definition zusätzlicher Ausgangssignale nötig, die den Signalflussplan in Abb. 31 modifizieren.

Die Verwendung virtueller Subsysteme mit Signalflussplänen kennt diesen Nachteil nicht. Alle Signale im Signalflussplan können gemessen werden. Ein Nachteil kann hier sein, dass bei großen Modellen die Darstellung der Funktionen $f(x, u, t)$ und $h(x, u, t)$ in Form von Signalflussplänen aufwändig und unübersichtlich wird.

Bei Verwendung von C++ im Laborprojekt MAD wird die C++-Bibliothek Boost-Odeint zur Simulation dynamischer Umgebungsmodelle verwendet. Das Referenzhandbuch von Boost-Odeint ist verfügbar unter [8]. Boost-Odeint stellt eine Vielzahl numerischer Lösungsverfahren für gewöhnliche Differentialgleichungssysteme zur Verfügung. Die Funktion $f(x, u, t)$ der rechten Seite und die Ausgangsfunktion $h(x, u, t)$ werden als C++-Methoden programmiert.

Im Folgenden werden Beispiele für einfache dynamische Systeme betrachtet, die alle in der Zustandsraumdarstellung (4.1), (4.2), (4.3) modelliert werden können. Die Modellierung und Simulation der betrachteten Beispiele in Simulink und C++ erfolgt ab Abschnitt 4.3.7.

4.3.3 Beispiel: PT1-Glied

Als erstes einfaches Beispiel für die Erstellung eines Zustandsraummodells wird ein PT1-Übertragungsglied betrachtet. Ein PT1-Übertragungsglied, oder kurz PT1-Glied, ist ein Proportionalglied mit einer Verzögerung 1. Ordnung. Es wird auch als Tiefpass 1. Ordnung bezeichnet.

Die Systemdifferentialgleichung (4.4) und die Anfangsbedingung (4.5) eines PT1-Glieds definieren das Ausgangssignal $y(t)$ in Abhängigkeit des Eingangssignals $u(t)$ und des Anfangswerts x_0.

$$T \frac{dy(t)}{dt} + y(t) = k\, u(t) \;\; ; \;\; t > 0 \qquad\qquad (4.4)$$

$$y(0) = x_0 \tag{4.5}$$

Die Parameter eines PT1-Glieds sind
- der Verstärkungsfaktor k,
- die Zeitkonstante T.

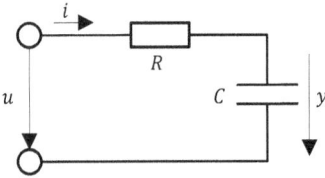

Abb. 32: Passives RC-Glied

Beispielsweise handelt es sich bei dem in Abb. 32 dargestellten passiven RC-Glied um ein PT1-Glied. Das Eingangssignal ist die Klemmenspannung u. Das Ausgangssignal ist gleich der Spannung y an der Kapazität. Bei gegebenen Werten für
- den ohmschen Widerstand $R = 100\,\Omega$,
- der Kapazität $C = 1\,\mu F$

berechnen sich die Parameter des PT1-Glieds zu
- $k = 1$,
- $T = RC = 100\,\mu s$.

Bei gegebener Systemdifferentialgleichung und zugehöriger Anfangsbedingung erfolgt die Herleitung des entsprechenden Zustandsraummodells (4.1), (4.2), (4.3) durch eine Zustandsraumtransformation. Die einfachste Zustandsraumtransformation im Fall des PT1-Glieds besteht darin, das Zustandssignal des Systems gleich dem Ausgangssignal zu definieren:

$$x(t) = y(t) \tag{4.6}$$

Einsetzen von (4.6) in die Systemdifferentialgleichung (4.4) und Anfangsbedingung (4.5) ergibt ein Zustandsraummodell in der Form (4.1), (4.2), (4.3):

$$\frac{dx(t)}{dt} = \underbrace{-\frac{1}{T}x(t) + \frac{k}{T}u(t)}_{=f(x,u)} \;;\; t > 0 \tag{4.7}$$

$$x(0) = x_0$$

$$y(t) = \underbrace{x(t)}_{=h(x)} \; ; \; t \geq 0$$

4.3.4 Beispiel: PT2-Glied

Das zweite Beispiel ist ein PT2-Übertragungsglied, also ein Proportionalglied mit einer Verzögerung 2. Ordnung, das auch als Tiefpass 2. Ordnung bezeichnet wird.

Im Fall einer unterkritischen Dämpfung $0 \leq D < 1$ entspricht die Systemdifferentialgleichung des PT2-Glieds der linearen Schwingungsdifferentialgleichung.

$$T^2 \ddot{y} + 2DT\dot{y} + y = ku \; ; \; t > 0$$

$$y(0) = x_0 \quad \dot{y}(0) = v_0$$

Die Parameter eines PT2-Glieds sind
- der Verstärkungsfaktor k,
- die Zeitkonstante T,
- die Dämpfung D.

Mit Hilfe der Zustandsraumtransformation

$$\begin{pmatrix} x_1(t) \\ x_2(t) \end{pmatrix} = \begin{pmatrix} y(t) \\ \dot{y}(t) \end{pmatrix}$$

werden die obige Systemdifferentialgleichung und Anfangsbedingungen in folgendes Zustandsraummodell 2. Ordnung transformiert:

$$\frac{d}{dt}\underbrace{\begin{pmatrix} x_1 \\ x_2 \end{pmatrix}}_{\dot{x}} = \underbrace{\begin{pmatrix} x_2 \\ -\dfrac{1}{T^2}x_1 - \dfrac{2D}{T}x_2 + \dfrac{k}{T^2}u \end{pmatrix}}_{f(x,u)} \; ; t > 0 \tag{4.8}$$

$$\underbrace{\begin{pmatrix} x_1(0) \\ x_2(0) \end{pmatrix}}_{x(0)} = \underbrace{\begin{pmatrix} x_0 \\ v_0 \end{pmatrix}}_{x_0}$$

$$y = \underbrace{x_1}_{h(\boldsymbol{x})} \;; t \geq 0$$

4.3.5 Numerik in Simulink und Boost-Odeint

In der Computersimulation von Umgebungs- und Funktionsmodellen verwenden Simulink und Boost-Odeint numerische Verfahren zur Lösung gewöhnlicher Differentialgleichungssysteme. Diese numerischen Verfahren führen eine Zeitdiskretisierung der Zustandsraummodelle und der enthaltenen Signale durch. Sie berechnen die Zustands- und Ausgangsvektoren $\boldsymbol{x}(t)$ und $\boldsymbol{y}(t)$ approximativ in Abhängigkeit des gegebenen Eingangsvektors $\boldsymbol{u}(t)$ und gegebener Anfangswerte $\boldsymbol{x_0}$. Die zur Verfügung stehenden Lösungsverfahren sind in den Bedienungsanleitungen von Simulink [3] und Boost [8] dokumentiert. Eine Übersicht über numerische Differentialgleichungslöser findet sich z.B. in [22], wobei zwischen expliziten, impliziten, Einschritt- oder Mehrschrittverfahren mit fester oder variabler Schrittweite unterschieden wird.

Simulink trennt die Modelleingabe von der Konfiguration des Lösungsverfahrens. Die Auswahl und Parametrierung des Simulink-Solvers erfolgt in den Simulink-Model-Settings unabhängig von der Eingabe des Simulationsmodells als Signalflussplan im Simulink-Editor. Dagegen erfolgt in C++ mit Boost-Odeint eine explizite Registrierung des Lösungsverfahrens in Verbindung mit dem Zustandsraummodell. Aber auch hier ist eine Konfiguration verschiedener Lösungsverfahren möglich.

In den folgenden Beispielen wird das Runge-Kutta-Verfahren 4. Ordnung [22] mit fester Schrittweite $T_A = const$ zur Simulation von Zustandsraummodellen sowohl in Simulink als auch in C++ / Boost eingesetzt. Ein Verfahren mit fester Schrittweite hat gegenüber Verfahren mit variabler Schrittweite folgende Vorteile in der modellbasierten Softwareentwicklung:

- Das Zustandsraummodell und dessen Ein- und Ausgangssignale werden mit einer konstanten Abtastzeit abgetastet als Voraussetzung für eine Echtzeitsimulation von Umgebungsmodellen in HiL- und SiL-Tests oder einer Echtzeitausführung von zeitkontinuierlichen Funktionsmodellen in Rapid-Control-Prototyping (RCP).
- Der Rechenaufwand der Simulation ist nach oben hin abschätzbar, da in jedem Abtastschritt dieselbe Anzahl von Simulationsschritten durchgeführt wird. Dies ist eine Grundanforderung an Echtzeitsysteme.

Bei Einsatz von Lösungsverfahren mit variabler Schrittweite in Echtzeitsimulationen müsste eine Interpolation der Ein- und Ausgangssignale für die zeitkonstante Abtastung durchgeführt werden. Weiterhin müsste eine drohende Echtzeitverletzung frühzeitig erkannt und die Schrittweite zur Reduktion des Rechenaufwands erhöht werden, worunter die numerische Genauigkeit leiden würde.

Das eingesetzte Runge-Kutta-Verfahren mit Verfahrensordnung vier kann asymptotisch stabile und grenzstabile Differentialgleichungssysteme numerisch stabil integrieren. Dieses Runge-Kutta-Verfahren wertet die rechte Seite des Differentialgleichungssystems viermal pro Abtastschritt aus und hat eine lokale Fehlerordnung von T_A^5 bei einer konstanten Schrittweite T_A. Bei bekannten Eigenwerten λ_i eines linearen Differentialgleichungssystems kann die Schrittweite T_A anhand folgender Faustformel gewählt werden, damit numerische Stabilität und eine ausreichend hohe Abtastung der dynamischen Signalverläufe erzielt wird:

$$T_A \leq \frac{1}{10} \min_i \left\{ \frac{1}{|Re\{\lambda_i\}|}, \frac{2\pi}{|Im\{\lambda_i\}|} \right\} \tag{4.9}$$

Dabei wird üblicherweise T_A auf ganzzahlige Vielfache der nächstniedrigeren Zehnerpotenz abgerundet.

Nichtlineare Differentialgleichungssysteme können mit Hilfe der Arbeitspunktlinearisierung aus Abschnitt 4.4.8 durch lineare Differentialgleichungssysteme approximiert werden. Deren Eigenwerte λ_i sind dann abhängig vom Arbeitspunkt im Zustandsraum. Die Abtastzeit T_A muss so klein gewählt werden, dass die Ungleichung (4.9) für alle Eigenwerte aller Arbeitspunkte im Zustandsraum erfüllt ist.

4.3.6 Modellierungsrichtlinien für Simulink

Modellierungsrichtlinien geben einheitlich vor, wie Simulink zur Modellerstellung eingesetzt werden soll. Dadurch werden folgende Vorteile erzielt:
– Der Austausch von Simulink-Modellen und die Zusammenarbeit in Teams werden erleichtert.
– Simulink-Modelle sind für Teamkollegen leichter zu verstehen.
– Die Lesbarkeit und Effizienz des mit Hilfe von Codegeneratoren erzeugten Embedded-C/C++-Codes werden erhöht.

Folgende Modellierungsrichtlinien für Signalflusspläne in Simulink werden empfohlen und sind verpflichtend im buchbegleitenden Laborprojekt MAD einzuhalten:
– Signallinien immer von links nach rechts und von oben nach unten zeichnen.
– Nur bei Rückkopplungen ist ein Signalfluss von rechts nach links oder von unten nach oben erlaubt.
– Blöcke immer nach rechts ausrichten.
– Signallinien möglichst nicht überkreuzen.
– Inports für Eingangssignale blau einfärben.
– Inports für Eingangssignale links im Signalflussplan anordnen.

- Outports für Ausgangssignale gelb einfärben.
- Outports für Ausgangssignale rechts im Signalflussplan anordnen.
- Gültige C- bzw. MATLAB-Bezeichner für Signal- und Blocknamen verwenden.
- Insbesondere keine physikalischen Einheiten als Teile dieser Namen einfügen.
- Physikalische Einheiten können Blöcken durch Block-Annotations zugeordnet werden oder über Simulink-Objekte Parametern und Signalen zugeordnet werden.
- Parameternamen als gültige MATLAB-Bezeichner mit vorangestelltem P_ zur Unterscheidung von Signalen formulieren.
- Parameter in MATLAB-Skript <modelname>_data.m definieren mit Kommentaren für Bedeutung und physikalische Einheit.
- Dieses MATLAB-Skript in Simulink-Modell-Callback InitFcn aufrufen. Dadurch werden alle Parameter beim Modell-Start oder Modell-Update neu gesetzt.
- Niemals Parameterwerte als Lexikale direkt in Simulink-Blöcken eingegeben.
- Keine Goto- / From-Blöcke verwenden.
- Nicht benötigte Signallinien mit Terminator-Blöcken abschließen,
- Jedes Teilsystem jeweils in einem virtuellen oder atomaren Subsystem kapseln oder alternativ Modellreferenzen verwenden.
- Auf oberster Modellebene nur diese Teilsysteme verschalten.
- Auf oberster Modellebene nie MATLAB-Funktionen oder dynamische Modelle erstellen. Dies erleichtert die Wiederverwendung von Subsystemen.
- Modelle oder Subsysteme sollen auf einer Ebene maximal sieben Blöcke enthalten.
- Nirgends Umlaute oder Sonderzeichen verwenden.
- Algebraische Schleifen im Modell vermeiden.
- Grundsätzlich keine numerische Differentiation mit d/dt-Blöcken verwenden.
- Elementare Blöcke verwenden: z.B. 1/s, Gain, Add.
- Keine komplexen Blöcke, z.B. Transfer-Functions oder PID-Regler, aus Simulink-Blockset verwenden.
- Mathematische Ausdrücke in MATLAB so eingeben, dass die erforderliche Rechenzeit und numerische Fehler minimiert werden. Zum Beispiel sollen soweit als möglich
  - Potenzrechnungen und aufwändige mathematische Funktionen durch einfachere Operationen ersetzt werden,
  - Zwischengrößen eingeführt werden bei mehrfachem Auftreten desselben mathematischen Teilausdrucks,
  - Multiplikationen vor Additionen durchführen und diese Additionen wiederum vor Divisionen.
- Bei Eingabe von mathematischen Ausdrücken Leerzeichen einfügen für bessere Lesbarkeit.
- Einheitliche Einrückung bei MATLAB-Code verwenden.

Weiterhin sind folgende Konfigurationen in Simulink zur grafischen Darstellung von Signalflussplänen empfehlenswert:

— Aktivierung von `Sample Time Display - Colors` durch Rechtsklick im Simulink-Editor zur farblichen Darstellung der Abtastzeiten für Simulink-Blöcke und -Signale,

— Aktivierung von `Other Displays - Signals & Ports - Signal Dimensions` zur Darstellung der Kardinalität von Signalen,

— Aktivierung von `Other Displays - Signals & Ports - Data Types` zur Darstellung der Datentypen von Signalen.

4.3.7 Beispiel: PT1-Glied in Simulink

Das PT1-Glied aus Abschnitt 4.3.3 wird nun in Simulink modelliert und simuliert. Zur Erstellung von Signalflussplänen stellt Simulink eine Vielzahl an Simulink-Blöcken zur Verfügung, die in verschiedenen Libraries kategorisiert sind. Für das Zustandsraummodell (4.7) des PT1-Glieds werden die in Tab. 1 dargestellten Simulink-Blöcke benötigt.

Die Modellierung und Simulation erfolgen in sechs Schritten:
1. Eingabe des Modells im Simulink-Editor
2. Eingabe der Modellparameter in MATLAB
3. Konfiguration des Simulink-Solvers
4. Konfiguration der Messignale
5. Simulation
6. Auswertung der Simulationsergebnisse

Diese einzelnen Schritte werden im Folgenden näher erläutert und durch Screenshots illustriert. Eine fertiggestellte Version `pt1_blockdiagram.slx` des Simulink-Modells ist im Git-Repository `https://github.com/modbas/mad` unter `matlab/examples/pt1` zu finden.

Tab. 1: Simulink-Blöcke für PT1-Glied

Block	Library	Symbol
Integrator	Continuous	Integrator
Gain	Math Operations	Gain
Sum / Add	Math Operations	Add
Step	Sources	Step
Terminator	Sinks	Terminator
Virtuelles, nicht atomares Sub-system	Ports & Subsystems	Subsystem
Inport	Sources	u
Outport	Sinks	y

4.3.7.1 Eingabe des Modells im Simulink-Editor

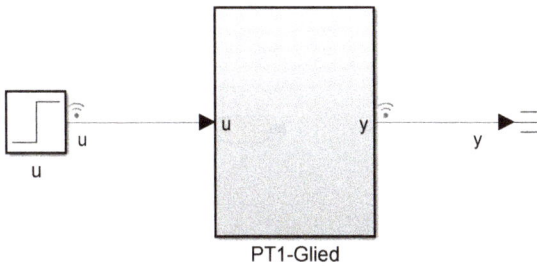

Abb. 33: Oberste Simulink-Modellebene für PT1-Glied

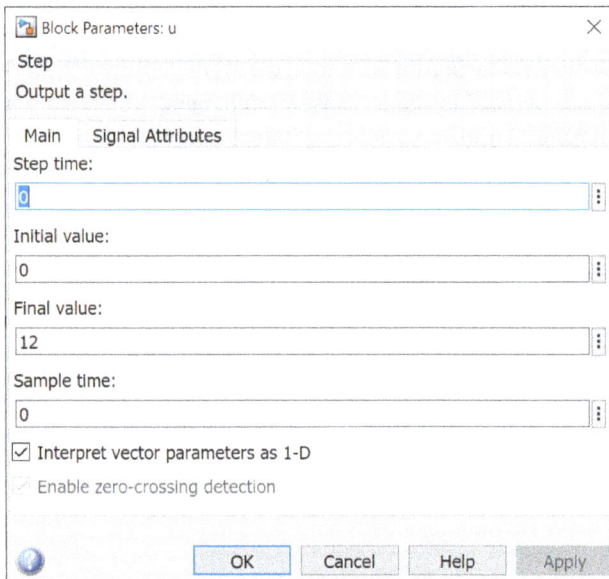

Abb. 34: Block-Parameter für Step-Block

Die Modellierung erfolgt auf drei Modellebenen. Die in Abb. 33 dargestellte oberste Ebene enthält

– das virtuelle Subsystem PT1-Glied, welches das PT1-Glied als Modell repräsentiert,
– einen Step-Block, der dieses PT1-Glied durch ein Sprungsignal stimuliert,
– einen Terminator-Block, der die Ausgangssignallinie abschließt.

Der Step-Block wird in einem Block-Parameter-Editor gemäß Abb. 34 parametriert, der sich durch einen Doppelklick mit der Maus auf den Step-Block öffnet.

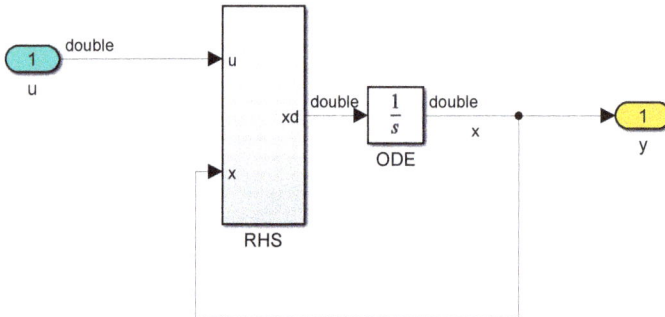

Abb. 35: Mittlere Simulink-Modellebene des Subsystems für PT1-Glied

Auf der nächsten, mittleren Modellebene in Abb. 35 erfolgt die Modellierung des Subsystems PT1-Glied in Form eines Signalflussplans. Diese Modellebene öffnet sich bei Doppelklick auf PT1-Glied in Abb. 33 und entspricht der Darstellung eines Zustandsraummodells als Signalflussplan entsprechend Abb. 31 in Abschnitt 4.3.2.

Die mittlere Modellebene enthält:
- einen Inport-Block für das Eingangssignal u,
- einen Outport-Block für das Ausgangssignal y,
- einen Integrator-Block $1/s$ zur Definition der Differentialgleichung und Anfangsbedingung des PT1-Glieds,
- das virtuelle Subsystem RHS als Modell für die rechte Seite der Dgl. (4.7).

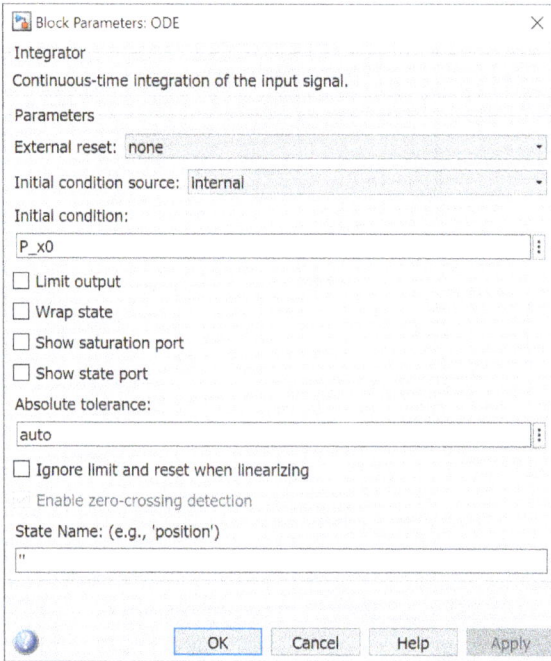

Abb. 36: Block-Parameter für `Integrator`-Block

Der `Integrator`-Block ist entsprechend der Abb. 36 parametriert. Zu beachten ist hierbei, dass in Simulink Anfangsbedingungen stets über Blockparameter oder durch Eingangssignale von `Integrator`-Blöcken oder vergleichbaren Blöcken definiert werden. Hier in diesem Fall wird der Anfangswert x_0 durch die MATLAB-Workspace-Variable `P_x0` vorgegeben.

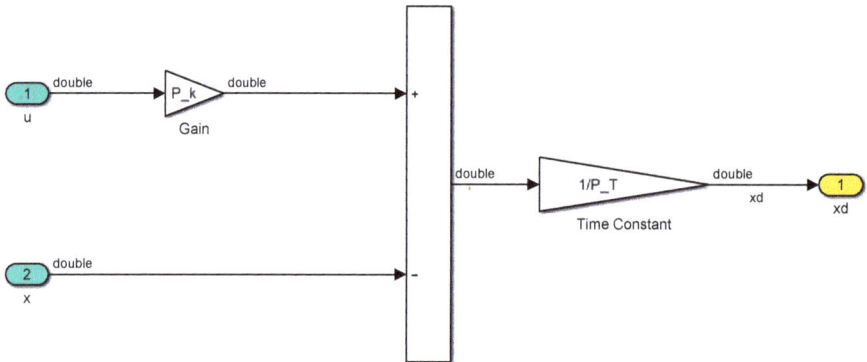

Abb. 37: Unterste Simulink-Modellebene für rechte Seite der Dgl.

Die unterste Modellebene in Abb. 37, die sich bei Doppelklick von RHS öffnet, enthält den mathematischen Ausdruck der rechten Seite der Dgl. (4.7) als Signalflussplan. Dieser besteht aus:

— zwei Inport-Blöcken für das Eingangssignal u und den Zustand x, von denen die Funktion $f(x, u)$ der Dgl. abhängt,

— einem Outport-Block für den Funktionswert $\dot{x} = f(x, u)$,

— Gain- und Sum-Blöcken zur Modellierung des mathematischen Ausdrucks aus Dgl. (4.7)

$$f(x, u) = \frac{1}{T}(-x + ku)$$

Das Simulink-Modell wird unter dem Dateinamen pt1_blockdiagram.slx gespeichert.

4.3.7.2 Eingabe der Modellparameter in MATLAB

Es bestehen verschiedene Alternativen zur Eingabe von Parameterwerten für Simulink-Modelle. In diesem Lehrbuch werden MATLAB-Skripte für die Simulink-Parametrierung verwendet. In Simulink können für die meisten Blockparameter MATLAB-Ausdrücke mit Workspace-Variablen verwendet werden. Simulink wertet diese Ausdrücke bei Update-Model (Tastenkombination Ctrl+d) und beim Simulationsstart (Ctrl+t) aus.

Die Vorteile bei der Verwendung von Workspace-Variablen bestehen darin, dass Parameterwerte an einer zentralen Stelle definiert sind und an verschiedenen Stellen im Simulink-Modell oder auch in mehreren Simulink-Modellen verwendet werden können. Änderungen in den Parameterwerten wirken sich konsistent auf alle Modell-teile aus. Außerdem können Parameterwerte im MATLAB-Skript unter Einsatz des vollen MATLAB-Sprachumfangs berechnet werden.

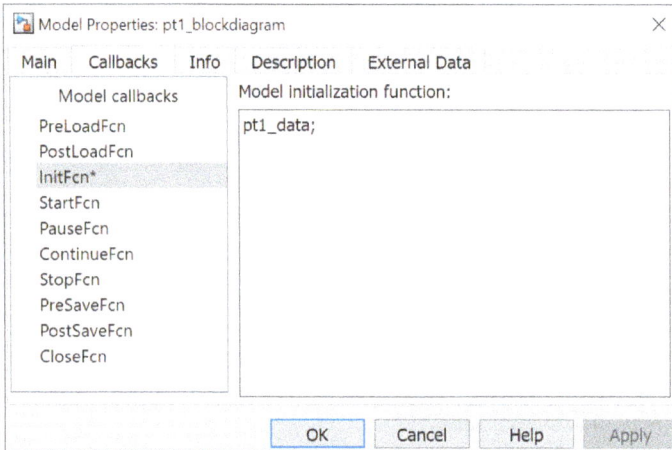

Abb. 38: Model-Properties des Simulink-Modells

Die Parameter des PT1-Glieds sind im MATLAB-Skript pt1_data.m als Workspace-Variablen definiert.

Listing 6: MATLAB-Skript pt1_data.m

```
clear variables; % clear workspace

P_T = 100e-6; % time constant [ s ]
P_k = 1;      % gain [ 1 ]
P_x0 = 0;     % initial value of capacity voltage [ V ]
P_dt = 10e-6; % step size of ODE solver [ s ]
P_Ta = 5e-6;  % sample time of discrete PT1 [ s ]
```

Dieses MATLAB-Skript wird in der Callback-Funktion InitFcn der Model-Properties in Simulink hinzugefügt, so dass es bei jeder Initialisierung des Simulink-Modells automatisch ausgeführt wird. Änderungen im MATLAB-Skript wirken sich damit direkt auf die Simulation aus. Die Zuordnung als Callback-Funktion erfolgt über die in Abb. 38 dargestellten Model-Properties, die über einen Rechtsklick im Simulink-Editor erreichbar sind. Die Callback-Funktion `InitFcn` führt mit Hilfe des MATLAB-Befehls `pt1_data` das MATLAB-Skript `pt1_data.m` aus, sobald das Modell initialisiert wird. Dies ist der Fall bei Update-Model (Tastenkombination `Ctrl+d`) und bei Simulationsstart (`Ctrl+t`).

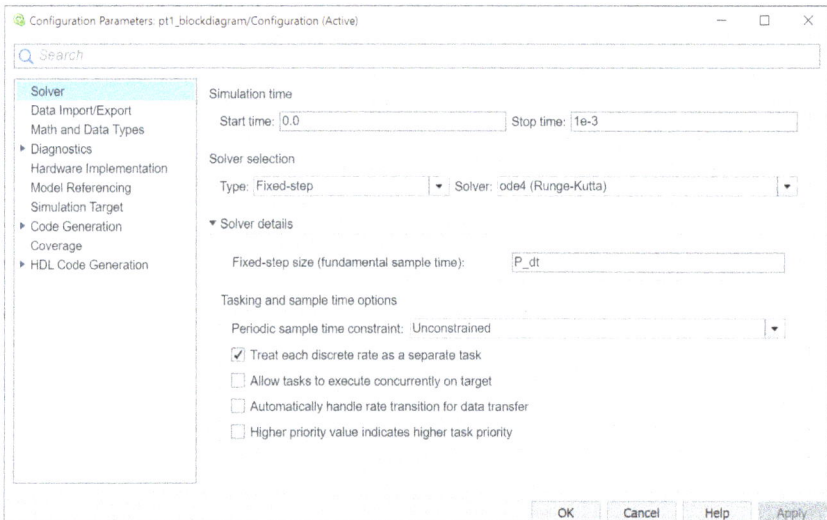

Abb. 39: Model-Settings des Simulink-Modells

4.3.7.3 Konfiguration des Simulink-Solvers

Die Konfiguration des Simulink-Solvers zur numerischen Lösung von Dgl. erfolgt über die Model-Settings. Die Model-Settings in Abb. 39 können durch Rechtsklick im Simulink-Editor oder mit der Tastenkombination `Ctrl+e` aufgerufen werden. In der Kategorie `Solver` wird in diesem Beispiel der Simulink-Solver ode4 ausgewählt. Dieser Solver implementiert das Runge-Kutta-Verfahren 4. Ordnung mit fester Abtastzeit. Die Abtastzeit wird durch die im MATLAB-Skript `pt1_data.m` definierte Workspace-Variable `P_dt` definiert. `P_dt` entspricht der Schrittweite T_A, die mit Hilfe der Faustformel (4.9) in diesem Fall als $T_A = T/10 = 100\mu s/10 = 10\mu s$ berechnet wird.

4.3.7.4 Konfiguration der Messignale

Die Auswahl von Messignalen, die während der Simulation für eine spätere Darstellung und Analyse aufgezeichnet werden sollen, erfolgt über einen Rechtsklick auf die zugehörige Signallinie und einer Aktivierung von `Log Selected Signals`. In diesem

Beispiel sind die Signale u und y auf der obersten Modellebene in Abb. 33 zur Aufzeichnung ausgewählt. Dies wird durch das WLAN-Symbol im Simulink-Editor dargestellt. Es ist zu beachten, dass diesen Signallinien Signalnamen zugeordnet sind. Dies erleichtert die Navigation bei der grafischen Darstellung der Signalverläufe im Data-Inspector.

4.3.7.5 Simulation

Nach der Modellerstellung, der Modellparametrierung, der Solver-Konfiguration und der Messignal-Konfiguration kann nun die Simulation des Modells mit der Tastenkombination Ctrl+t oder durch Anklicken von Run in der Toolbar-Kategorie Simulation gestartet werden. Optional kann die Simulationszeit im Feld Stop Time eingestellt werden. Bei einem Wert inf ist die Simulationszeit unendlich und die Simulation kann durch Anklicken von Stop beendet werden.

4.3.7.6 Auswertung der Simulationsergebnisse

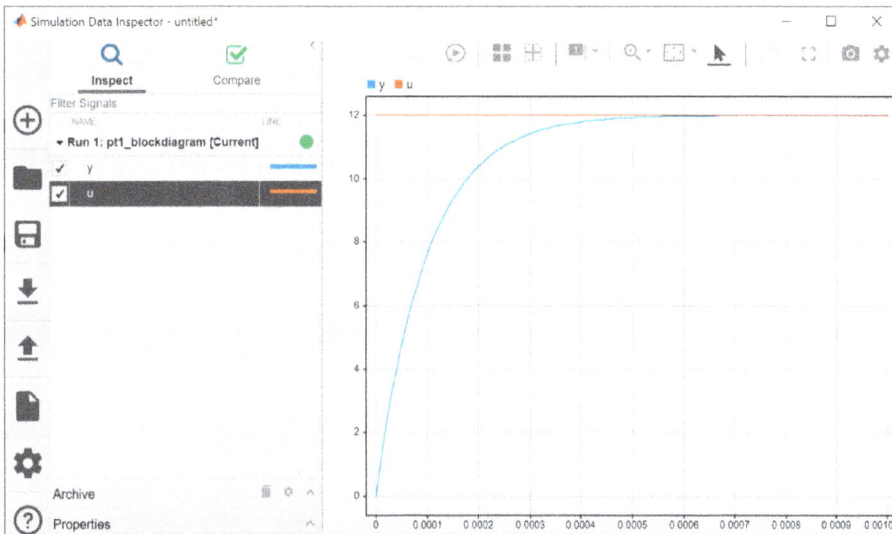

Abb. 40: Data-Inspector zur Darstellung von Simulationsergebnissen

Nach Simulationsende können die Simulationsergebnisse mit Hilfe des Data-Inspectors oder in MATLAB grafisch dargestellt und analysiert werden. Der Data-Inspector kann in der Toolbar-Kategorie Simulation geöffnet werden.

Alle Simulink-Signale, die über Log Selected Signals als Messignale konfiguriert worden sind, werden in der Signalliste des in Abb. 40 dargestellten Data-

Inspectors aufgeführt. Bei Selektion des jeweiligen Signals erstellt der Data-Inspector ein Signal-Zeit-Diagramm. Zur wissenschaftlichen Darstellung der Diagramme in Berichten kann über das Kamera-Symbol in der Toolbar ein MATLAB-Figure erzeugt werden.

MATLAB kann auch direkt zur Auswertung der Simulationsergebnisse verwendet werden. Denn in der Standard-Konfiguration von Simulink werden alle Messignale in der Workspace-Variablen `logsout` aufgezeichnet. Die Signal-Zeit-Diagramm von `y` in einem MATLAB-Figure kann in MATLAB beispielsweise wie folgt programmiert werden.

Listing 7: MATLAB-Skript zur Ausgabe des Ausgangssignals in einem MATLAB-Figure

```
figure; clf;
plot(logsout.get('y').Values.Time, logsout.get('y').Values.Data);
grid on;
xlabel('t / s');
ylabel('y / V');
```

4.3.8 Beispiel: PT2-Glied in Simulink

Zur Modellierung des PT2-Glieds aus Abschnitt 4.3.4 werden im Vergleich zum PT1-Glied zusätzlich die in Tab. 2 aufgeführten Simulink-Blöcke benötigt.

Tab. 2: Zusätzliche Simulink-Blöcke für PT2-Glied

Block	Library	Symbol
Mux	Signal Routing	Mux
Demux	Signal Routing	Demux
MATLAB Function	User-Defined Functions	MATLAB Function

Die Modellierung und Simulation des PT2-Glieds in Simulink erfolgen in denselben sechs Schritten wie für das PT1-Glied in Abschnitt 4.3.7. Die Modellierung der rechten Seite der Dgl. (4.8) kann dabei auf zwei verschiedene Arten durchgeführt werden: entweder wird ein Signalflussplan ähnlich wie in Abschnitt 4.3.7 modelliert oder die rechte Seite wird in einer MATLAB-Funktion programmiert, die als Simulink-Block ins Modell eingefügt wird. Fertiggestellte Simulink-Modelle für diese beiden Alternativen sind als `pt2_blockdiagram.slx` bzw. `pt2_matlabfun.slx` unter `matlab/examples/pt2` im Git-Repository `https://github.com/modbas/mad` abgelegt.

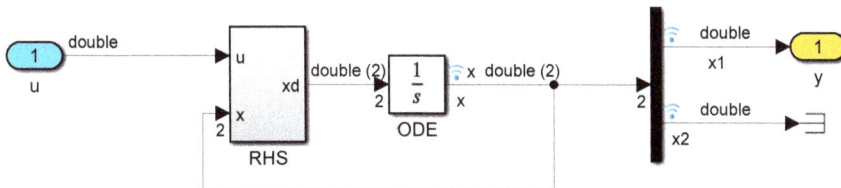

Abb. 41: Mittlere Simulink-Modellebene des PT2-Glieds in `pt2_blockdiagram.slx`

Die oberste Modellebene entspricht der des PT1-Glieds in Abb. 33. Die mittleren Modellebenen in Abb. 41 und Abb. 42 sind entsprechend des Signalflussplans für Zustandsraummodelle aus Abb. 31 aufgebaut. Die mittleren Modellebenen unterscheiden sich für die beiden Alternativen in der rechten Seite RHS der Dgl. Beide Alternativen verwenden einheitlich einen Demux-Block zur Modellierung der Ausgangsgleichung des Zustandsraummodells (4.8). Dieser Block zerlegt das vektorielle Zustandssignal x in skalare Elemente, wobei das erste Element x1 dem Ausgang y des Zustandsraummodells gemäß der Ausgangsgleichung entspricht.

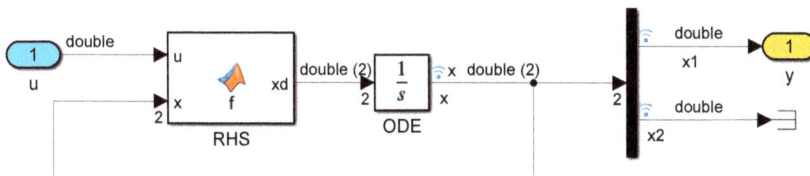

Abb. 42: Mittlere Simulink-Modellebene des PT2-Glieds in `pt2_matlabfun.slx`

Durch Aktivierung der Option Signal Dimensions im Simulink-Editor entsprechend den Modellierungsrichtlinien aus Abschnitt 4.3.6 werden die Kardinalitäten der Signallinien dargestellt. So hat z.B. das Zustandssignal x die Dimension 2, da es ein Vektor der Länge 2 ist. Simulink erkennt diese Kardinalität automatisch anhand der Anfangsbedingung des Integrators ODE. Abb. 43 zeigt, dass der Anfangswert von x als Spaltenvektor der Länge 2 parametriert wird.

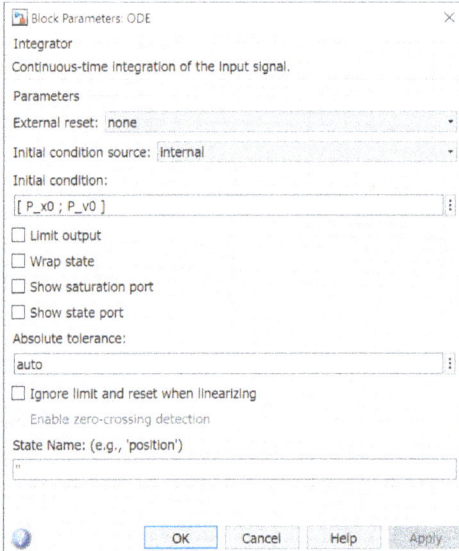

Abb. 43: Block-Parameter für Integrator-Block des PT2-Glieds

Abb. 44 zeigt den Signalflussplan der rechten Seite im Fall von `pt2_blockdia-gram.slx`. Hier werden `Demux`- und `Mux`-Blöcke zur signalflussbasierten Modellierung der beiden skalaren Elemente der Funktion $f(x, u)$ verwendet.

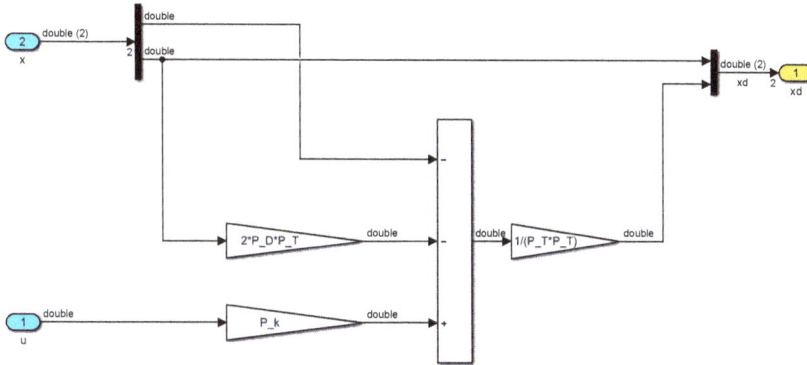

Abb. 44: Unterste Simulink-Modellebene des PT2-Glieds in `pt2_blockdiagram.slx`

Im Gegensatz dazu verwendet `pt2_matlabfun.slx` dafür den folgenden MATLAB-Code.

Listing 8: MATLAB-Funktion RHS in `pt2_matlabfun.slx`

```
function xd = f(u, x, P_k, P_T, P_D)
%#codegen
xd = [ ...
    x(2) ; ...
    (-x(1) - 2*P_D*P_T * x(2) + P_k * u) / (P_T * P_T) ...
    ];
end
```

Hierbei ist zu beachten, dass die Funktionsargumente dieser eingebetteten MATLAB-Funktion als Eingangssignale u und x im Simulink-Modell und als Parameter P_k, P_T und P_D in Form von Workspace-Variablen abgebildet werden. Dieser Systembezug wird im MATLAB-Editor über den Menüpunkt `Edit` `Data` in der Toolbar `Editor` konfiguriert. Die Ausgangssignale ergeben sich aus den Rückgabewerten der MATLAB-Funktion. Hier in diesem Fall hat die Funktion einen einzelnen Rückgabewert xd, der in Abhängigkeit der Eingangssignale und Parameter als Spaltenvektor berechnet wird.

Listing 9: MATLAB-Skript pt2_data.m

```
clear variables; % clear workspace

P_T = 1e-3; % time constant of system with no damping [ s ]
P_D = 0.3; % damping constant [ 1 ]
P_k = 1;    % gain [ 1 ]
P_x0 = 0;   % initial value [ 1 ]
P_v0 = 0;   % initial derivative [ 1/s ]

% step size computation
l = roots([ P_T^2 , 2*P_D*P_T , 1 ]); % eigenvalues of PT2
disp([ 'P_dt must be less than ' ...
    num2str(0.1 * min(1 / abs(real(l(1))), 2*pi / abs(imag(l(1))))) ...
    ]);
P_dt = 1e-4; % chosen step size of ODE solver [ s ]
```

Weiterhin gilt zu beachten, dass bei Eingabe dieses MATLAB-Codes die Modellie-rungsrichtlinien aus Abschnitt 4.3.6 eingehalten werden zur Minimierung der Re-chenzeiten und numerischen Fehler sowie für gute Lesbarkeit.

Die Abtastzeit wird durch die im MATLAB-Skript pt2_data.m definierte Work-space-Variable P_dt definiert. P_dt entspricht der Schrittweite T_A, die mit Hilfe der Faustformel (4.9) berechnet wird. Die dafür benötigten Real- und Imaginärteile der Eigenwerte eines PT2-Glieds berechnen sich allgemein zu:

$$\lambda_{1,2} = -\frac{D}{T} \pm j \frac{\sqrt{1 - D^2}}{T} = \text{Re } \lambda_{1,2} \pm j \text{ Im } \lambda_{1,2}$$

Demnach muss die folgende Ungleichung eingehalten werden, wobei T_A in pt2_data.m auf die nächstniedrigere Zehnerpotenz abgerundet wird:

$$T_A \leq \frac{1}{10} \min\left\{\frac{T}{D}, \frac{2\pi T}{\sqrt{1 - D^2}}\right\}$$

Die Parameter des PT2-Glieds werden im MATLAB-Skript pt2_data.m als Workspace-Variablen definiert.

4.3.9 Beispiel: PT1-Glied in C++

Das Zustandsraummodell des PT1-Glieds aus Abschnitt 4.3.3 wird in C++ program-miert und mit Hilfe von Boost-Odeint simuliert. Dazu wird das Zustandsraummodell und die schrittweise Simulation mit Hilfe des Runge-Kutta-Verfahrens 4. Ordnung in der C++-Klasse Pt1Model programmiert. Das C++-Modul sim_main.cpp instanziiert die C++-Klasse Pt1Model und gibt die Simulationsergebnisse zunächst ohne Verwendung von ROS auf der Kommandozeile aus.

Die C++-Klasse Pt1Model wird in Abschnitt 4.3.10 wiederverwendet. Dann wird das C++-Modul sim_main.cpp durch das C++-Modul sim_node.cpp ersetzt, das die Simulation in einen ROS-Node einbettet.

Gehe wie folgt vor in QT-Creator:

1. Öffne das bereits existierende QT-Creator-Projekt ~/PERSISTENT/autosys/cat-kin_ws/autosys.workspace aus Abschnitt 3.5.3

2. Erstelle das neue C++-Header-File src/test/src/Pt1Model.h, das die neue C++-Klasse Pt1Model implementiert

Listing 10: C++-Header-File src/test/src/Pt1Model.h

```
/**
 * Model-Based Software Engineering
 *
 * Copyright (C) 2017-2021, Frank Traenkle, frank.traenkle@hs-heilbronn.de
 *
 * @brief PT1 State Space Model
 */

#pragma once

// include STL array type
#include <array>
// include boost odeint
#include <boost/numeric/odeint.hpp>

/**
 * @brief The Pt1Model class
 */
class Pt1Model {
public:
  using InputsType = std::array<float, 1>; /**< type definition for model input
                                               (array of floats with 1 element) */
  using StatesType = std::array<float, 1>; /**< type definition for model state */
  using OutputsType = std::array<float, 1>; /**< type definition for model output */

  /**
   * @brief Only constructor
   * @param[in] k gain of PT1
   * @param[in] T time constant of PT1
   */
  Pt1Model(const float karg, const float Targ)
    : k(karg), T(Targ) // copy parameters to member variables
  {
```

```
    x.fill(0.0F); // initialize state vector with zeros
    u.fill(0.0F); // initialize input vector with zeros
}


/**
 * @brief initializes model by initial conditions (IC)
 * @param[in] x0 initial model state vector
 */
void init(const StatesType& x0)
{
    t = 0.0F; // initialize simulation time to zero
    x = x0; // copy initial vector to state vector
}


/**
 * @brief execute one single integration step
 * @param[in] u input vector
 * @param[out] y output vector
 * @param[in] dt sample time
 */
void step(const InputsType& u, OutputsType& y, const float dt)
{
    this->u = u; // copy input vector to member variable u
    // one step of Runge Kutta
    // *this is this object, Runge Kutta calls this object as a functor
    // which means that the operator() is called at every
    // (major and minor) integration step
    solver.do_step(*this, x, t, dt);
    y.at(0) = x.at(0); // the output equals to the state
    t += dt; // increase simulation time by sample time
}


/**
 * @brief operator () makes this class to a functor.
 *         This operator is called by Runge Kutta internally.
 * @param[in] x the current state vector
 * @param[out] xd the current differential of the state vector
 * @param[in] t the current simulation time
 */
void operator()(const StatesType& x, StatesType& xd, float t)
{
    xd.at(0) = (-x.at(0) + k * u.at(0)) / T;
}

private:
  boost::numeric::odeint::runge_kutta4<StatesType> solver; /**< the Runge Kutta solver
                                    parameterized with states vector type */
  InputsType u { 0.0F }; /**< input signal */
  StatesType x { 0.0F }; /**< state signal */
```

```
   float t = 0.0F; /**< simulation time */
   const float k = 1.0F; /**< gain */
   const float T = 1.0F; /**< time constant [ s ] */
};
```

3. Erstelle das neue C++-Source-File src/test/src/sim_main.cpp, in welchem die C++-Klasse Pt1Model instanziiert wird

Listing 11: C++-Source-File src/test/src/sim_main.cpp

```
/**
 * Model-Based Software Engineering
 *
 * Copyright (C) 2017-2021, Frank Traenkle, frank.traenkle@hs-heilbronn.de
 *
 * @brief Simulates a state-space model with boost::odeint (plain C++, no ROS)
 *
 * Compile by
 * g++ -O2 -Wall -std=c++14 -o sim_main sim_main.cpp
 */

// console input / output
#include <iostream>

// include model
#include "Pt1Model.h"


using ModelType = Pt1Model;

/**
 · @brief The main function.
 · @param[in] argc number of arguments
 · @param[in] argv C array of string pointers to arguments
 · @return 0 on success
 */
int main(int argc, char **argv)
{
   const float samplingTime = 10e-3F; /**< the constant sampling time [ s ] */
   ModelType model { 1.0F, 100e-3F }; /**< The state space model */
   ModelType::InputsType uvec { { 1.0F } }; /**< The input signal vector of the
                                                model */
   ModelType::OutputsType yvec; /**< The output signal vector of the model */

   // loop over time by sampling time steps
   for (float t = samplingTime; t <= 1.0F; t += samplingTime) {
```

```
  model.step(uvec, yvec, samplingTime);
  std::cout << t << ":";
  for (float y : yvec) {
    std::cout << " " << y;
  }
  std::cout << std::endl;
}

// return success
return EXIT_SUCCESS;
}
```

4. Kompiliere das C++-Modul mit

```
cd src/test/src
g++ -O2 -Wall -std=c++14 -o sim_main sim_main.cpp
```

5. Starte das generierte Binary `sim_main` mit

```
./sim_main
```

4.3.10 Beispiel: PT1-Glied in C++ und ROS

Abb. 45: ROS-Node `sim_node` zur Simulation eines PT1-Glieds

Nun wird ein ROS-Node `sim_node` entwickelt, der das PT1-Glied simuliert und dazu die Klasse `Pt1Model` aus Abschnitt 4.3.9 wiederverwendet. Abb. 45 stellt den ROS-Node `sim_node` in einem Blockschaltbild dar.

Dazu wird das existierende ROS-Package `test` aus Abschnitt 3.5.3 um den neuen ROS-Node `sim_node` erweitert. `sim_node` empfängt das Eingangssignal u als ROS-Floating-Point-Messages auf dem ROS-Topic `/sim/u` und sendet das Ausgangssignal y in Form von ROS-Floating-Point-Messages auf dem ROS-Topic `/sim/y`. Zur Simulation des PT1-Glieds instanziiert `sim_node` die Klasse `Pt1Model` aus Abschnitt 4.3.9 und ruft die Methoden dieser Klasse auf.

Gehe wie folgt vor in QT-Creator:

1. Öffne das existierende QT-Creator-Projekt
    `~/PERSISTENT/autosys/catkin_ws/autosys.workspace` aus Abschnitt 3.5.3
2. Erstelle das neue C++-Source-File `src/test/src/sim_node.cpp`, das den ROS-Node `sim_node` implementiert und die C++-Klasse `Pt1Model` aufruft

Listing 12: C++-Source-File `src/test/src/sim_node.cpp`

```
/**
 * Model-Based Software Engineering
 *
 * Copyright (C) 2017-2021, Frank Traenkle, frank.traenkle@hs-heilbronn.de
 *
 * @brief Simulates a state-space model with boost::odeint
 */

// include the interface of the general ROS C++ library
#include <ros/ros.h>
// include the data type of the standard ROS message Float32
#include <std_msgs/Float32.h>
// include PT1 model
#include "Pt1Model.h"

/**
 * @brief The SimNode C++ class
 */
class SimNode
{
public:
  // The following members are visible to outside world
  using ModelType = Pt1Model;
  /**
   * @brief The only constructor which is called on class instantiation
   * @param[in] samplingTimeArg The sample time [ s ]
   */
  SimNode(const float samplingTimeArg) :
    samplingTime(samplingTimeArg) // initializes the member samplingTime
  {
    // create subscriber for u
    inputsSub = node.subscribe("u", 1, &SimNode::inputsCallback, this);
    // create publisher for y
    outputsPub = node.advertise<std_msgs::Float32>("y", 10);
    // test the C++ functor object (can be commented out)
    // a functor object behaves like a C++ function
    // in this case: the right-hand side of the differential equation
    // of the PT1 model is computed: xd = f(x, t)
    ModelType::StatesType x { 1.0F };
    ModelType::StatesType xd;
```

```cpp
    model(x, xd, 0.0F);
    ROS_INFO("The functor object returned xd[0]=%12.8g", xd.at(0));
  }

  /**
   * @brief step function to execute one sampling step
   */
  void step()
  {
    // create ROS message of type Float32
    std_msgs::Float32 outputsMsg;
    // compute one sampling point of state space model
    ModelType::OutputsType y;
    model.step(u, y, samplingTime);
    // copy the output signal to the message
    outputsMsg.data = y.at(0);
    // output the message on the topic /sine/signal
    outputsPub.publish(outputsMsg);
  }
private:
  // The following members are not visible to the outside of this class
  ros::NodeHandle node { "~" }; /**< The ROS node handle. */
  // Note: with optional constructor argument "~"
  //       all topic names are relative to the node name
  ros::Subscriber inputsSub; /**< The /sim/u topic subscriber */
  ros::Publisher outputsPub; /**< The /sim/y topic publisher */
  const float samplingTime = 0.0F; /**< The sample time [s] */
  ModelType::InputsType u { { 0.0F } }; /**< The input signal of the model */
  ModelType model { 1.0F, 100e-3F }; /** < The state space model */

  /**
   * @brief callback for u topic, u is the input to the model
   * @param[in] msg The ROS message
   */
  void inputsCallback(const std_msgs::Float32& msg)
  {
    // copy the input signal to the member variable u
    u.at(0) = msg.data;
  }
};

/**
 * @brief The main function.
 * @param[in] argc number of arguments
 * @param[in] argv C array of string pointers to arguments
 * @return 0 on success
 */
int main(int argc, char **argv)
{
```

```
const float samplingTime = 10e-3F; // the constant sample time [ s ]
ros::init(argc, argv, "sim_node"); // initialize ROS
// instantiate class SineNode and
// call SineNode(const float samplingTimeArg) constructor
SimNode node(samplingTime);
// define sampling rate as the inverse of the sample time
ros::Rate loopRate(static_cast<double>(1.0F / samplingTime));
// loop while ROS is running
while (ros::ok()) {
  // call the method step() of the SineNode instance node
  node.step();
  // pass control to ROS for background tasks
  ros::spinOnce();
  // wait for next sampling point
  // neighbor sampling points have a time distance of 100ms
  loopRate.sleep();
}
// return success
return EXIT_SUCCESS;
}
```

3. Erweitere das CMake-Buildfile `CMakeLists.txt` um das neue C++-Modul `sim_node.cpp`

Listing 13: Erweiterung des CMake-Buildfile `src/test/CMakeLists.txt`

```
...
## Declare a C++ executable
## With catkin_make all packages are built within a single CMake context
## The recommended prefix ensures that target names across packages don't collide
add_executable(sine_node src/sine_node.cpp)
add_executable(sim_node src/sim_node.cpp)

## Rename C++ executable without prefix
## The above recommended prefix causes long target names, the following renames the
## target back to the shorter version for ease of user use
## e.g. "rosrun someones_pkg node" instead of "rosrun someones_pkg someones_pkg_node"
# set_target_properties(${PROJECT_NAME}_node PROPERTIES OUTPUT_NAME node PREFIX "")

## Add cmake target dependencies of the executable
## same as for the library above
add_dependencies(sine_node
  ${${PROJECT_NAME}_EXPORTED_TARGETS}
  ${catkin_EXPORTED_TARGETS})
add_dependencies(sim_node
  ${${PROJECT_NAME}_EXPORTED_TARGETS}
```

```
${catkin_EXPORTED_TARGETS})

## Specify libraries to link a library or executable target against
target_link_libraries(sine_node
  ${catkin_LIBRARIES}
)
target_link_libraries(sim_node
  ${catkin_LIBRARIES}
)
...
```

4. Builde das Projekt mit `Ctrl+b`
5. Erstelle das neue ROS-Launch-File `src/test/launch/sim.launch`

Listing 14: ROS-Launch-File `src/test/launch/sim.launch`

```xml
<?xml version="1.0"?>
<launch>
<node pkg="test" name="sim" type="sim_node" output="screen" required="true" />
<node pkg="rqt_gui" name="rqt" type="rqt_gui" output="screen" required="true" />
</launch>
```

6. Starte ROS-Master, `sim_node` und `rqt` mit Hilfe des ROS-Befehls

```
roslaunch test sim.launch
```

7. Stimuliere ROS-Topic `/sim/u` und messe das Ausgangssignal auf ROS-Topic `/sim/y` in `rqt`

4.3.11 Beispiel: PT2-Glied in C++ und ROS

Der ROS-Node `sim_node` aus Abschnitt 4.3.3 wird nun modifiziert für die Simulation des PT2-Glieds aus Abschnitt 4.3.4. Das Vorgehen ist wie folgt:

1. Erstelle das neue C++-Header-File `src/test/src/Pt2Model.h`, das die neue C++-Klasse `Pt2Model` definiert, die ähnlich zur C++-Klasse `Pt1Model` ist und dieselben Schnittstellen aufweist

Listing 15: C++-Header-File src/test/src/Pt2Model.h

```
/**
 * Model-Based Software Engineering
 *
 * Copyright (C) 2017-2021, Frank Traenkle, frank.traenkle@hs-heilbronn.de
 *
 * @brief PT2 State Space Model
 */

#pragma once

// include STL array type
#include <array>
// include boost odeint
#include <boost/numeric/odeint.hpp>

/**
 * @brief The Pt2Model class
 */
class Pt2Model {
public:
  using InputsType = std::array<float, 1>; /**< type definition for model input
                                  (array of floats with 1 element) */
  using StatesType = std::array<float, 2>; /**< type definition for model states */
  using OutputsType = std::array<float, 1>; /**< type definition for model output */

  /**
   * @brief Only constructor
   * @param[in] k gain of PT2
   * @param[in] T time constant of PT2
   * @param[in] D damping of PT2
   */
  Pt2Model(const float k, const float T, const float D) :
    k(k), T(T), D(D) // copy parameters to member variables
  {
    x.fill(0.0F); // initialize state vector with zeros
    u.fill(0.0F); // initialize input vector with zeros
  }

  /**
   * @brief initializes model by initial conditions (IC)
   * @param[in] x0 initial model state vector
   */
  void init(const StatesType& x0)
  {
    t = 0.0F; // initialize simulation time to zero
    x = x0; // copy initial vector to state vector
```

```
}

/**
 * @brief execute one single integration step
 * @param[in] u input vector
 * @param[out] y output vector
 * @param[in] dt sample time
 */
void step(const InputsType& u, OutputsType& y,
          const float dt)
{
  this->u = u; // copy input vector to member variable u
  // one step of Runge Kutta
  // *this is this object, Runge Kutta calls this object as a functor
  // which means that the operator() is called at every
  // (major and minor) integration step
  solver.do_step(*this, x, t, dt);
  y.at(0) = x.at(0); // the output equals to the first state
  t += dt; // increase simulation time by sample time
}

/**
 * @brief operator () makes this class to a functor.
 *        This operator is called by Runge Kutta internally.
 * @param[in] x the current state vector
 * @param[out] xd the current differential of the state vector
 * @param[in] t the current simulation time
 */
void operator()(const StatesType& x, StatesType& xd, float t)
{
  xd.at(0) = x.at(1);
  xd.at(1) = (-x.at(0) - 2.0F*D*T * x.at(1) + k * u.at(0)) / (T*T);
}

private:
  boost::numeric::odeint::runge_kutta4<StatesType> solver; /**< the Runge Kutta solver
                                           parameterized with states vector type */
  InputsType u; /**< input signal */
  StatesType x; /**< state signal */
  float t = 0.0F; /**< simulation time */
  const float k = 1.0F; /**< gain */
  const float T = 1.0F; /**< time constant [ s ] */
  const float D = 1.0F; /**< damping [ 1 ] */
};
```

2. Modifiziere die folgenden Codezeilen in sim_node.cpp

Listing 16: Angepasstes C++-Source-File `src/test/src/sim_node.cpp` für PT2-Glied

```
...
// include PT1 model
//#include "Pt1Model.h"
// include PT2 model
#include "Pt2Model.h"
...
//using ModelType = Pt1Model;
using ModelType = Pt2Model;
...
//ModelType model { 1.0F, 100e-3F }; /** < The state space model */
ModelType model { 1.0F, 100e-3F, 0.3F }; /** < The state space model */
...
```

3. Builde das Projekt
4. Starte das Launch-File `sim.launch`

4.4 Zeitkontinuierliche, lineare, zeitinvariante Modelle

Lineare zeitinvariante Systeme (LTI-Systeme) sind mathematisch weitaus einfacher zu behandeln als nichtlineare Systeme:

- Die Zustandssignale setzen sich aus einer Superposition von sinusförmigen, polynomialen, exponentiellen oder exponentiell schwingenden Signalen zusammen.
- Sind die Systemantworten für einzelne Eingangssignale bekannt, so lässt sich aufgrund der Verstärkungs- und Superpositionsprinzipien die Systemantwort für das Summensignal der einzelnen Eingangssignale berechnen.
- Durch Laplace-Transformation der Systemdifferentialgleichungen kann das Frequenzverhalten des Systems analysiert werden und das System auf Stabilität hin untersucht werden.
- Die lineare Regelungstheorie liefert eine Vielzahl von Methoden für den Entwurf von Reglern für lineare zeitinvariante Systeme.

4.4.1 Linearität

Die Linearität ist eine Systemeigenschaft. Allgemein lässt sich das Ein-/Ausgangsverhalten eines Systems als eine mathematische Operation darstellen:

$$y(t) = \Sigma\{u(t)\} \quad \text{bzw.} \quad \Sigma: u(t) \mapsto y(t)$$

Der im allgemeinen vektorielle Operator Σ bildet das vektorielle Eingangssignal $u(t)$ allgemein in ein vektorielles Ausgangssignal $y(t)$ ab.

Beispiel: Bei linearen zeitinvarianten Systemen mit einem skalaren Eingangssignal und einem skalaren Ausgangssignal entspricht der skalare Operator Σ dem Faltungsintegral des Eingangssignals $u(t)$ mit der Gewichtsfunktion $g(t)$ (vgl. Abschnitte 4.4.5 und 4.4.6).

$$\Sigma: \quad y(t) = \int_{\tau=0}^{t} g(t-\tau)u(\tau)\,d\tau$$

---

i Ein System Σ ist *linear*, falls folgende beide Bedingungen gleichzeitig gelten:

1. Eine k-fache Erhöhung des Eingangssignals führt zu einer k-fachen Erhöhung des Ausgangssignals (*Verstärkungsprinzip*).

$$\Sigma\{k\boldsymbol{u_a}\} = k\Sigma\{\boldsymbol{u_a}\}$$

2. Wirkungen mehrerer Eingangssignale überlagern sich in gleicher Weise (*Superpositionsprinzip*).

$$\Sigma\{\boldsymbol{u_a} + \boldsymbol{u_b}\} = \Sigma\{\boldsymbol{u_a}\} + \Sigma\{\boldsymbol{u_b}\}$$

Die Verstärkungs- und Superpositionsprinzipien lassen sich zu einer Bedingung zusammenfassen:

$$\Sigma\{k_a\boldsymbol{u_a} + k_b\boldsymbol{u_b}\} = k_a\Sigma\{\boldsymbol{u_a}\} + k_b\Sigma\{\boldsymbol{u_b}\}$$

4.4.2 Zeitinvarianz

Ein zeitinvariantes System reagiert auf eine Stimulation immer gleich, egal wann die Stimulation eintritt.

---

i Ein System Σ ist *zeitinvariant*, falls eine Verschiebung eines Eingangssignals $\boldsymbol{u_a}$ um eine Zeit T_t zu einer entsprechenden Verschiebung des Ausgangssignals $\boldsymbol{y_a}$ führt:

$$\boldsymbol{y_a}(t) = \Sigma\{\boldsymbol{u_a}(t)\}$$

$$\boldsymbol{y_a}(t - T_t) = \Sigma\{\boldsymbol{u_a}(t - T_t)\}$$

Wird das System Σ durch ein Zustandsraummodell (4.1), (4.2), (4.3) beschrieben, dann ist das System zeitinvariant, falls die Parameter des Zustandsraummodells unabhängig von der Zeit t sind.

4.4.3 Zustandsraummodell

Zeitkontinuierliche, dynamische Systeme können unter Voraussetzung der Kausalität in der Zustandsraumdarstellung (4.1), (4.2), (4.3) aus Abschnitt 4.3.1 modelliert wird. Dieses ZRM kann sowohl für nichtlineare als auch lineare Systeme angewandt werden. Im Fall von linearen Systemen können die rechten Seiten $f(x, u, t)$ und $h(x, u, t)$ durch Matrizenmultiplikationen und Vektoradditionen formuliert werden. Daraus ergibt sich die Zustandsraumdarstellung für lineare Systeme:

$$\underbrace{\frac{d}{dt}\begin{pmatrix} x_1 \\ x_2 \\ \vdots \\ x_n \end{pmatrix}}_{\dot{x}(t)} = \underbrace{\begin{pmatrix} a_{11} & \cdots & a_{1n} \\ a_{21} & \cdots & a_{2n} \\ \vdots & \ddots & \vdots \\ a_{n1} & \cdots & a_{nn} \end{pmatrix}}_{A(t)} \cdot \underbrace{\begin{pmatrix} x_1 \\ x_2 \\ \vdots \\ x_n \end{pmatrix}}_{x(t)} + \underbrace{\begin{pmatrix} b_{11} & \cdots & b_{1m} \\ b_{21} & \cdots & b_{2m} \\ \vdots & \ddots & \vdots \\ b_{n1} & \cdots & b_{nm} \end{pmatrix}}_{B(t)} \cdot \underbrace{\begin{pmatrix} u_1 \\ u_2 \\ \vdots \\ u_m \end{pmatrix}}_{u(t)} \qquad (4.10)$$

$$; \ t > 0$$

$$\underbrace{\begin{pmatrix} y_1 \\ y_2 \\ \vdots \\ y_p \end{pmatrix}}_{y(t)} = \underbrace{\begin{pmatrix} c_{11} & \cdots & c_{1n} \\ c_{21} & \cdots & c_{2n} \\ \vdots & \ddots & \vdots \\ c_{p1} & \cdots & c_{pn} \end{pmatrix}}_{C(t)} \cdot \underbrace{\begin{pmatrix} x_1 \\ x_2 \\ \vdots \\ x_n \end{pmatrix}}_{x(t)} + \underbrace{\begin{pmatrix} d_{11} & \cdots & d_{1m} \\ d_{21} & \cdots & d_{2m} \\ \vdots & \ddots & \vdots \\ d_{p1} & \cdots & d_{pm} \end{pmatrix}}_{D(t)} \cdot \underbrace{\begin{pmatrix} u_1 \\ u_2 \\ \vdots \\ u_m \end{pmatrix}}_{u(t)} \qquad (4.11)$$

$$; \ t \geq 0$$

$$x(0) = \begin{pmatrix} x_{0,1} \\ x_{0,2} \\ \vdots \\ x_{0,n} \end{pmatrix} \qquad (4.12)$$

oder in vektorieller Schreibweise:

$$\dot{x}(t) = \underbrace{A(t) \cdot x(t) + B(t) \cdot u(t)}_{=f(x,u,t)} \ ; \ t > 0$$

$$y(t) = \underbrace{C(t) \cdot x(t) + D \cdot u(t)}_{=g(x,u,t)} \ ; \ t \geq 0$$

$$x(0) = x_0$$

Dieses lineare, zeitvariante ZRM enthält folgende Matrizen, die bei zeitvarianten Systemen von der Zeit abhängen:
- $(n \times n)$ −Systemmatrix $A(t)$

- $(n \times m)$ –Eingangsmatrix $\boldsymbol{B}(t)$
- $(p \times n)$ –Ausgangsmatrix $\boldsymbol{C}(t)$
- $(p \times m)$ –Durchgriffsmatrix $\boldsymbol{D}(t)$

Falls das ZRM ein zeitinvariantes System beschreibt, sind alle Matrizen konstant:
- $\boldsymbol{A} = const$
- $\boldsymbol{B} = const$
- $\boldsymbol{C} = const$
- $\boldsymbol{D} = const$

Beispielsweise kann das ZRM (4.8) eines linearen, zeitinvarianten PT2-Glieds wie folgt in Matrizenform umgeformt werden:

$$\underbrace{\frac{d}{dt}\begin{pmatrix} x_1 \\ x_2 \end{pmatrix}}_{\dot{x}} = \underbrace{\begin{pmatrix} 0 & 1 \\ -\dfrac{1}{T^2} & -\dfrac{2D}{T} \end{pmatrix}}_{A} \cdot \underbrace{\begin{pmatrix} x_1 \\ x_2 \end{pmatrix}}_{x} + \underbrace{\begin{pmatrix} 0 \\ \dfrac{k}{T^2} \end{pmatrix}}_{B=b} \cdot u \ ; t > 0 \tag{4.13}$$

$$\underbrace{\begin{pmatrix} x_1(0) \\ x_2(0) \end{pmatrix}}_{x(0)} = \underbrace{\begin{pmatrix} x_0 \\ v_0 \end{pmatrix}}_{x_0}$$

$$y = \underbrace{(1 \quad 0)}_{C=c^T} \cdot \begin{pmatrix} x_1 \\ x_2 \end{pmatrix} + \underbrace{0}_{D=d} \cdot u \ ; t \geq 0$$

Dabei entarten die Eingangsmatrix $\boldsymbol{B}$ zu einem Spaltenvektor $\boldsymbol{b}$, die Ausgangsmatrix $\boldsymbol{C}$ zu einem Zeilenvektor $\boldsymbol{c}^T$ und die Durchgriffmatrix $\boldsymbol{D}$ zu einem skalaren Faktor d.

Die MATLAB-Control-System-Toolbox unterstützt die Simulation und Analyse linearer, zeitinvarianter ZRM. So kann ein lineares, zeitinvariantes Modell mit der Funktion ss wie folgt eingegeben werden bei vorher definierten Matrizen A, B, C, D:

```
S = ss(A, B, C, D)
```

4.4.4 Laplace-Transformation

Mit Hilfe der Laplace-Transformation kann das ZRM im Fall von konstanten Matrizen in den Frequenzbereich transformiert werden. Im Frequenzbereich werden alle Signale als Funktionen in Abhängigkeit der komplexen Variablen

$$s = \delta + j\omega$$

definiert. Im Rahmen dieses Lehrbuchs wird die einseitige Laplace-Transformation verwendet, da diese geeignet ist für die Analyse von Anfangswertproblemen mit einem Zeitbereich $t \geq 0$. Folgende gleichwertige Darstellungsformen werden verwendet:

$$X(s) = \int_{-0}^{\infty} x(t)\, e^{-st} dt$$

$$X(s) = \mathcal{L}\{x(t)\}$$

$$X(s) \circ\!\!-\!\!\bullet\ x(t)$$

Die Laplace-Transformation ist definiert für Signale, die nicht schneller als exponentiell wachsen und kann daher u.a. für Stabilitätsanalysen linearer, zeitinvarianter Systeme eingesetzt werden. Die Laplace-Transformierte $X(s)$ eines Zeitsignals $x(t)$ existiert genau dann, falls gilt:

$$|x(t)| < \hat{x}e^{\delta_0 t} \text{ für } t \geq 0 \text{ und } \delta = Re\{s\} > \delta_0$$

Da die einseitige Laplace-Transformation nur für $t \geq 0$ eindeutig ist und ausschließlich Anfangswertprobleme betrachtet werden, werden alle Zeitsignale durch eine Multiplikation mit der *Heaviside-Funktion* $h(t)$ für $t < 0$ gleich null gesetzt, z.B.:

$$x(t) = \hat{x}e^{\delta_0 t} \cdot h(t)$$

Die Heaviside-Funktion wird auch *Einheitssprungsignal* bezeichnet und ist definiert als:

$$x(t) = h(t) = \begin{cases} 1 \ f\ddot{u}r \ t \geq 0 \\ 0 \ f\ddot{u}r \ t < 0 \end{cases}$$

4.4.5 Übertragungsfunktion

Die Anwendung der Laplace-Transformation auf das lineare, zeitinvariante ZRM (4.10), (4.11), (4.12) mit konstanten Matrizen liefert die *Übertragungsfunktionsmatrix* $\boldsymbol{G}(s)$ des Systems. Die einzelnen Rechenschritte sind:

$$s\boldsymbol{X}(s) - \boldsymbol{x_0} = \boldsymbol{A} \cdot \boldsymbol{X}(s) + \boldsymbol{B} \cdot \boldsymbol{U}(s)$$

$$\underbrace{s \cdot \boldsymbol{I} \cdot \boldsymbol{X}(s) - \boldsymbol{A} \cdot \boldsymbol{X}(s)}_{(s\boldsymbol{I} - \boldsymbol{A}) \cdot \boldsymbol{X}(s)} = \boldsymbol{B} \cdot \boldsymbol{U}(s) + \boldsymbol{x_0}$$

$$\boldsymbol{X}(s) = (s\boldsymbol{I} - \boldsymbol{A})^{-1} \cdot (\boldsymbol{B} \cdot \boldsymbol{U}(s) + \boldsymbol{x_0})$$

$$\boldsymbol{Y}(s) = \boldsymbol{C} \cdot \boldsymbol{X}(s) + \boldsymbol{D} \cdot \boldsymbol{U}(s)$$

$$\boldsymbol{Y}(s) = [\boldsymbol{C} \cdot (s\boldsymbol{I} - \boldsymbol{A})^{-1} \cdot \boldsymbol{B} + \boldsymbol{D}] \cdot \boldsymbol{U}(s) + \boldsymbol{C} \cdot (s\boldsymbol{I} - \boldsymbol{A})^{-1} \cdot \boldsymbol{x_0}$$

$$\boldsymbol{G}(s) = \boldsymbol{C} \cdot (s\boldsymbol{I} - \boldsymbol{A})^{-1} \cdot \boldsymbol{B} + \boldsymbol{D}$$

Im Fall von SISO-Systemen reduziert sich die Übertragungsfunktionsmatrix $\boldsymbol{G}(s)$ zu einer skalaren *Übertragungsfunktion* $G(s)$:

$$G(s) = \boldsymbol{c}^T \cdot (s\boldsymbol{I} - \boldsymbol{A})^{-1} \cdot \boldsymbol{b} + d$$

Das skalare Ausgangssignal $Y(s)$ der ZRM berechnet sich dann als Produkt aus Übertragungsfunktion $G(s)$ und skalarem Eingangssignal $U(s)$ plus einem Anfangswertterm:

$$Y(s) = G(s)U(s) + \boldsymbol{G_0}(s) \cdot \boldsymbol{x_0}(s) \tag{4.14}$$

Der Anfangswertterm enthält einen Zeilenvektor skalarer Übertragungsfunktionen:

$$\boldsymbol{G_0}(s) = \boldsymbol{c}^T \cdot (s\boldsymbol{I} - \boldsymbol{A})^{-1}$$

Sind alle Anfangswerte gleich null, dann beschreibt die Übertragungsfunktion $G(s)$ das Verhältnis von Ausgangssignal zu Eingangssignal:

$$G(s) = \frac{Y(s)}{U(s)}$$

Die Übertragungsfunktion $G(s)$ ist stets eine rationale Funktion in Abhängigkeit des Zählerpolynoms $Z(s)$ und des Nennerpolynoms $N(s)$:

$$G(s) = \frac{Y(s)}{U(s)} = \frac{b_q s^q + b_{q-1} s^{q-1} + \cdots + b_1 s + b_0}{a_n s^n + a_{n-1} s^{n-1} + \cdots + a_1 s + a_0} = \frac{Z(s)}{N(s)} \tag{4.15}$$

Diese Darstellung wird als *Polynomform* von $G(s)$ bezeichnet, falls $Z(s)$ und $N(s)$ als endliche Potenzreihen formuliert sind.

Aus dem *Zählergrad q* und dem *Nennergrad n* lassen sich die Systemeigenschaften *Kausalität* und *Sprungfähigkeit* ablesen.

Das System ist *kausal*, falls $q \leq n$ gilt. Übertragungsfunktionen, die durch Laplace-Transformation [i] aus einem ZRM berechnet werden, sind stets kausal, da das ZRM (4.10) , (4.11), (4.12) nur kausale Systeme beschreiben kann.

Das System ist *sprungfähig*, falls $q \geq n$ gilt. Ein sprungfähiges System wird auch als System mit [i] *Durchgriff* bezeichnet. Ist ein System sprungfähig, dann hat das ZRM eine Durchgriffmatrix **D** ungleich null.

Mit Hilfe der Funktion tf kann eine Übertragungsfunktion eines zeitkontinuierlichen Systems in der MATLAB-Control-System-Toolbox wie folgt eingegeben werden:

```
G = tf([ bq , … , b1 , b0 ], [ an , … , a1 , a0 ])
```

oder alternativ durch Verwendung der komplexen Variablen *s*:

```
s = tf('s');
G = (bq * s^q + … + b1 * s + b0) / (an * s^n + … + a1 * s + a0)
```

Die Polynome können nach dem *Fundamentalsatz der Algebra* als Produkte von *Linearfaktoren* ausgedrückt werden:

$$Z(s) = b_q \prod_{i=1}^{q} (s - s_{0i})$$

$$N(s) = a_n \prod_{i=1}^{n} (s - s_i)$$

Dabei sind:
- s_{0i} die Nullstellen von $G(s)$,
- s_i die Pole (Polstellen) von $G(s)$.

Die Nullstellen und Pole von $G(s)$ lassen sich berechnen als Nullstellen des Zählerpolynoms bzw. des Nennerpolynoms

$$Z(s) = 0$$

$$N(s) = 0 \tag{4.16}$$

Dabei ist (4.16)

- die *charakteristische Gleichung* des Systems
- und $N(s)$ das *charakteristische Polynom* des Systems.

Daraus folgt die *Pol-Nullstellen-Form* der Übertragungsfunktion:

$$G(s) = \frac{b_q}{a_n} \frac{\prod_{i=1}^{q}(s - s_{0i})}{\prod_{i=1}^{n}(s - s_i)}$$

Die Pole und Nullstellen können in einem *Pol-Nullstellen-Bild (PN-Bild, Pole-/Nullstellen-Diagramm, Pole-Zeros-Map)* in der komplexen s-Ebene dargestellt werden. Dabei werden

- Pole mit dem Zeichen „x"
- und Nullstellen mit dem Zeichen „o" gekennzeichnet.

Die Übertragungsfunktion $G(s)$ ist weiterhin gleich der *Impulsantwort* des Übertragungsglieds. Denn ein Dirac-Impulssignal $\delta(t)$ am Eingang

$$U(s) = \mathcal{L}\{\delta(t)\} = 1$$

führt zur Impulsantwort am Ausgang

$$Y(s) = G(s)U(s) = G(s)$$

Die Laplace-Rücktransformierte von $G(s)$ wird als *Gewichtsfunktion* $g(t)$ bezeichnet:

$$g(t) = \mathcal{L}^{-1}\{G(s)\}$$

4.4.6 Systemdifferentialgleichung

Liegt die Übertragungsfunktion in Polynomform (4.15) vor, dann kann aus dieser die Systemdifferentialgleichung durch Laplace-Rücktransformation berechnet werden. Die Rechenschritte sind im Einzelnen:

$$G(s) = \frac{Y(s)}{U(s)} = \frac{b_q s^q + b_{q-1} s^{q-1} + \cdots + b_1 s + b_0}{a_n s^n + a_{n-1} s^{n-1} + \cdots + a_1 s + a_0} = \frac{Z(s)}{N(s)}$$

$$N(s)Y(s) = Z(s)U(s)$$

$$(a_n s^n + a_{n-1} s^{n-1} + \cdots + a_1 s + a_0) Y(s)$$
$$= \left(b_q s^q + b_{q-1} s^{q-1} + \cdots + b_1 s + b_0\right) U(s)$$

$$a_n \frac{d^n y}{dt^n} + \cdots + a_1 \frac{dy}{dt} + a_0 y(t) = b_q \frac{d^q u}{dt^q} + \cdots + b_1 \frac{du}{dt} + b_0 u(t); \quad t > 0$$

Diese Systemdifferentialgleichung kann im Gegensatz zum ZRM auch für nicht kausale Systeme, also für $q > n$, formuliert werden. Aus einer kausalen Systemdifferentialgleichung kann mit Hilfe der Zustandsraumtransformation wiederum ein ZRM hergeleitet werden. Für eine Systemdifferentialgleichung können beliebig viele Zustandsraumtransformationen und damit verschiedene ZRM bestimmt werden.

Mit Hilfe der Laplace-Rücktransformation von (4.14) und Anwendung des Faltungssatzes lässt sich das Ausgangssignal $y(t)$ bei gegebenem Eingangssignal $u(t)$ und verschwindenden Anfangsbedingungen $x_0 = 0$ durch das folgende Faltungsintegral im Zeitbereich berechnen:

$$y(t) = \int_0^t g(t - \tau) \cdot u(\tau)\, d\tau = g(t) * u(t) \tag{4.17}$$

Dabei tritt die Gewichtsfunktion $g(t)$ als Kern dieses Faltungsintegrals auf.

4.4.7 Frequenzgang

Der *Frequenzgang* $G(j\omega)$ berechnet sich aus der Übertragungsfunktion $G(s)$ durch Einsetzen von $s = j\omega$:

$$G(j\omega) = \frac{Z(j\omega)}{N(j\omega)}$$

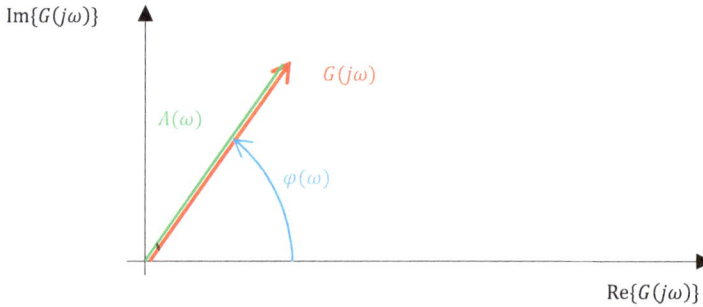

Abb. 46: Frequenzgang als Zeiger in der komplexen Ebene

Diese Laplace-Variable $s = j\omega$ ist rein imaginär. Der Frequenzgang $G(j\omega)$ beschreibt daher das Übertragungsverhalten für harmonische Schwingungen ohne Dämpfungsanteil δ.

Sowohl der Zähler als auch der Nenner von $G(j\omega)$ sind komplexe Zeiger, die jeweils in Real- und Imaginärteile aufgetrennt werden können:

$$G(j\omega) = \frac{Z(j\omega)}{N(j\omega)} = \frac{\text{Re}\{Z(j\omega)\} + j\text{Im}\{Z(j\omega)\}}{\text{Re}\{N(j\omega)\} + j\text{Im}\{N(j\omega)\}}$$

Durch konjugiert komplexe Erweiterung lässt sich $G(j\omega)$ in seine Real- und Imaginärteile zerlegen:

$$G(j\omega) = \frac{[\text{Re}\{Z(j\omega)\} + j\text{Im}\{Z(j\omega)\}] \cdot [\text{Re}\{N(j\omega)\} - j\text{Im}\{N(j\omega)\}]}{[\text{Re}\{N(j\omega)\} + j\text{Im}\{N(j\omega)\}] \cdot [\text{Re}\{N(j\omega)\} - j\text{Im}\{N(j\omega)\}]}$$
$$= \frac{\text{Re}\{Z(j\omega)\}\text{Re}\{N(j\omega)\} + \text{Im}\{Z(j\omega)\}\text{Im}\{N(j\omega)\}}{\text{Re}\{N(j\omega)\}^2 + \text{Im}\{N(j\omega)\}^2}$$
$$+ j\frac{-\text{Re}\{Z(j\omega)\}\text{Im}\{N(j\omega)\} + \text{Im}\{Z(j\omega)\}\text{Re}\{N(j\omega)\}}{\text{Re}\{N(j\omega)\}^2 + \text{Im}\{N(j\omega)\}^2}$$

Der Frequenzgang ist eine komplexwertige Funktion in Abhängigkeit der Kreisfrequenz ω des Eingangssignals. Der komplexe Zeiger $G(j\omega)$ in Abb. 46 trägt zwei reelle Informationen:

- den Betrag des Zeigers (*Amplituden-Verstärkung* bzw. *Amplitudengang*),
- den Winkel des Zeigers (*Phasenverschiebung* bzw. *Phasengang*).

Der *Amplitudengang* ist der Quotient der Amplituden des sinusförmigen Ausgangssignals zum sinusförmigen Eingangssignal. Er berechnet sich durch Betragsbildung des Frequenzgangs $G(j\omega)$:

$$A(\omega) = |G(j\omega)| = \frac{|Z(j\omega)|}{|N(j\omega)|} = \frac{\sqrt{\text{Re}\{Z(j\omega)\}^2 + \text{Im}\{Z(j\omega)\}^2}}{\sqrt{\text{Re}\{N(j\omega)\}^2 + \text{Im}\{N(j\omega)\}^2}}$$

Der Amplitudengang beschreibt, mit welchem Verstärkungsfaktor $A(\omega)$ ein sinusförmiges Eingangssignal mit der Kreisfrequenz ω durch das Übertragungsglied verstärkt wird.

Der *Phasengang* ist der Winkel des komplexen Zeigers $G(j\omega)$ in der komplexen Ebene. Die Funktion für diesen Winkel ist das Argument arg von $G(j\omega)$:

$$\varphi(\omega) = \arg G(j\omega) = \text{atan2}(\text{Im}\{G(j\omega)\}, \text{Re}\{G(j\omega)\}) = \arg\frac{Z(j\omega)}{N(j\omega)}$$

$$= \arg Z(j\omega) - \arg N(j\omega)$$

$$= \text{atan2}(\text{Im}\{Z(j\omega)\}, \text{Re}\{Z(j\omega)\}) - \text{atan2}(\text{Im}\{N(j\omega)\}, \text{Re}\{N(j\omega)\})$$

Die erweiterte, zweistellige Arkustangens-Funktion atan2 ist wie folgt definiert:

$$\text{atan2}(y, x) = \begin{cases} atan\dfrac{y}{x} & ; \ x > 0 \\ -\pi + atan\dfrac{y}{x} & ; \ x < 0 \\ \dfrac{\pi}{2} & ; \ x = 0 \wedge y > 0 \\ -\dfrac{\pi}{2} & ; \ x = 0 \wedge y < 0 \\ 0 & ; \ x = 0 \wedge y = 0 \end{cases} \tag{4.18}$$

Sind der Amplitudengang $A(\omega)$ und der Phasengang $\varphi(\omega)$ bekannt, dann ergibt sich aus der Eulerschen Formel der komplexwertige Frequenzgang $G(j\omega)$ zu

$$G(j\omega) = A(\omega)[\cos\varphi(\omega) + j\sin\varphi(\omega)] = A(\omega) \cdot e^{j\varphi(\omega)}$$

Zur grafischen Darstellung des Frequenzgangs werden zwei verschiedene Diagramme verwendet, die z.B. mit Hilfe der MATLAB-Control-System-Toolbox für eine gegebene Übertragungsfunktion G grafisch ausgegeben werden können:

- Nyquist-Diagramm,
- Bode-Diagramm.

4.4.7.1 Bedeutung des Frequenzgangs

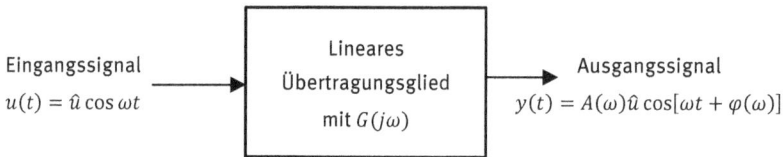

Eingangssignal
$u(t) = \hat{u}\cos\omega t$

Lineares Übertragungsglied mit $G(j\omega)$

Ausgangssignal
$y(t) = A(\omega)\hat{u}\cos[\omega t + \varphi(\omega)]$

Abb. 47: Sinusförmiges Verhalten eines linearen Übertragungsglieds

Das Übertragungsglied, dessen Ein-/Ausgangsverhalten durch den Frequenzgang $G(j\omega)$ beschrieben wird, wird entsprechend der Abb. 47 durch ein Cosinus-Signal am Eingang stimuliert:

$$u(t) = \hat{u}\cos\omega t \;\; ; \;\; t \in \mathbb{R}$$

Dieses Übertragungsglied wird im eingeschwungenen Zustand betrieben, in welchem der Anfangszustand keinen Einfluss mehr auf das Ausgangssignal hat. Das Ausgangssignal hängt nur noch vom Eingangssignal ab. Mathematisch wird dies durch den Definitionsbereich $t \in \mathbb{R}$ des Signals ausgedrückt.

! Handelt es sich beim Eingangssignal um ein Cosinus-Signal mit der Kreisfrequenz ω, dann ist das Ausgangssignal ebenfalls ein Cosinus-Signal mit *derselben* Kreisfrequenz ω aber *anderer* Amplitude und *anderer* Phase.

Der Frequenzgang $G(j\omega)$ beschreibt die Amplitude und die Phase des Ausgangssignals $y(t)$ im Vergleich zum Eingangssignal $u(t)$:

$$y(t) = \underbrace{A(\omega)}_{|G(j\omega)|} \hat{u}\cos\left[\omega t + \underbrace{\varphi(\omega)}_{\arg G(j\omega)}\right] \;\; ; \;\; t \in \mathbb{R}$$

Der Amplitudengang beschreibt, mit welchem Verstärkungsfaktor $A(\omega)$ das sinusförmige Eingangssignal mit der Kreisfrequenz ω durch das Übertragungsglied verstärkt wird. Der Phasengang beschreibt, mit welchem Phasenwinkel $\varphi(\omega)$

- das sinusförmige Eingangssignal durch das Übertragungsglied verzögert wird bzw. das Ausgangssignal dem Eingangssignal hinterherhinkt für den Fall $\varphi(\omega) < 0$,
- oder das Ausgangssignal dem Eingangssignal vorauseilt für den Fall $\varphi(\omega) > 0$.

Wichtige Spezialfälle für den Phasengang sind:

- Gilt $\varphi(\omega) = 0$, dann sind das Eingangs- und Ausgangssignal phasengleich.
- Gilt $\varphi(\omega) = -180°$, dann ist das Ausgangssignal gegenphasig zum Eingangssignal. Gilt hier zusätzlich noch $A(\omega) = 1$, dann ergibt sich das Ausgangssignal aus einer Negierung des Eingangssignals bei der Kreisfrequenz ω.

4.4.7.2 MATLAB-Control-System-Toolbox

In MATLAB stehen die Funktionen bode und nyquist zur grafischen Ausgabe von Bode- und Nyquist-Diagrammen zur Verfügung. Für ein PT2-Glied kann die Ausgabe wie folgt programmiert werden:

Listing 17: MATLAB-Skript für Bode- und Nyquist-Diagramme eines PT2-Glieds

```
clear variables; % clear workspace

T = 1e-3; % time constant[ s ]
D = 0.3; % damping constant [ 1 ]
k = 1; % gain [ 1 ]
G = tf(k , [ T^2 , 2*D*T, 1 ]); % transfer function
figure(1); clf; bode(G); grid on;
figure(2); clf; nyquist(G); grid on;
```

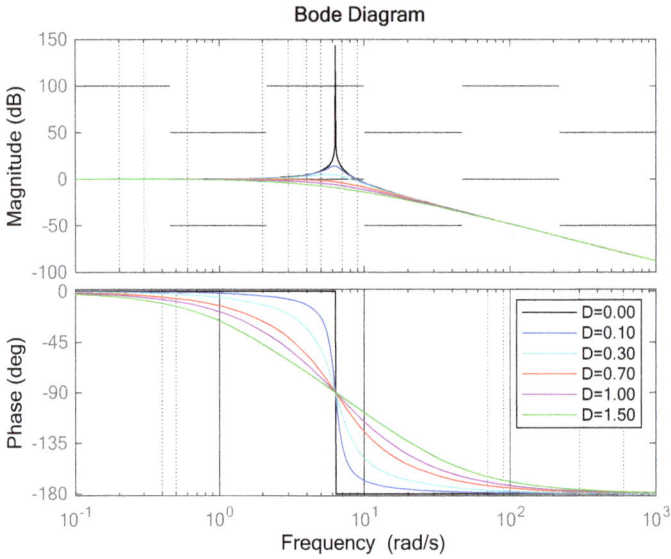

Abb. 48: Bode-Diagramm für PT2-Glied bei verschiedenen Dämpfungen D

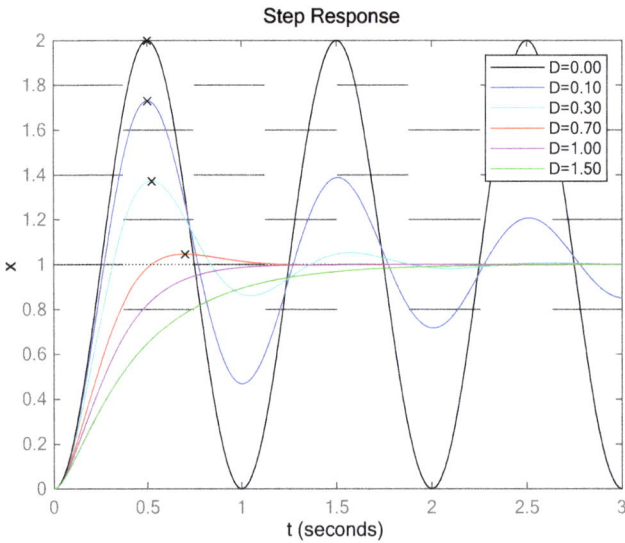

Abb. 49: Sprungantworten eines PT2-Glieds bei verschiedenen Dämpfungen D

Abb. 48 und Abb. 49 zeigen das Bode-Diagramm und die zugehörigen Sprungantworten eines PT2-Glieds mit $k = 1$ und $T = 1/2\pi$ s bei verschiedenen Dämpfungen D. Die Sprungantworten werden mit Hilfe der MATLAB-Funktion step erzeugt. Zur Simulation von Übertragungsfunktionen oder ZRM, die mit tf oder ss eingegeben worden sind, bietet MATLAB weiterhin die Funktionen impulse zur Simulation von Impulsantworten und lsim für beliebige Eingangssignale an.

4.4.8 Linearisierung

Nicht nur lineare Systeme sondern auch nichtlineare Systeme können mit Methoden der linearen Regelungstechnik geregelt werden. Das ist insbesondere der Fall bei Festwertregelungen (Störgrößenregelungen). Dabei wird die Regelgröße auf einen konstanten Sollwert eingeregelt. Es genügt häufig, das nichtlineare System an einem Arbeitspunkt zu betrachten. Das nichtlineare System (4.1), (4.2), (4.3) verhält sich bei kleinen Auslenkungen um diesen Arbeitspunkt näherungsweise wie ein lineares System (4.10), (4.11), (4.12).

Der Arbeitspunkt, an welchem das nichtlineare System betrachtet wird, ist definiert durch den Zustandsvektor $\bar{x}$, den Eingangsvektor $\bar{u}$ und den Ausgangsvektor $\bar{y}$. Der Arbeitspunkt kann auch von der Zeit abhängen und sich damit im Zustandsraum bewegen: $\bar{x}(t), \bar{u}(t), \bar{y}(t)$.

Meist wird aber eine stationäre Ruhelage als Arbeitspunkt verwendet:

$$\bar{x} = x_s = const, \ \bar{u} = u_s = const, \ \bar{y} = y_s = const$$

Dabei sind die stationären Ruhelagen des nichtlinearen Systems definiert durch

$$\frac{dx_s}{dt} = 0 \wedge \frac{du_s}{dt} = 0 \wedge \frac{dy_s}{dt} = 0 \tag{4.19}$$

Einsetzen von (4.19) in (4.1) und (4.3) ergibt das nichtlineare algebraische Gleichungssystem für die stationären Ruhelagen des Systems:

$$0 = f(x_s, u_s)$$

$$y_s = h(x_s, u_s)$$

Im Allgemeinen hat dieses Gleichungssystem mehrere Ruhelagen als Lösungen.

Die Linearisierung eines nichtlinearen Systems beruht auf einer Betrachtung von kleinen Auslenkungen $\Delta x, \Delta u$ und Δy aus einem Arbeitspunkt. Die ursprünglichen Vektoren des nichtlinearen Zustandsraummodells ergeben sich aus einer additiven Überlagerung des Arbeitspunktes und der kleinen Auslenkungen:

$$x = \bar{x} + \Delta x \tag{4.20}$$

$$u = \bar{u} + \Delta u \tag{4.21}$$

$$y = \bar{y} + \Delta y \tag{4.22}$$

Taylor-Reihen-Entwicklungen der nichtlinearen, vektoriellen, mehrstelligen Funktionen $f(x, u)$ und $h(x, u)$ liefern bei Abbruch nach den linearen Reihengliedern:

$$f(x, u) = f(\bar{x}, \bar{u}) + \frac{\partial f}{\partial x^T}(\bar{x}, \bar{u}) \cdot \Delta x + \frac{\partial f}{\partial u^T}(\bar{x}, \bar{u}) \cdot \Delta u + \cdots$$

$$h(x, u) = h(\bar{x}, \bar{u}) + \frac{\partial h}{\partial x^T}(\bar{x}, \bar{u}) \cdot \Delta x + \frac{\partial h}{\partial u^T}(\bar{x}, \bar{u}) \cdot \Delta u + \cdots$$

Diese beiden Approximationsgleichungen für $f(x, u)$ und $h(x, u)$ werden zusammen mit den Definitionsgleichungen (4.20), (4.21) und (4.22) in das nichtlineare ZRM (4.1) eingesetzt:

$$\dot{\bar{x}} + \Delta \dot{x} \approx f(\bar{x}, \bar{u}) + \frac{\partial f}{\partial x^T}(\bar{x}, \bar{u}) \cdot \Delta x + \frac{\partial f}{\partial u^T}(\bar{x}, \bar{u}) \cdot \Delta u \tag{4.23}$$

$$\bar{y} + \Delta y \approx h(\bar{x}, \bar{u}) + \frac{\partial h}{\partial x^T}(\bar{x}, \bar{u}) \cdot \Delta x + \frac{\partial h}{\partial u^T}(\bar{x}, \bar{u}) \cdot \Delta u \tag{4.24}$$

Der Arbeitspunkt erfüllt wie jeder andere Punkt des Zustandsraums ebenfalls das ZRM:

$$\dot{\bar{x}} = f(\bar{x}, \bar{u}) \; ; \;\; t > 0 \tag{4.25}$$

$$\bar{y} = h(\bar{x}, \bar{u}) \; ; \;\; t \geq 0 \tag{4.26}$$

Einsetzen dieser beiden Differentialgleichungen (4.25) und (4.26) in (4.23) und (4.24) ergibt die lineare Zustandsraumdarstellung, die für kleine Auslenkungen $\Delta x, \Delta u$ und Δy aus dem Arbeitspunkt $\bar{x}, \bar{u}, \bar{y}$ gilt und dem ZRM (4.10), (4.11), (4.12) entspricht:

$$\Delta \dot{x} = \underbrace{\frac{\partial f}{\partial x^T}(\bar{x}, \bar{u})}_{A} \cdot \Delta x + \underbrace{\frac{\partial f}{\partial u^T}(\bar{x}, \bar{u})}_{B} \cdot \Delta u \; ; \;\; t > 0 \tag{4.27}$$

$$\Delta y = \underbrace{\frac{\partial h}{\partial x^T}(\overline{x}, \overline{u}) \cdot \Delta x}_{C} + \underbrace{\frac{\partial h}{\partial u^T}(\overline{x}, \overline{u}) \cdot \Delta u}_{D} \; ; \quad t \geq 0 \tag{4.28}$$

$$\Delta x(0) = \Delta x_0 = x_0 - \overline{x} \tag{4.29}$$

4.5 Zeitdiskrete Modelle

Zur Ausführung von Regelungs-, Steuerungs-, Signalverarbeitungsfunktionen und Zustandsschätzern auf Microcontrollern oder Microprozessoren müssen die zugehörigen Differentialgleichungen in der Zeit diskretisiert werden. Die Ergebnisse der Zeitdiskretisierung sind lineare oder nichtlineare Differenzengleichungen. Zur Zeitdiskretisierung können verschiedene Verfahren angewendet werden. In diesem Abschnitt werden Verfahren 1. und 2. Ordnung mit fester Schrittweite (Abtastzeit) $T_A = const$ betrachtet.

Es gilt zu beachten, dass die Zeitdiskretisierung bei der Simulation zeitkontinuierlicher, dynamischer Umgebungsmodelle mit Hilfe numerischer Differentialgleichungslöser automatisch durchgeführt wird. Simulink- oder Boost-Odeint-Solver tasten die Zeit und die Signale ab und diskretisieren Differentialgleichungen. Diese Zeitdiskretisierung und die Auswahl des zugehörigen numerischen Lösungsverfahrens werden in den Simulink-Configuration-Settings oder bei der Instanziierung des Boost-Odeint-Solvers entsprechend Abschnitt 4.3 konfiguriert.

Dagegen werden in der Funktions- und Softwaremodellierung von Regelungs-, Steuerungs-, Signalverarbeitungsfunktionen und Zustandsschätzern Differenzengleichungen manuell oder toolgestützt hergeleitet. Denn eine Einbindung von numerischen Differentialgleichungslösern in Embedded-Code würde zu Overhead im Speicherbedarf und in der Rechenzeit führen. Des Weiteren wäre der Aufwand in der Verifikation des Embedded-Codes sehr hoch.

4.5.1 Abtastung im Regelkreis

Abb. 50 stellt den Signalflussplan eines Regelkreises mit digitalem Regler dar. Digitale Regelung bedeutet, dass die Eingangs-, Zustands- und Ausgangssignale des Reglers zeit- und wertediskret sind. Zur Unterscheidung wertediskreter Signale von wertekontinuierlichen Signalen werden die wertediskreten Signale mit einem Dach, z.B. $\hat{y}_k$, dargestellt. Die Funktionsweise des Regelkreises ist wie folgt:
- Regler werden als Embedded-Softwarefunktionen auf Digitalrechner realisiert.

- Diese Funktionen werden mit zeitlich konstanter Abtastrate T_A zyklisch aufgerufen, z.B. durch Timer-Interrupts oder Betriebssystem-Scheduler.
- Die Regelgröße und Führungsgröße werden zu diskreten Zeitpunkten $t = kT_A$ abgetastet.
- Die abgetasteten Signale sind Impulsfolgen $y(kT_A) = y_k$ und $w(kT_A) = w_k$.
- Die Regelgröße und Führungsgröße werden mit A/D-Wandlern quantisiert: $\hat{y}(kT_A)$ bzw. $\hat{w}(kT_A)$ mit endlichen Wertebereichen. Als Datentypen werden Integer-, Festkomma- oder Gleitkomma-Datentypen verwendet.
- Der Regler berechnet das Stellsignal zyklisch als quantisierte Impulsfolge $\hat{u}(kT_A)$.
- Das Stellsignal wird durch D/A-Wandler in ein wertekontinuierliches Signal $u(kT_A)$ überführt.
- Das Stellglied stellt die Strecke zu jedem Zeitpunkt $t \in \mathbb{R}_0^+$. Ein Halteglied nullter Ordnung generiert das treppenförmige, zeitkontinuierliche Stellsignal $u(t)$,
- Dazu hält das Halteglied den vom Regler zum Abtast-Zeitpunkt $t = kT_A$ vorgegeben Wert $u(kT_A)$ der Stellgröße konstant bis zum nächsten Abtastzeitpunkt $t = (k + 1)T_A$. Es können alternativ auch Halteglieder höherer Ordnung verwendet werden.
- Die Regelstrecke ist ein zeitkontinuierliches, dynamisches System, das an seinem Ausgang die zeitkontinuierliche Regelgröße $y(t)$ erzeugt.

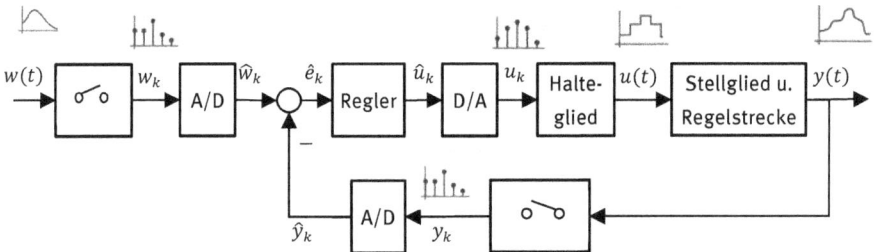

Abb. 50: Regelkreis mit digitalem Regler und zeitkontinuierlicher Regelstrecke

Die Quantisierung durch D/A-Wandler wird in diesem Abschnitt nicht behandelt. Damit haben alle Signale einen kontinuierlichen, reellen Wertebereich. Vielmehr wird die Zeitdiskretisierung aufgrund der zyklischen, abgetasteten Berechnung der Regelungsfunktion betrachtet. Die Quantisierung (Wertediskretisierung) ist neben der Zeitdiskretisierung ein zeitintensiver und aufwändiger Prozessschritt in der Entwicklung von Embedded-Software, vor allen Dingen dann, wenn die Regelungsfunktion mit der Integer-Arithmetik des eingesetzten Microcontrollers berechnet werden soll und keine Gleitkommaarithmetik zur Verfügung steht.

Die Abtastung erfolgt periodisch zu äquidistanten Zeitpunkten

$$t = kT_A; \quad k = 0,1,2, \dots$$

mit der *Abtastzeit (Abtastperiodendauer)* T_A. Die zugehörige *Abtastkreisfrequenz* und *Abtastfrequenz (Abtastrate)* lauten:

$$\omega_A = \frac{2\pi}{T_A}$$

$$f_A = \frac{1}{T_A}$$

Wird ein zeitkontinuierliches Sinussignal

$$x(t) = \sin \omega_0 t = \sin \frac{2\pi t}{T_0}$$

mit Periodendauer T_0 und Kreisfrequenz $\omega_0 = 2\pi/T$ mit der Abtastzeit T_A ideal abgetastet, entsteht das zeitdiskrete Sinussignal

$$x_k = \sin \left(2\pi \frac{T_A}{T_0} k \right)$$

Bei einer zu großen Abtastzeit T_A entsteht ein zeitdiskretes Sinussignal x_k mit einer anderen niedrigeren Frequenz und höheren Periodendauer. Das abgetastete Signal x_k entspricht nicht mehr dem zeitkontinuierlichen Signal $x(t)$. Dieses Fehlverhalten durch eine zu langsame Abtastung wird als *Aliasing* bezeichnet.

Shannonsche Abtasttheorem:

Aliasing wird verhindert, falls die Abtastkreisfrequenz ω_A größer als das Doppelte der maximal im Signal auftretenden Kreisfrequenz ω_G gewählt wird. Die Abtastzeit T_A muss entsprechend kleiner als die Hälfte der kleinsten Periodendauer T_G im Signal gewählt werden.

$$\omega_A > 2\omega_G \text{ bzw. } T_A < \frac{T_G}{2}$$

Bzw. sind alle in den Signalen auftretenden Frequenzen kleiner als die *Nyquistfrequenz* dann tritt kein *Aliasing* auf.

$$f_G < f_N = \frac{f_A}{2} = \frac{1}{2T_A}$$

Die Nyquistfrequenz f_N ist gleich der halben Abtastfrequenz f_A.

Durch Aliasing entsteht das folgende Fehlverhalten im Regelkreis:

- Im Regelkreis können aufgrund von Messrauschen oder hochfrequenten Vibrationen in Verbindung mit der Abtastung der Regelgröße und der Führungsgröße versteckte Schwingungen auftreten, deren Frequenzen größer als die Nyquistfrequenz $f_A/2$ sind.
- Die hochfrequenten Störungen werden durch das Aliasing in niedrigere Frequenzbereiche transformiert.
- Der Regler reagiert auf diese niederfrequenten Störungen und regt die Regelstrecke in diesem Frequenzbereich an.
- Der Regler reagiert also im falschen Frequenzbereich.

Abhilfe schafft ein *Anti-Aliasing-Filter* (Tiefpass-Filter), das Frequenzanteile in der Regelgröße mit $f > f_A/2$ vor der Abtastung unterdrückt. Damit kann der zeitdiskrete Regler nicht mehr falsch auf diese Frequenzanteile reagieren (siehe Abb. 51).

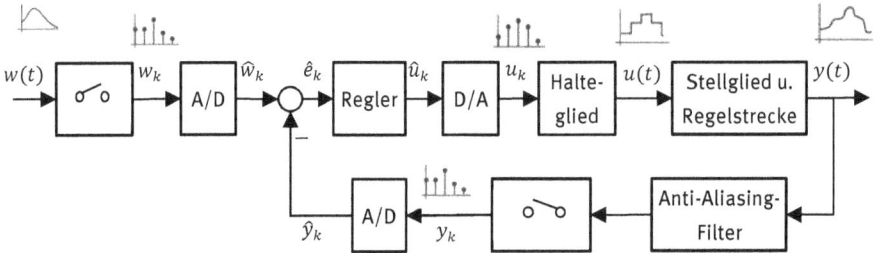

Abb. 51: Regelkreis der digitalen Regelung mit Anti-Aliasing-Filter

Bei der Wahl der Abtastzeit T_A ist folgendes zu beachten:

- Je kleiner die Abtastzeit T_A ist, desto höherfrequentere Signale können vom Regler verarbeitet werden aufgrund des Shannonschen Abtasttheorems.
- Je kleiner die Abtastzeit T_A ist, desto kleiner ist der Fehler durch die Zeitdiskretisierung des Reglers.

Aber die Abtastzeit T_A kann nicht zu klein gewählt werden:

- Je kleiner die Abtastzeit T_A ist, desto höher wird der Rechenaufwand auf dem Digitalrechner.
- Die Abtastzeit T_A darf nicht zu klein gewählt werden, da sonst die Algorithmen aufgrund der Microprozessor-Arithmetik schlecht konditioniert sein können.

Faustformel:

Eine geeignete Wahl der Abtastkreisfrequenz ω_A bei bekannter maximaler Kreisrequenz ω_G aller im Regelkreis auftretenden Signalanteile ist:

$$\omega_A \geq 20\,\omega_G \text{ bzw. } T_A \leq \frac{1}{20} T_G$$

4.5.2 Zeitdiskretisierung

Die Zeitdiskretisierung approximiert das dynamische Verhalten eines zeitkontinuierlichen Systems durch Differenzengleichungen. Ausgangspunkt ist das Zustandsraummodell (4.1), (4.2), (4.3) aus Abschnitt 4.1, das lineare oder nichtlineare, zeitkontinuierliche Systeme beschreibt. Folgende Diskretisierungsverfahren werden in diesem Kapitel behandelt:

– Vorwärtsdifferenzenverfahren (Euler-Vorwärts),

– Rückwärtsdifferenzenverfahren (impliziter Euler-Rückwärts),

– Trapezregel (Tustin-Approximation, bilineare Transformation).

Euler-Vorwärts approximiert das Differentialgleichungssystem durch ein System expliziter algebraischer Gleichungen, die direkt in jedem Zeitschritt ausgewertet werden können. *Euler-Rückwärts* und die *Trapezregel* approximieren das Differentialgleichungssystem durch ein System impliziter algebraischer Gleichungen, die i.A. numerisch gelöst werden müssen, z.B. durch Newton-Raphson-Verfahren.

Zur numerischen Lösung von nichtlinearen Umgebungsmodellen werden in der Praxis alle drei Verfahren eingesetzt. Zur Zeitdiskretisierung von Regelungsfunktionen werden dagegen nur das Rückwärtsdifferenzenverfahren oder die Trapezregel eingesetzt. Bei diesen Verfahren bleibt die Stabilität des Systems erhalten, falls das zeitkontinuierliche System asymptotisch stabil ist. Anders als bei nichtlinearen Umgebungsmodellen kann bei linearen Reglern die resultierende Differenzengleichung stets analytisch gelöst werden.

Alle drei Verfahren basieren auf zwei verschiedenen Taylor-Reihendarstellungen der Lösung $x(t)$ der Differentialgleichung. Die erste Taylor-Reihendarstellung berechnet $x_{k+1} = x((k+1)T_A)$ in Abhängigkeit von $x_k = x(kT_A)$:

$$
\begin{aligned}
x_{k+1} &= x_k + T_A \left. \frac{dx}{dt}\right|_{t=kT_A} + \frac{1}{2} T_A^2 \left. \frac{d^2 x}{dt^2}\right|_{t=kT_A} + \cdots \\
&= x_k + T_A \left. \frac{dx}{dt}\right|_{t=kT_A} + \mathcal{O}(T_A^2) \\
&= x_k + T_A \underbrace{f(x_k, u_k, kT_A)}_{f_k} + \mathcal{O}(T_A^2)
\end{aligned}
\qquad (4.30)
$$

Die zweite Taylor-Reihendarstellung berechnet $x_k = x(kT_A)$ in Abhängigkeit von $x_{k+1} = x((k+1)T_A)$:

$$
\begin{aligned}
x_k &= x_{k+1} - T_A \frac{dx}{dt}\bigg|_{t=(k+1)T_A} + \frac{1}{2}T_A^2 \frac{d^2x}{dt^2}\bigg|_{t=(k+1)T_A} \mp \cdots \\
&\approx x_{k+1} - T_A \frac{dx}{dt}\bigg|_{t=(k+1)T_A} \\
&= x_{k+1} - T_A \underbrace{f(x_{k+1}, u_{k+1}, (k+1)T_A)}_{f_{k+1}} \\
&+ \mathcal{O}(T_A^2)
\end{aligned}
\tag{4.31}
$$

4.5.2.1 Vorwärtsdifferenzenverfahren (Expliziter Euler)

Für das Vorwärtsdifferenzenverfahren wird die Taylor-Reihendarstellung (4.30) verwendet. Der Differentialquotient wird durch folgenden Differenzenquotienten approximiert:

$$
\frac{dx}{dt}\bigg|_{t=kT_A} \approx \frac{x_{k+1} - x_k}{T_A}
\tag{4.32}
$$

Einfügen von (4.32) in das kontinuierliche ZRM (4.1), (4.2), (4.3) führt auf die Differenzengleichung und Ausgangsgleichung im Zustandsraum:

$$
x_{k+1} \approx x_k + T_A f(x_k, u_k, kT_A) \quad ; \quad k = 0,1,2,\dots
$$

$$
y_k = h(x_k, u_k, kT_A) \quad ; \quad k = 0,1,2,\dots
$$

oder durch eine Zeitverschiebung auf:

$$
x_k \approx x_{k-1} + T_A f(x_{k-1}, u_{k-1}, (k-1)T_A) \quad ; \quad k = 1,2,3,\dots
\tag{4.33}
$$

$$
y_{k-1} = h(x_{k-1}, u_{k-1}, (k-1)T_A) \quad ; \quad k = 1,2,3,\dots
$$

4.5.2.2 Rückwärtsdifferenzenverfahren (Impliziter Euler)

Das Rückwärtsdifferenzenverfahren basiert auf der zweiten Taylor-Reihendarstellung (4.31). Der Differentialquotient wird durch folgenden Differenzenquotienten approximiert:

$$
\frac{dx}{dt}\bigg|_{t=(k+1)T_A} \approx \frac{x_{k+1} - x_k}{T_A}
$$

Durch Verschiebung der Zeit ergibt sich der Differentialquotient zum Zeitpunkt $t = kT_A$ zu:

$$\left.\frac{dx}{dt}\right|_{t=kT_A} \approx \frac{x_k - x_{k-1}}{T_A} \tag{4.34}$$

Einfügen von (4.34) in (4.1), (4.2), (4.3) führt auf die folgende Differenzengleichung und Ausgangsgleichung im Zustandsraum:

$$x_k \approx x_{k-1} + T_A f(x_k, u_k, kT_A) \quad ; \quad k = 1,2,3,\dots$$

$$y_k = h(x_k, u_k, kT_A) \quad ; \quad k = 1,2,3,\dots.$$

Im Fall einer nichtlinearen Funktion f stellt die erste Gleichung eine implizite, nichtlineare algebraische Gleichung für x_k dar. Diese muss i.A. numerisch gelöst werden, z.B. durch Newton-Raphson-Verfahren.

4.5.2.3 Trapezregel

Die *Trapezregel* (*Tustin-Approximation, bilineare Transformation*) ergibt sich aus der gleichzeitigen Anwendung beider Taylor-Reihendarstellungen (4.30) und (4.31). Beide Gleichungen werden voneinander subtrahiert:

$$x_{k+1} - x_k = x_k + T_A \underbrace{f(x_k, u_k, kT_A)}_{f_k} - x_{k+1}$$
$$+ T_A \underbrace{f(x_{k+1}, u_{k+1}, (k+1)T_A)}_{f_{k+1}}$$
$$+ \mathcal{O}(T_A^3)$$

$$x_{k+1} - x_k = x_k + T_A f_k - x_{k+1} + T_A f_{k+1} + \mathcal{O}(T_A^3)$$

Auflösung nach x_{k+1} ergibt:

$$x_{k+1} \approx x_k + \frac{T_A}{2}(f_k + f_{k+1}) \quad ; \quad k = 0,1,2,\dots$$

bzw. durch Zeitverschiebung:

$$x_k \approx x_{k-1} + \frac{T_A}{2}(f_{k-1} + f_k) \quad ; \quad k = 1,2,3,\dots$$

$$y_k = h(x_k, u_k, kT_A) \quad ; \quad k = 1,2,3,\dots.$$

Wie beim Rückwärtsdifferenzenverfahren ist dies i.A. eine implizite, nichtlineare algebraische Gleichung für x_k, die numerisch gelöst werden muss.

4.5.2.4 Vergleich der drei Verfahren

Die Zeitdiskretisierung im Fall einer skalaren Differentialgleichung entspricht einer numerischen Integration der rechten Seite $f = f(x, u, t)$ der Differentialgleichung. Wie in Abb. 52 dargestellt wird beim Vorwärts- und Rückwärtsdifferenzenverfahren das Integral von f (die Fläche unterhalb des Signals f im Signal-Zeit-Diagramm) durch eine Summe von Rechtecken angenähert. Bei der Trapezregel erfolgt die Approximation der Fläche durch eine Summe von Trapezen.

Vorwärtsdifferenzenverf. (Expliziter Euler)	Rückwärtsdifferenzenverf. (Impliziter Euler)	Trapezregel (Tustin-Approximation)
$x_k = x_{k-1} + T_A f_{k-1}$	$x_k = x_{k-1} + T_A f_k$	$x_k = x_{k-1} + T_A(f_{k-1} + f_k)/2$

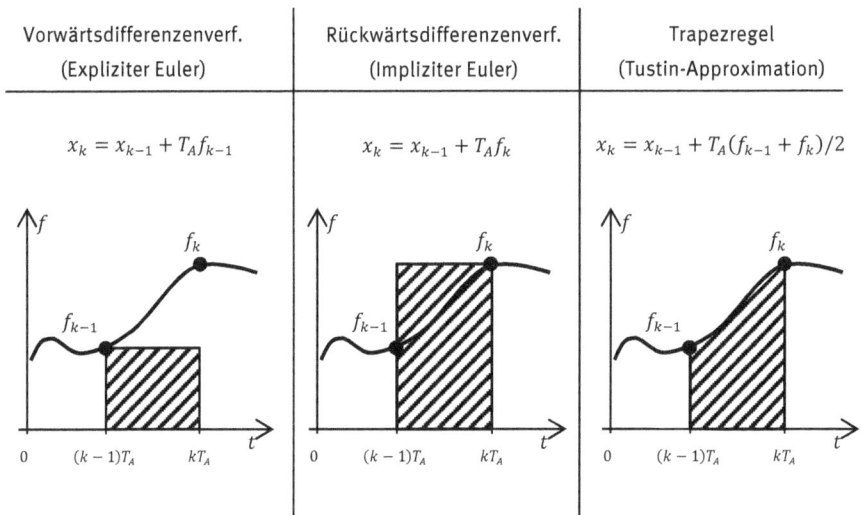

Abb. 52: Lösung einer skalaren Differentialgleichung mit Diskretisierungsverfahren

Das Vorwärtsdifferenzenverfahren wird in erster Linie in der Echtzeitsimulation von Umgebungsmodellen eingesetzt, denn das Vorwärtsdifferenzenverfahren ist charakterisiert durch:
- geringster Rechenaufwand,
- nichtlineare Differenzengleichung in Zustandsraumdarstellung ist explizit lösbar.

Allerdings bestehen folgende Einschränkungen:
- nur asymptotisch stabile Modelle werden numerisch stabil gelöst,
- grenzstabile und instabile Modelle sind numerisch instabil,

- z.B. kann die ungedämpfte Schwingungs-Differentialgleichung nicht numerisch stabil integriert werden,
- der Verfahrensfehler ist 1. Ordnung.

Wegen dieser Einschränkungen in der Stabilität wird das Vorwärtsdifferenzenverfahren nicht für Regler eingesetzt.

Dagegen wird das Rückwärtsdifferenzenverfahren vor allen Dingen zur Zeitdiskretisierung von linearen Reglern eingesetzt:
- wegen der Linearität bei Reglern kann die Differenzengleichung explizit gelöst werden,
- das Verfahren ist numerisch stabil in den meisten Fällen,
- der Verfahrensfehler ist 1. Ordnung.

Auch die Trapez-Regel wird zur Zeitdiskretisierung von linearen Reglern eingesetzt:
- wegen Linearität bei Reglern kann die Differenzengleichung explizit gelöst werden,
- das Verfahren ist numerisch stabil, falls das zeitkontinuierliche Modell asymptotisch stabil ist,
- der Verfahrensfehler ist 2. Ordnung.

Die Trapez-Regel führt jedoch zu einem höheren Rechenaufwand im Vergleich zum Rückwärtsdifferenzenverfahren wegen der zweifachen Auswertung der rechten Seite f in einem Abtastschritt.

4.5.3 Beispiel: Zeitdiskretisierung eines PT1-Glieds

Die Anwendung der drei Diskretisierungsverfahren wird am Beispiel des Zustandsraummodells (4.4) eines PT1-Glieds aus Abschnitt 4.3.3 erläutert:

$$\dot{x} = \underbrace{-\frac{1}{T}x + \frac{k_u}{T}u}_{f(x,u)} \quad ; \quad t > 0$$

$$x(0) = x_0$$

4.5.3.1 Vorwärtsdifferenzenverfahren (Expliziter Euler)

Die Anwendung des Vorwärtsdifferenzenverfahrens führt zu der linearen Differenzengleichung in expliziter Form

$$x_k = x_{k-1} + T_A f(x_{k-1}, u_{k-1}) = x_{k-1} + T_A \left(-\frac{1}{T} x_{k-1} + \frac{k_u}{T} u_{k-1} \right)$$

$$= \left(1 - \frac{T_A}{T} \right) x_{k-1} + k_u \frac{T_A}{T} u_{k-1} \; ; \; k = 1,2,3, \dots \tag{4.35}$$

bzw. der linearen, impliziten Systemdifferenzengleichung

$$x_{k+1} - \left(1 - \frac{T_A}{T} \right) x_k = k_u \frac{T_A}{T} u_k \; ; \; k = 0,1,2, \dots$$

mit Anfangsbedingung x_0.

4.5.3.2 Rückwärtsdifferenzenverfahren (Impliziter Euler)

Die Anwendung des Rückwärtsdifferenzenverfahrens führt zu der linearen, impliziten Differenzengleichung

$$x_k = x_{k-1} + T_A f(x_k, u_k) = x_{k-1} + T_A \left(-\frac{x_k}{T} + \frac{k_u}{T} u_k \right)$$

Aufgrund der Linearität kann diese explizit gelöst werden:

$$x_k = \frac{1}{1 + \frac{T_A}{T}} \left(x_{k-1} + k_u \frac{T_A}{T} u_k \right); \; k = 1,2,3, \dots \tag{4.36}$$

Oder sie kann durch Zeitverschiebung überführt werden in die lineare, implizite Systemdifferenzengleichung

$$\left(1 + \frac{T_A}{T} \right) x_{k+1} - x_k = k_u \frac{T_A}{T} u_{k+1} \; ; \; k = 0,1,2, \dots$$

mit Anfangsbedingung x_0.

4.5.3.3 Trapezregel

Die Anwendung der Trapezregel führt zu der linearen, impliziten Differenzengleichung

$$x_k = x_{k-1} + \frac{T_A}{2} [f(x_{k-1}, u_{k-1}) + f(x_k, u_k)]$$

$$= x_{k-1} + \frac{T_A}{2} \left(-\frac{x_{k-1}}{T} + \frac{k_u}{T} u_{k-1} - \frac{x_k}{T} + \frac{k_u}{T} u_k \right)$$

Wegen der Linearität kann diese explizit aufgelöst werden:

$$x_k = \frac{1}{1 + \frac{T_A}{2T}}\left[\left(1 - \frac{T_A}{2T}\right)x_{k-1} + k_u\frac{T_A}{2T}\left(u_{k-1} + u_k\right)\right] \; ; \quad k = 1,2,3,\dots \tag{4.37}$$

Oder sie kann durch Zeitverschiebung überführt werden in die lineare, implizite Systemdifferenzengleichung

$$\left(1 + \frac{T_A}{2T}\right)x_{k+1} - \left(1 - \frac{T_A}{2T}\right)x_k = k_u\frac{T_A}{2T}u_{k+1} + k_u\frac{T_A}{2T}u_k \; ; \quad k = 0,1,2,\dots$$

mit Anfangsbedingung x_0.

4.5.4 z-Transformation

Dieser Abschnitt leitet die zeitdiskrete z-Transformation aus der einseitigen Laplace-Transformation her und beschreibt Rechenregeln zur z-Transformation von linearen, zeitinvarianten Differenzengleichungen, die in den nachfolgenden Abschnitten angewendet werden.

4.5.4.1 Laplace-Transformation und z-Transformation

Das folgende äquidistant abgetastete Signal, das im diskreten Zeitbereich definiert ist, soll in den Frequenzbereich transformiert werden.

$$x(kT_A) = x_k \; ; \quad k = 0,1,2,\dots$$

Dieses zeitdiskrete Signal kann im zeitkontinuierlichen Bereich als eine Folge von Dirac-Impulsen dargestellt werden:

$$\bar{x}(t) = \sum_{k=0}^{\infty} \underbrace{x(kT_A)}_{x_k}\,\delta(t - kT_A)$$

Nun wird dieses zeitkontinuierliche Signal mit der Laplace-Transformation transformiert. Dabei wird die folgende Korrespondenz und der Verschiebungssatz der Laplace-Transformation verwendet:

$$\mathcal{L}\{\delta(t - kT_A)\} = 1 \cdot e^{-skT_A}$$

Das abgetastete Signal im Laplace-Bereich ist dann:

$$\bar{X}(s) = \sum_{k=0}^{\infty} x(kT_A)e^{-skT_A}$$

Nun wird die diskrete Frequenz z definiert. Die folgende Gleichung ist die Abbildung der komplexen Frequenz s nach z:

$$z = e^{sT_A} \tag{4.38}$$

Die inverse Abbildung ist direkt gegeben als:

$$s = \frac{1}{T_A}\ln z \tag{4.39}$$

Daraus ergibt sich die folgenden Signalfunktion in Abhängigkeit von z:

$$X(z) = \bar{X}\left(\frac{1}{T_A}\ln z\right) = \sum_{k=0}^{\infty} x(kT_A)z^{-k} = \sum_{k=0}^{\infty} x_k z^{-k} \tag{4.40}$$

Die diskrete Spektralfunktion $X(z)$ der Impulsfolge x_k wird als z-Transformierte der Impulsfolge bezeichnet und entspricht der Laplace-Transformierten des abgetasteten Signals.

Die Konvergenz der Reihe ist die Voraussetzung für die Existenz der z-Transformierten $X(z)$. Die Reihe konvergiert, falls

$$|z| > r_0$$

und die Folge $x(kT_A)$ die folgende Ungleichung erfüllt

$$|x(kT_A)| < Kr_0^k$$

Die Signale in der linearen Regelungstechnik wachsen nicht schneller als Exponentialfunktionen. Daher lassen sich immer positive Konstanten K und r_0 finden, so dass die z-Transformation existiert.

Folgende gleichwertige Darstellungsformen werden verwendet:

$$X(z) = \sum_{k=0}^{\infty} x_k z^{-k}$$

$$X(z) = \mathcal{Z}\{x_k\} = \mathcal{Z}\{x(kT_A)\}$$

$$X(z) \bullet\!\!-\!\!\circ x_k = x(kT_A)$$

Es gilt zu beachten, dass die z-Transformation stets abhängig von der Abtastzeit T_A parametriert ist. Das bedeutet, dass sich bei Änderung der Abtastzeit T_A auch $X(z)$ verändert.

4.5.4.2 Rechenregeln

Für die z-Transformation von linearen, zeitinvarianten Differenzengleichungen werden der Überlagerungssatz und die Verschiebungssätze der z-Transformation benötigt.

Die z-Transformation ist eine lineare Operation. Daher gilt der *Überlagerungssatz*:

$$Z\{a_1 x_1(kT_A) + a_2 x_2(kT_A)\} = a_1 X_1(z) + a_2 X_2(z)$$

Weiterhin gelten die *Verschiebungssätze*

$$Z\{x_{k-n}\} = Z\{x((k-n)T_A)\} = z^{-n} X(z)$$

für eine Rechtsverschiebung von x_k um n Abtastschritte und

$$Z\{x_{k+n}\} = Z\{x((k+n)T_A)\} = z^n \left[X(z) - \sum_{\nu=0}^{n-1} x(\nu T_A)\, z^{-\nu} \right]$$

für eine Linksverschiebung von x_k um n Abtastschritte.

4.5.5 Übertragungsfunktion

Die z-Transformation transformiert lineare, zeitvariante Differenzengleichungen in den Frequenzbereich, analog zur Laplace-Transformation von linearen, zeitinvarianten Differentialgleichungen. Die z-Transformation wird nun angewendet auf Systeme mit einem Eingang und einem Ausgang (SISO-Systeme). Das Ergebnis der Transformation ist eine Übertragungsfunktion, die wie bei der Laplace-Transformation das dynamische Ein-/Ausgangsverhalten des Systems beschreibt.

Die allgemeine Systemdifferenzengleichung für ein lineares, zeitinvariantes SISO-System lautet

$$a_n y_{k-n} + a_{n-1} y_{k-n+1} + \cdots + a_2 y_{k-2} + a_1 y_{k-1} + a_0 y_k$$
$$= b_m u_{k-m} + b_{m-1} u_{k-m+1} + \cdots + b_2 u_{k-2} + b_1 u_{k-1} + b_0 u_k$$

für $k = n, n + 1, n + 2, ...$ und Anfangswerten für $y_0, y_1, ..., y_{n-1}$. Dabei kann m größer, gleich oder kleiner als n sein. Das zugehörige Übertragungsglied ist stets kausal.

Die z-Transformation dieser Differenzengleichung ergibt durch Anwendung der Überlagerungs- und Verschiebungssätze:

$$(a_n z^{-n} + a_{n-1} z^{-n+1} + \cdots + a_2 z^{-2} + a_1 z^{-1} + a_0) Y(z)$$
$$= (b_m z^{-m} + b_{m-1} z^{-m+1} + \cdots + b_2 z^{-2} + b_1 z^{-1} + b_0) U(z)$$

Die *Übertragungsfunktion* ist der Quotient von $Y(z)$ und $U(z)$:

$$G(z) = \frac{Y(z)}{U(z)} = \frac{b_m z^{-m} + b_{m-1} z^{-m+1} + \cdots + b_2 z^{-2} + b_1 z^{-1} + b_0}{a_n z^{-n} + a_{n-1} z^{-n+1} + \cdots + a_2 z^{-2} + a_1 z^{-1} + a_0} = \frac{Z(z)}{N(z)}$$

Hier sind der Zähler $Z(z)$ und der Nenner $N(z)$ als Polynome in z^{-1} formuliert, also durch Rechtsverschiebungen.

Eine alternative Darstellung der Übertragungsfunktion erhält man, indem diese rationale Funktion

– mit z^m für $m \geq n$
– oder mit z^n für $n \geq m$

erweitert wird:

$$G(z) = \frac{Y(z)}{U(z)} = \frac{\beta_r z^r + \beta_{r-1} z^{r-1} + \beta_2 z^2 + \beta_1 z + \beta_0}{\alpha_p z^p + \alpha_{p-1} z^{p-1} + \cdots + \alpha_2 z^2 + \alpha_1 z + \alpha_0} = \frac{\tilde{Z}(z)}{\tilde{N}(z)}$$

Hier sind der Zähler $\tilde{Z}(z)$ und der Nenner $\tilde{N}(z)$ als Polynome in z formuliert, also durch Linksverschiebungen. Damit das Übertragungsglied kausal ist, muss für diese Form gelten: $p \geq r$.

Bei bekannter Übertragungsfunktion $G(z)$ wird das Ausgangssignal $Y(z)$ aus dem Eingangssignal $U(z)$ berechnet mit:

$$Y(z) = G(z) \cdot U(z)$$

Die z-Rücktransformation dieser Gleichung erfolgt mit Hilfe des Faltungssatzes der z-Transformation und ergibt die *Faltungssumme*:

$$\underbrace{y(kT_A)}_{y_k} = \sum_{v=0}^{k} \underbrace{g(kT_A - vT_A)}_{g_{k-v}} \cdot \underbrace{u(vT_A)}_{u_v}$$
$$= \underbrace{g(kT_A)}_{g_k} * \underbrace{u(kT_A)}_{u_k}$$

Mit dieser Faltungssumme kann das Ausgangssignal bei beliebigem Eingangssignal im Zeitbereich berechnet werden. Dabei ist die z-Rücktransformierte der Übertragungsfunktion $G(z)$ die *Gewichtsfolge* $g(kT_A)$:

$$g(kT_A) = g_k = \mathcal{Z}^{-1}\{G(z)\}$$

Die Übertragungsfunktion $G(z)$ und die Gewichtsfolge $g(kT_A)$ sind die Antworten des Übertragungsglieds auf einen *Einheitsimpuls*:

$$u(kT_A) = \delta^*(kT_A) = \begin{cases} 1 \; f\ddot{u}r \; k = 0 \\ 0 \; f\ddot{u}r \; k \neq 0 \end{cases}$$

$$U(z) = \mathcal{Z}\{\delta^*(kT_A)\} = 1$$

$$Y(z) = G(z)U(z) = G(z)$$

$$y(kT_A) = g(kT_A)$$

Hierbei gilt zu beachten, dass $\delta^*(kT_A)$ nicht der Dirac-Impuls sondern der Einheitsimpuls ist.

4.5.6 Diskretisierung der Übertragungsfunktion im Frequenzbereich

Im Folgenden werden Verfahren beschrieben, wie eine Zeitdiskretisierung eines linearen, zeitinvarianten Übertragungsglieds direkt im Frequenzbereich mit Hilfe des Vorwärtsdifferenzenverfahrens, des Rückwärtsdifferenzenverfahrens oder der Trapezregel durchgeführt werden kann.

Diese Zeitdiskretisierung im Bildbereich der Laplace-Transformation ist von großer praktischer Bedeutung, da lineare, zeitinvariante Übertragungsglieder häufig im Frequenzbereich entworfen werden und Übertragungsfunktionen einschließlich der Parameter direkt vorliegen. Durch z-Rücktransformation kann im Anschluss die zugehörige Systemdifferenzengleichung berechnet werden.

Gegeben sei die Übertragungsfunktion $\bar{G}(s)$ eines zeitkontinuierlichen Übertragungsgliedes mit:

$$Y(s) = \bar{G}(s)U(s)$$

Gesucht ist die Übertragungsfunktion $G(z)$ eines zeitdiskreten Übertragungsgliedes, welches das zeitkontinuierliche Übertragungsglied approximiert:

$$Y(z) = G(z)U(z)$$

4.5.6.1 Vorwärtsdifferenzenverfahren

Der skalare Fall des Vorwärtsdifferenzenverfahrens ist ein Spezialfall von (4.32):

$$\left.\frac{dy}{dt}\right|_{t=kT_A} \approx \frac{y_{k+1} - y_k}{T_A}$$

Die Laplace-Transformation dieser Vorschrift liefert den Ansatz zur Approximation von $\bar{G}(s)$ durch $G(z)$:

$$sY(s) \approx \frac{z-1}{T_A}Y(z)$$

$$s \approx \frac{1-z^{-1}}{T_A z^{-1}} = \frac{z-1}{T_A}$$

$$G(z) \approx \bar{G}(s)\Big|_{s=\frac{1-z^{-1}}{T_A z^{-1}}}$$

4.5.6.2 Rückwärtsdifferenzenverfahren

Entsprechend gilt wegen (4.34) für das Rückwärtsdifferenzenverfahren:

$$\left.\frac{dy}{dt}\right|_{t=(k+1)T_A} \approx \frac{y_{k+1} - y_k}{T_A}$$

$$\left.\frac{dy}{dt}\right|_{t=kT_A} \approx \frac{y_k - y_{k-1}}{T_A}$$

$$sY(s) \approx \frac{1-z^{-1}}{T_A}Y(z)$$

$$s \approx \frac{1-z^{-1}}{T_A} = \frac{z-1}{T_A z}$$

$$G(z) \approx \bar{G}(s)\big|_{s=\frac{1-z^{-1}}{T_A}}$$

4.5.6.3 Trapezregel

Gemäß (4.39) gilt exakt:

$$s = \frac{1}{T_A} \ln z$$

Der natürliche Logarithmus wird in einer Potenzreihe entwickelt:

$$s = \frac{2}{T_A}\left[\frac{z-1}{z+1} + \frac{1}{3}\left(\frac{z-1}{z+1}\right)^3 + \frac{1}{5}\left(\frac{z-1}{z+1}\right)^5 + \cdots\right]$$

Abbruch dieser Reihe nach dem ersten Glied liefert den Diskretisierungsansatz im Frequenzbereich:

$$s \approx \frac{2}{T_A}\frac{1-z^{-1}}{1+z^{-1}} = \frac{2}{T_A}\frac{z-1}{z+1}$$

$$G(z) \approx \bar{G}(s)\big|_{s=\frac{2}{T_A}\frac{1-z^{-1}}{1+z^{-1}}}$$

4.5.7 Beispiel: Übertragungsfunktionen eines PT1-Glieds

Anhand der Übertragungsfunktion eines PT1-Glieds wird die direkte Zeitdiskretisierung im Frequenzbereich verglichen mit dem Umweg über den Zeitbereich am Beispiel der drei verschiedenen Diskretisierungsverfahren.

Die Übertragungsfunktion des PT1-Glieds lautet im Bildbereich der Laplace-Transformation:

$$\bar{G}(s) = \frac{X(s)}{U(s)} = \frac{k_u}{Ts + 1}$$

Im Folgenden werden die drei verschiedenen Diskretisierungsverfahren auf $\bar{G}(s)$ angewendet und die zeitdiskrete Übertragungsfunktionen $G(z)$ berechnet. Durch z-Rücktransformation werden die zugehörigen Systemdifferenzengleichungen hergeleitet, die den Ergebnissen aus Abschnitt 4.5.2 entsprechen.

4.5.7.1 Vorwärtsdifferenzenverfahren

$$G(z) = \frac{Y(z)}{U(z)} = \frac{X(z)}{U(z)} = \bar{G}\left(\frac{z-1}{T_A}\right) = \frac{k_u}{\frac{T}{T_A}z - \frac{T}{T_A} + 1} = \frac{k_u \frac{T_A}{T} z^{-1}}{1 - \left(1 - \frac{T_A}{T}\right)z^{-1}}$$

$$-\left(1 - \frac{T_A}{T}\right)z^{-1}X(z) + X(z) = k_u \frac{T_A}{T} z^{-1}U(z)$$

$$X(z) = \left(1 - \frac{T_A}{T}\right)z^{-1}X(z) + k_u \frac{T_A}{T} z^{-1}U(z) \tag{4.41}$$

$$x_k = \left(1 - \frac{T_A}{T}\right)x_{k-1} + k_u \frac{T_A}{T} u_{k-1} \quad ; \quad k = 1,2,3,\dots \tag{4.42}$$

Mathematisch sind die Diskretisierungsverfahren im Zeitbereich und Laplace-Bereich gleichwertig. Daher entspricht die Differenzengleichung (4.42) der Differenzengleichung (4.35) aus Abschnitt 4.5.3.

4.5.7.2 Rückwärtsdifferenzenverfahren

$$G(z) = \frac{X(z)}{U(z)} = \bar{G}\left(\frac{1-z^{-1}}{T_A}\right) = \frac{k_u \frac{T_A}{T}}{1 + \frac{T_A}{T} - z^{-1}}$$

$$-z^{-1}X(z) + \left(1 + \frac{T_A}{T}\right)X(z) = k_u \frac{T_A}{T} U(z)$$

$$X(z) = \frac{1}{1 + \frac{T_A}{T}}\left[z^{-1}X(z) + k_u \frac{T_A}{T} U(z)\right] \tag{4.43}$$

$$x_k = \frac{1}{1 + \frac{T_A}{T}}\left[x_{k-1} + k_u \frac{T_A}{T} u_k\right] \quad ; \quad k = 1,2,3,\dots \tag{4.44}$$

Die Differenzengleichung (4.44) entspricht der Differenzengleichung (4.36) aus Abschnitt 4.5.3.

4.5.7.3 Trapezregel

$$G(z) = \frac{X(z)}{U(z)} = \bar{G}\left(\frac{2}{T_A}\frac{1-z^{-1}}{1+z^{-1}}\right) = \frac{k_u}{\frac{2T}{T_A}\frac{1-z^{-1}}{1+z^{-1}}+1}$$

$$= \frac{k_u\frac{T_A}{2T}(1+z^{-1})}{\left(1+\frac{T_A}{2T}\right)-\left(1-\frac{T_A}{2T}\right)z^{-1}}$$

$$-\left(1-\frac{T_A}{2T}\right)z^{-1}X(z) + \left(1+\frac{T_A}{2T}\right)X(z) = k_u\frac{T_A}{2T}[z^{-1}U(z)+U(z)]$$

$$X(z) = \frac{1}{1+\frac{T_A}{2T}}\left\{\left(1-\frac{T_A}{2T}\right)z^{-1}X(z) + k_u\frac{T_A}{2T}[z^{-1}U(z)+U(z)]\right\} \qquad (4.45)$$

$$x_k = \frac{1}{1+\frac{T_A}{2T}}\left[\left(1-\frac{T_A}{2T}\right)x_{k-1} + k_u\frac{T_A}{2T}(u_{k-1}+u_k)\right] \quad ; \quad k = 1,2,3,\dots \qquad (4.46)$$

Die resultierende Differenzengleichung (4.46) entspricht der Differenzengleichung (4.37) aus Abschnitt 4.5.3.

4.5.8 Beispiel: Zeitdiskretes PT1-Glied in Simulink

Das mit Hilfe der Trapezregel diskretisierte PT1-Übertragungsglied aus Abschnitt 4.5.7 wird nun als Beispiel in Simulink modelliert. Im Gegensatz zu den zeitkontinuierlichen Modellen aus Abschnitt 4.3 kommen keine numerischen Lösungsverfahren zum Einsatz. Das Simulink-Modell enthält jetzt ausschließlich zeitdiskrete Signale und Blöcke. Es erfolgt keine Modellierung von Differentialgleichungen sondern von Differenzengleichungen.

Eine fertiggestellte Version dieses Simulink-Modells ist unter `matlab/examples/pt1/pt1_discrete_tustin.slx` im Git-Repository `https://github.com/modbas/mad` zu finden.

Im Unterschied zum für zeitkontinuierliche Modelle benötigten `Integrator`-Block werden für zeitdiskrete Modelle `Unit-Delay`-Blöcke verwendet. Als Alternative zum `Step`-Block beim zeitkontinuierlichen Modell in Abschnitt 4.3.7 wird mit Hilfe des `Pulse-Generator`-Blocks ein periodisches Rechtecksignal als Eingangssignal erzeugt. Daher werden die in Tab. 3 aufgeführten Simulink-Blöcke zusätzlich benötigt.

Tab. 3: Zusätzliche Simulink-Blöcke für zeitdiskretes PT1-Glied

Block	Library	Symbol
Unit Delay	Discrete	Unit Delay
Pulse Generator	Sources	Pulse Generator

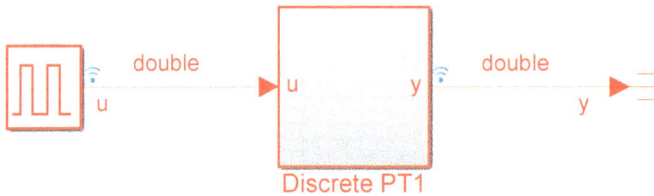

Abb. 53: Oberste Simulink-Modellebene für zeitdiskretes PT1-Glied

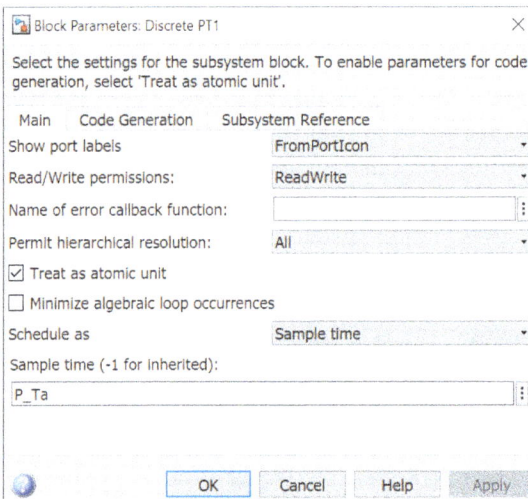

Abb. 54: Blockparameter des atomaren Subsystems Discrete PT1

Abb. 53 zeigt die oberste Modellebene. Im Gegensatz zum zeitkontinuierlichen PT1-Glied sind alle Blöcke und Signale rot eingefärbt. Rote Farbe bedeutet, dass die Blöcke und Signale zeitdiskret mit der Abtastzeit $T_A = 5\mu s$ abgetastet werden. Eine Farblegende kann durch Betätigung der Tastenkombination Ctrl+j eingeblendet werden.

Das Subsystem Discrete PT1 ist nun nicht mehr virtuell sondern atomar. Atomare Subsysteme haben im Gegensatz zu virtuellen Subsystemen eine Abtastzeit. Weiterhin sequenziert Simulink Signalflusspläne nicht über Grenzen von atomaren Subsystemen hinweg. Das bedeutet, dass die Ausgangssignale stets kausal bezüglich der Eingangssignale sind und ein atomares Subsystem durch Codegenerierung in einer C/C++-Funktion implementiert werden kann.

Das atomare Subsystem Discrete PT1 ist wie in Abb. 54 dargestellt parametriert. Dieser Block-Parameter-Editor kann durch Rechtsklick auf das Subsystem Discrete PT1 und Auswahl des Menüs Block Parameters (Subsystem) geöffnet werden. Hierbei ist zu beachten, dass Treat as atomic unit selektiert wird und im Feld Sample Time die Abtastzeit als Workspace-Variable P_Ta eingetragen wird. Diese Abtastzeit wird entsprechend der Faustformel $T_A = T_G/20 = T/20 = 100\mu s/20 = 5\mu s$ aus Abschnitt 4.5.1 im zugehörigen MATLAB-Skript pt1_data.m parametriert.

Damit auch das gesamte Simulink-Modell einschließlich des Rechtecksignal-Generators mit derselben Abtastzeit abgetastet wird, wird diese Abtastzeit zusätzlich in den Model-Settings gemäß Abb. 55 eingetragen. Weiterhin wird als Solver discrete (no continuous states) gewählt. Das bedeutet, dass dieses Modell keine zeitkontinuierlichen Signale enthält und kein numerischer Differentialgleichungslöser verwendet wird.

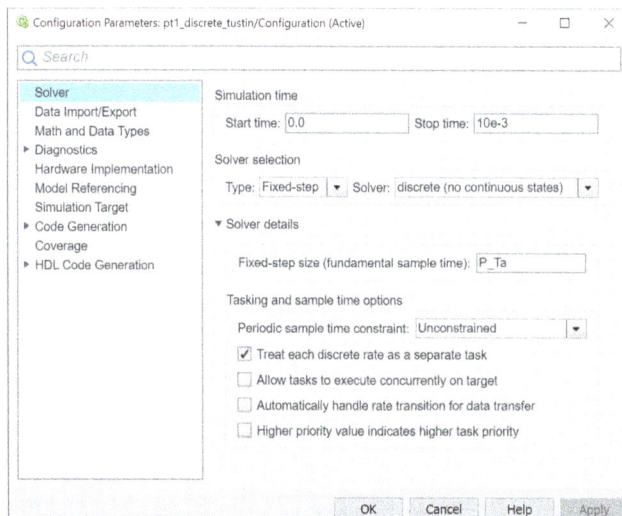

Abb. 55: Model-Settings des zeitdiskreten Simulink-Modells

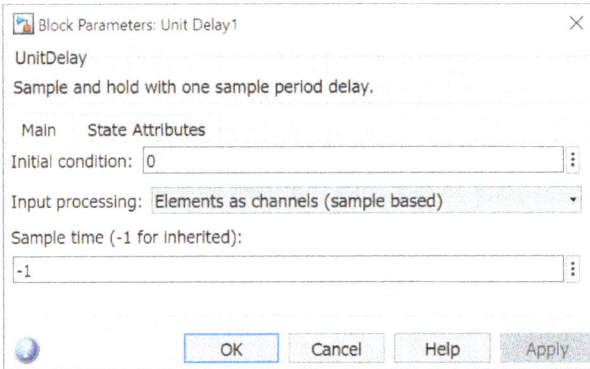

Abb. 56: Untere Simulink-Modellebene für zeitdiskretes PT1-Glied

Das Subsystem Discrete PT1 ist durch den in Abb. 56 dargestellten zeitdiskreten Signalflussplan für die rechte Seite der Differenzengleichung (4.46) modelliert. Zur Berechnung der darin enthaltenen zeitverschobenen Signale u_{k-1} und $y_{k-1} = x_{k-1}$ werden Unit-Delay-Blöcke $1/z$ verwendet. Diese speichern die jeweiligen Eingangssignale für einen Abtastschritt in einem First-In-First-Out-Speicher (FIFO) der Länge 1 und geben das Signal des vorhergehenden Abtastschritts aus. Dadurch wird eine Rechtsverschiebung des Signals um einen Abtastschritt erzielt.

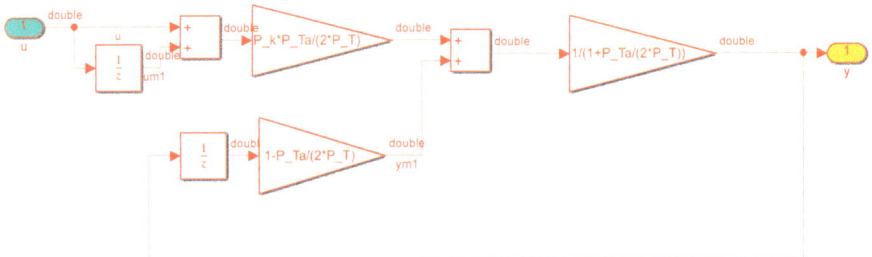

Abb. 57: Blockparameter der Unit-Delay-Blöcke

Die Abtastzeit eines Unit-Delay-Blocks kann individuell über seine Blockparameter eingestellt werden. Für die beiden Unit-Delay-Blöcken wird in diesem Beispiel die Standardeinstellung aus Abb. 57 verwendet. So ist die Abtastzeit mit -1 parametriert. Dies bedeutet, dass die Unit-Delay-Blöcke ihre Abtastzeit erben und zwar in diesem

Fall vom übergeordneten atomaren Subsystem. Diese Vererbung der Abtastzeit führt weiterhin dazu, dass alle anderen Blöcke und auch die Signale in diesem Subsystem mit derselben Abtastzeit abgetastet werden.

Der weitere wichtige Blockparameter von Unit-Delay ist Initial condition, der den Anfangswert des FIFO-Speichers vorgibt. Im vorliegenden Fall werden $y_0 = x_0 = 0$ und $u_0 = 0$ als Anfangsbedingungen der Differenzengleichung eingegeben.

4.5.9 Modellierungsrichtlinien für Simulink

Damit systematische Modellierungsfehler weniger wahrscheinlich sind und der Embedded-Coder aus zeitdiskreten Funktions- und Softwaremodellen effizienten Embedded-Code generieren kann, gelten für zeitdiskrete Simulink-Modelle zusätzliche Modellierungsrichtlinien in Ergänzung zu den bereits bekannten Richtlinien aus Abschnitt 4.3.6:

- elementare Unit-Delay-Blöcke 1/z verwenden zur Modellierung von Differenzengleichungen,
- in der Zeit verzögerte Signale mit z.B. um1 oder xm3 bezeichnen (Kurzform für u minus 1 als Synonym für u_{k-1} oder x minus 3 für x_{k-3}),
- atomare Subsysteme verwenden,
- die Abtastzeit als Block-Parameter der atomaren Subsysteme konfigurieren,
- darauf achten, dass die Abtastzeit in atomaren Subsystemen identisch ist zur Abtastzeit im Signalflussplan.

Der letzte Punkt ist von sehr großer Bedeutung. Bei Missachtung würde die Abtastfrequenz $f_A = 1/T_A$ des zeitdiskreten Modells oder des daraus erzeugten Embedded-Codes nicht der in der Herleitung der Differenzengleichungen verwendeten Abtastzeit T_A entsprechen. Das Modell und der daraus generierte Embedded-Code wären fehlerhaft mit möglichen katastrophalen oder lebensbedrohlichen Folgen für das Fahrzeugsystem, die Passagiere und das Umfeld.

5 Fahrdynamiksimulation

Fahrdynamikmodelle sind Umgebungsmodelle im Sinne der modellbasierten Softwareentwicklung entsprechend Abschnitt 2.3. Sie werden sowohl für den Reglerentwurf als auch für die Validierung und Verifikation von Funktionsmodellen, Softwaremodellen und Embedded-Software in MiL- und SiL-Tests eingesetzt.

Abschnitt 5.1 behandelt zunächst die Herleitung und Formulierung eines Longitudinaldynamikmodells für das elektrisch angetriebene MAD-Modellfahrzeug im Maßstab 1:24. Anschließend werden Fahrdynamikmodelle unterschiedlicher Detaillierung und Genauigkeit vorgestellt:

- kinematisches Einspurmodell für Hinterachsmittelpunkt in Abschnitt 5.2,
- kinematisches Einspurmodell für Vorderachsmittelpunkt in Abschnitt 5.3,
- kinematisches Einspurmodell für beliebigen Punkt auf der Fahrzeuglängsachse, beispielsweise für den Schwerpunkt, in Abschnitt 5.4,
- dynamisches Einspurmodell mit Inertial- und Reifenkräften in Abschnitt 5.5.

Im Rahmen dieses Kapitels werden die Beschreibungsformen dynamischer Modelle aus Kapitel 4 angewendet. Weiterhin werden in den Laboraufgaben am Kapitelende die Übertragungsfunktion des Longitudinaldynamik mit Hilfe der MATLAB-Control-System-Toolbox analysiert und das Fahrdynamikmodell in Simulink oder C++ mit Boost-Odeint modelliert und simuliert. So wird das Fahrdynamikmodell als Simulink-Subsystem Vehicle Dynamics gemäß Abb. 19 in Abschnitt 3.4.33.4 entwickelt. Weiterhin wird das Fahrdynamikmodell im ROS-Node carsim_node entsprechend zu Abb. 17 in C++ mit Hilfe von Boost-Odeint implementiert. Das Simulink-Subsystem Vehicle Dynamics und der ROS-Node carsim_node werden in Kapitel 6, 7 und 8 zur Validierung und Verifikation der Regelungsfunktionen in MiL- und SiL-Simulationen eingesetzt.

5.1 Longitudinaldynamikmodell

Abb. 58: Mabuchi FC-130 RA-2270 von Mini-Z-Fahrzeugen

https://doi.org/10.1515/9783110723526-005

Das Longitudinaldynamikmodell beschreibt die Dynamik der Fahrzeuggeschwindigkeit in Longitudinalrichtung einschließlich der Antriebsstrangdynamik. Das Fahrzeug wird durch den in Abb. 58 darstellten permanentmagneterregten Gleichstrommotor angetrieben.

5.1.1 Signalflussplan

Abb. 59 stellt den Signalflussplan der Longitudinaldynamik dar.

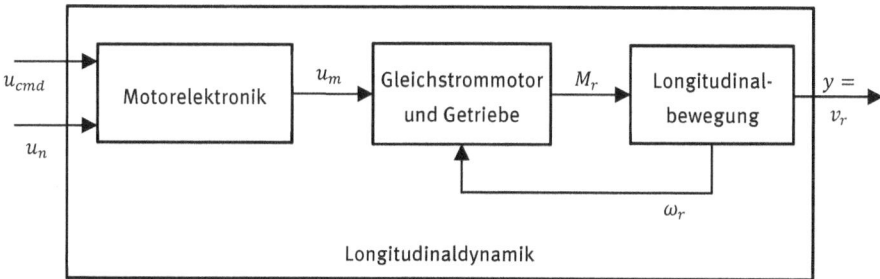

Abb. 59: Signalflussplan der Longitudinaldynamik

Die Eingangssignale des Modells sind die Stellsignale der Motorelektronik:

Symbol	Wertebereich / Einheit	Bedeutung
u_{cmd}	{ CMD_HALT, CMD_FORWARD, CMD_REVERSE, CMD_SLOW }	Befehl zur Vorgabe des Fahrmodus Anhalten, Vorwärtsfahrt, Rückwärtsfahrt für Geschwindigkeitsregelung oder langsames Fahren für Longitudinalpositionsregelung
u_n	$[-1; 1]$	Normiertes Stellsignal für Elektromotor

Je nach Fahrmodus begrenzt die Onboard-Elektronik des MAD-Fahrzeugs das Motorstellsignal u_n. Diese Begrenzung ist notwendig für einen Schutz des Gleichstrommotors und der Motorelektronik vor thermischer Überlastung. Der Fahrmodus wird als Befehl durch das Eingangssignal u_{cmd} vorgegeben. Weiterhin dient der Befehl CMD_HALT der Ausführung eines Nothaltemanövers bei Auftreten kritischer Fehlerzustände im MAD-System. Die Entscheidungslogik der Begrenzung von u_n in Abhängigkeit des Fahrmodus ist wie folgt:

$$u_n := \begin{cases} 0 & ; \ u_{cmd} = CMD\_HALT \\ 1 & ; \ u_{cmd} = CMD\_FORWARD \wedge u_n > 1 \\ 0 & ; \ u_{cmd} = CMD\_FORWARD \wedge u_n < 0 \\ 0 & ; \ u_{cmd} = CMD\_REVERSE \wedge u_n > 0 \\ -1 & ; u_{cmd} = CMD\_REVERSE \wedge u_n < -1 \\ u_n & ; \ \text{sonst} \end{cases}$$

Beispielsweise wird bei Vorwärtsfahrt das Stellsignal u_n nach unten und nach oben hin begrenzt, so dass sich der Wertebereich $u_n \in [0; 1]$ ergibt. Bei Rückwärtsfahrt gilt $u_n \in [-1; 0]$.

Das Ausgangssignal des Modells ist die Geschwindigkeit in Longitudinalrichtung:

Symbol	Wertebereich / Einheit	Bedeutung
v_r	$[-5; 5] m/s$	Fahrzeuggeschwindigkeit in Longitudinalrichtung

Zur Unterstützung der Modellherleitung wird das Gesamtsystem für die Longitudinaldynamik in folgende Teilsysteme zerlegt:

- Motorelektronik,
- Gleichstrommotor und Getriebe,
- Longitudinalbewegung des Fahrzeugs.

Die einzelnen Teilsysteme sind über folgende Signale miteinander gekoppelt:

Symbol	Wertebereich / Einheit	Bedeutung
u_m	V	Klemmenspannung des Gleichstrommotors
M_r	Nm	Antriebsmoment auf Hinterachse
ω_r	$\dfrac{rad}{s}$	Winkelgeschwindigkeit der Hinterachse

Die Hilfsvariablen M_r and ω_r werden während der Modellierung benötigt. Im fertiggestellten Modell treten diese Variablen dann nicht mehr auf.

5.1.2 Ersatzschaltbilder

Für die Modellherleitung werden die folgenden Ersatzschaltbilder benötigt:

- elektrisches Ersatzschaltbild des Gleichstrommotors in Abb. 60,
- mechanisches Ersatzschaltbild des Antriebsstrangs in Abb. 61,

– mechanisches Ersatzschaltbild für Longitudinaldynamik in Abb. 62.

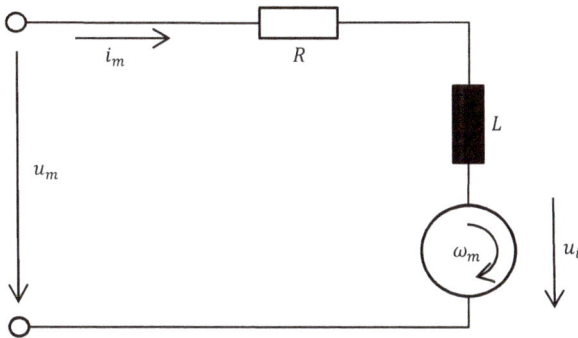

Abb. 60: Elektrisches Ersatzschaltbild des Gleichstrommotors

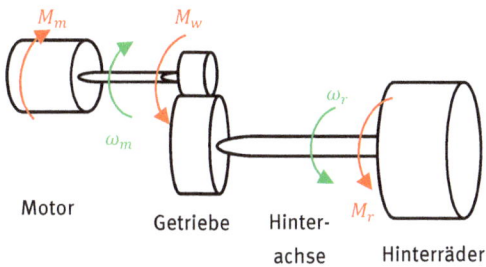

Abb. 61: Mechanisches Ersatzschaltbild des Antriebsstrangs

Die folgenden Modellannahmen führen zu einem linearen Longitudinaldynamikmodell, das ausreichend genau für den Entwurf und die Tests der Regelungsfunktionen ist:

– Das Fahrzeug hat einen Hinterachsantrieb.
– Die Vorderräder rotieren ohne Reibung.
– Die Getriebereibung M_w wird vernachlässigt.
– Die gesamte Fahrwiderstandskraft $F_w = F_{wr} + \rho c_w A \bar{v}_r v_r$ setzt sich zusammen aus

      – Rollreibungskraft und Kurvenwiderstand F_{wr},
      – Luftwiderstandskraft, die um einen stationären Arbeitspunkt $\bar{v}_r = const$ linearisiert wird: $0{,}5 \cdot \rho c_w A\, v_r^2 \operatorname{sign} v_r \approx \rho c_w A \bar{v}_r v_r$.

- Alle Körper und Wellen sind starr.
- Das Antriebsmoment auf der Hinterachse wird gleichmäßig auf die beiden Hinterräder verteilt.
- Der Antriebsschlupf der Räder wird vernachlässigt, so dass das Drehmoment M_r direkt in die Vortriebskraft F_r gewandelt wird.
- Der elektrische Antriebsmotor ist ein permanentmagneterregter Gleichstrommotor mit Bürstenkommutierung.
- Die Induktivität des Motors wird vernachlässig.
- Die Motorelektronik ist ein verlustfreier, linearer Abwärtswandler.
- Die Batterie ist eine Konstantspannungsquelle mit der Batteriespannung u_{max}.
- Die Klemmenspannung des Motors wird limitiert durch die negative und positive Batteriespannung $-u_{max}$ und u_{max}.
- Eingangsseitig weist das System inklusive Motorelektronik und Funkübertragung eine Totzeit T_t auf.

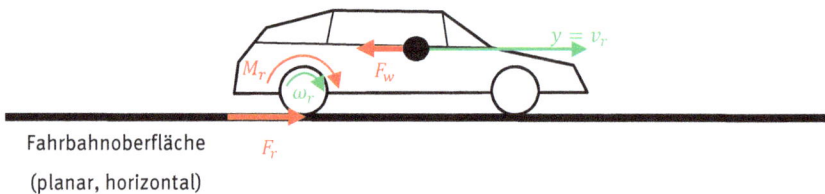

Abb. 62: Mechanisches Ersatzschaltbild für Longitudinaldynamik

5.1.3 Zustandsraummodell

Die Modellparameter des Gleichstrommotors sind gegeben als:

Symbol	Wertebereich /Einheit	Bedeutung
R	$\dfrac{V}{A}$	Ohmscher Anschlusswiderstand
L	$\dfrac{Vs}{A}$	Induktivität
c_n	$\dfrac{1}{min \cdot V}$	Drehzahlkonstante
c_m	$\dfrac{Nm}{A}$	Drehmomentenkonstante

Symbol	Wertebereich /Einheit	Bedeutung
u_g	−	Gesamtübersetzung von Motorachse zur Hinterachse
u_{max}	V	Batteriespannung, maximale Klemmenspannung des Motors
T_t	s	Gesamttotzeit der Motorelektronik und Funkübertragung

Weiterhin werden folgende Modellparameter des Fahrzeugs benötigt:

Symbol	Wertebereich / Einheit	Bedeutung
m_{tot}	kg	Virtuelle Gesamtmasse einschließlich translatorischer und rotatorischer Massen
r	m	Radius der Hinterräder

In Aufgabe 5.1 wird das lineare Dynamikmodell auf Basis der gegebenen Modellannahmen und Parameter hergeleitet und in MATLAB analysiert. Das Ergebnis der Aufgabe 5.1 ist das folgende Zustandsraummodell für die Longitudinalgeschwindigkeit v_r:

$$\dot{v}_r(t) = -\frac{1}{T}v_r(t) - \frac{k_d}{T}F_{wr}(t) + \frac{k_u}{T}u_n(t - T_t) \quad ; \quad t > 0 \tag{5.1}$$

$$v_r(0) = 0\,\frac{m}{s}$$

Die Differentialgleichung (5.1) beschreibt eine PT1-Dynamik mit Totzeit, eine sogenannte PT1Tt-Dynamik, mit dem Verstärkungsfaktor $k_u = 2{,}51m/s$, der Zeitkonstante $T = 316ms$ und der Totzeit $T_t = 100ms$. Das Eingangssignal $u_n = u_m/u_{max} \in [-1; 1]$ ist das normierte Stellsignal des Gleichstrommotors.

5.2 Kinematisches Einspurmodell für Hinterachsmittelpunkt

In diesem Abschnitt wird ein kinematisches Einspurmodell für die Fahrdynamik vorgestellt, das für den Entwurf der Bahnfolgeregelung in Kapitel 9 verwendet wird. Dieses Modell basiert ausschließlich auf kinematischen Ansätzen und nicht auf der Kinetik der Fahrdynamik. Das Modell weist folgende Eigenschaften auf:
- kinematische Bewegungsgleichungen für Mittelpunkt der Hinterachse,
- Vorderachslenkung des Fahrzeugs,
- veränderliche Fahrzeuggeschwindigkeit,
- ein starrer Körper für das Gesamtfahrzeug,

- keine Berücksichtigung der Radaufhängungen,
- vernachlässigte Nick- und Wankdynamik,
- kein Schlupf der Räder,
- nichtlineares Modell,
- nicht-holonomes Modell.

Wegen der Betrachtung des Gesamtfahrzeugs als ein starrer Körper und der Vernachlässigung der Nick- und Wankdynamik können die Hinterräder und Vorderräder jeweils zu einem einzelnen virtuellen Rad auf der Fahrzeuglängsachse zusammengefasst werden. Daher handelt es sich um ein Einspurmodell. Im Laborversuch MAD wird dieses Modell verwendet für:
- lokale Planung von Sollbahnkurven,
- Entwurf der Bahnfolgeregelung,
- nichtlineare Vorsteuerung in Bahnfolgeregelung.

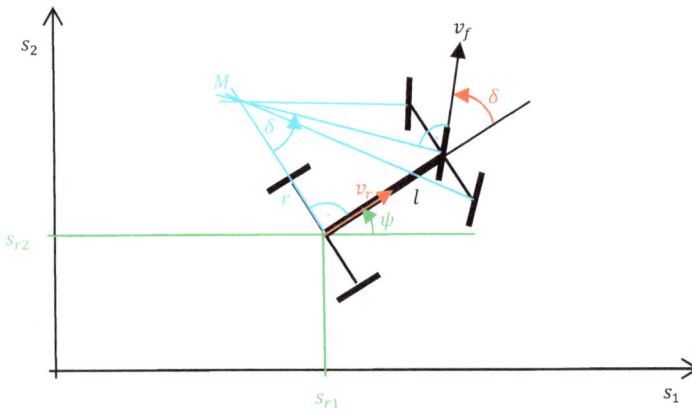

Abb. 63: Kinematik des Reeds-Shepp-Car für Hinterachsmittelpunkt

Dieses Modell ist in der Literatur als Reeds-Shepp-Car [23] bekannt und wir zur Planung von Sollbahnkurven verwendet, wobei das Fahrzeug bei konstanten Geschwindigkeiten vorwärts und rückwärts fährt. Dubins-Car [24] ist ein Spezialfall von Reeds-Shepp-Car, wobei das Fahrzeug nur vorwärts fährt. Abb. 63 zeigt die Kinematik des Fahrzeugs einschließlich der rotatorischen Bewegung in der horizontalen Ebene um den veränderlichen Momentanpol M. Die Eingangssignale des Modells sind rot und die Zustandssignale grün dargestellt.

5.2.1 Zustandsraummodell

Aus kinematischen Beziehungen des Fahrzeugs in Abb. 63 ergibt sich das Zustandsraummodell des Reeds-Shepp-Car:

$$
\underbrace{\frac{d}{dt}\begin{pmatrix} s_{r1} \\ s_{r2} \\ \psi \end{pmatrix}}_{\dot{x}} = \underbrace{\begin{pmatrix} v_r \cos \psi \\ v_r \sin \psi \\ \dfrac{v_r}{l} \tan \delta \end{pmatrix}}_{f(x,u)} \quad ; t > 0
\tag{5.2}
$$

$$
x(0) = (s_{r10} \; s_{r20} \; \psi_0)^T
$$

$$
y(t) = x(t) \quad ; \quad t \geq 0
$$

Die Eingangssignale dieses Modells sind:

Symbol	Wertebereich / Einheit	Bedeutung
$u_1 = v_r$	m/s	Geschwindigkeit des Mittelpunkts der Hinterachse
$u_2 = \delta$	rad	Lenkwinkel der Vorderachse (Ackermannwinkel)

Alle Zustandssignale sind gleichzeitig auch Ausgangssignale:

Symbol	Wertebereich / Einheit	Anfangswert	Bedeutung
$y_1 = x_1$ $= s_{r1}$	m	s_{r10}	erste kartesische Koordinate des Hinterachsmittelpunkts
$y_2 = x_2$ $= s_{r2}$	m	s_{r20}	zweite kartesische Koordinate des Hinterachsmittelpunkts
$y_3 = x_3$ $= \psi$	rad	ψ_0	Gierwinkel des Fahrzeugs

Das Modell enthält genau einen Parameter:

Symbol	Wertebereich / Einheit	Wert	Bedeutung
l	m	0,099	Radstand (Abstand der Vorderachse zur Hinterachse)

5.2.2 Signalflussplan

Der Signalflussplan in Abb. 64 stellt das nichtlineare Übertragungsglied des Reeds-Shepp-Car und dessen vektoriellen Eingangs- und Ausgangssignale dar.

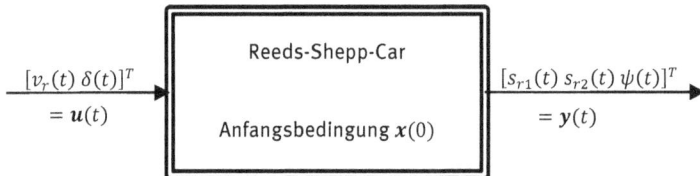

Abb. 64: Nichtlineares Übertragungsglied des Reeds-Shepp-Car

5.2.3 Modellherleitung

Die Modellherleitung basiert auf kinematischen Beziehungen der Geschwindigkeiten der Hinter- und der Vorderachse. Da das Fahrzeug als starrer Körper betrachtet wird, schneiden sich die Lotgeraden aller Geschwindigkeitsvektoren dieses starren Körpers im Momentanpol der Bewegung M. In Abb. 63 sind diese Lotgeraden und der Momentanpol M in blauer Farbe dargestellt.

Im Besonderen gilt dieser Ansatz für die Geschwindigkeitsvektoren der Hinterachs- und Vorderachsmittelpunkte. Da sich die Räder ohne Schlupf bewegen, entspricht der Richtungswinkel des Vektors der Hinterachsgeschwindigkeit v_r dem Gierwinkel ψ. Der Richtungswinkel der Geschwindigkeit v_f des Vorderachsmittelpunkts ist gleich der Summe aus Gierwinkel ψ und dem sogenannten *Ackermannwinkel* δ [25]. Die Lenkwinkel der linken und rechten Vorderräder ergeben sich aus der Ackermannbedingung, bei welcher der Lenkwinkel des kurveninneren Rads betragsmäßig größer ist als der des kurvenäußeren Rads.

Aus einer trigonometrischen Betrachtung des rechtwinkligen Dreiecks am Momentanpol M ergibt sich die Beziehung für den Ackermannwinkel δ

$$\tan \delta = \frac{l}{r} \tag{5.3}$$

mit dem Radstand l und dem Radius r der momentanen kreisförmigen Bewegung des Hinterachsmittelpunkts um M.

Weiterhin gilt wegen der Punktkinematik der kreisförmigen Bewegung folgender Zusammenhang zwischen der translatorischen Geschwindigkeit v_r und der rotatorischen Winkelgeschwindigkeit $\dot{\psi}$:

$$\dot{\psi} = \frac{v_r}{r} \tag{5.4}$$

Gleichung (5.3) wird nach der *Kurvenkrümmung* κ aufgelöst, die gleich der Inversen des Kreisradius r ist:

$$\kappa = \frac{1}{r} = \frac{1}{l}\tan\delta \tag{5.5}$$

Dabei ist zu beachten, dass bei Geradeausfahrt die Krümmung κ gleich null ist und der Radius r gegen plus oder minus unendlich strebt.

Durch Einfügen von (5.5) in (5.4) ergibt sich die dritte Dgl. des Zustandsraummodells (5.2):

$$\dot{\psi} = \frac{v_r}{l}\tan\delta \tag{5.6}$$

Die erste und die zweite Dgl. in (5.2) können aus einer vektoriellen Zerlegung von v_r bestimmt werden:

$$\dot{s}_{r1} = v_r\cos\psi$$

$$\dot{s}_{r2} = v_r\sin\psi$$

Als wichtige Erkenntnis ist das resultierende Zustandsraummodell (5.2)
- von rein kinematischer Natur,
- enthält daher keine kinetischen Beziehungen
- und enthält als einzigen Modellparameter den Radstand l des Fahrzeugs.

Des Weiteren handelt es sich bei (5.2) um ein nicht-holonomes System, da es eine nicht-holonome Zwangsbedingung enthält:

$$|v_r| = \sqrt{\dot{s}_{r1}^2 + \dot{s}_{r2}^2}$$

5.3 Kinematisches Einspurmodell für Vorderachsmittelpunkt

Im Modell des Reeds-Shepp-Car aus Abschnitt 5.2 sind die beiden Zustandssignale x_1 und x_2 die beiden kartesischen Koordinaten des Hinterachsmittelpunkts. Das folgende Zustandsraummodell beschreibt ebenfalls die Kinematik des Reeds-Shepp-Car, definiert nun aber gemäß Abb. 65 x_1 und x_2 als kartesische Koordinaten des Vorderachsmittelpunkts, dessen Geschwindigkeit $u_1 = v_f$ nun als Eingangssignal gestellt wird. Das zweite Eingangssignal u_2 ist nach wie vor der Lenkwinkel δ. Das dritte Zustandssignal x_3 ist unverändert der Gierwinkel ψ.

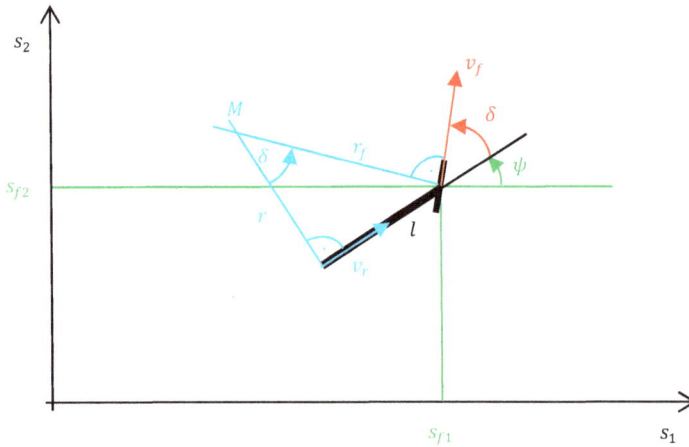

Abb. 65: Kinematik des Reeds-Shepp-Car für Vorderachsmittelpunkt

5.3.1 Zustandsraummodell

Das Zustandsraummodell für den Vorderachsmittelpunkt beschreibt wie das Zustandsraummodell (5.2) für den Hinterachsmittelpunkt die Kinematik des Reeds-Shepp-Car:

$$\underbrace{\frac{d}{dt}\begin{pmatrix} s_{f1} \\ s_{f2} \\ \psi \end{pmatrix}}_{\dot{x}} = \underbrace{\begin{pmatrix} v_f \cos(\psi + \delta) \\ v_f \sin(\psi + \delta) \\ \dfrac{v_f}{l} \sin\delta \end{pmatrix}}_{f(x,u)} \quad ; \ t > 0 \tag{5.7}$$

$$x(0) = \left(s_{f10} \; s_{f20} \; \psi_0\right)^T$$

5.3.2 Modellherleitung

Diese Variante des Einspurmodells betrachtet die Kinematik des Vorderachsmittel-punkts. Die dritte Differentialgleichung ergibt sich aus einer vektoriellen Zerlegung der Vorderachsgeschwindigkeit $u_1 = v_f$:

$$v_r = v_f \cos \delta = u_1 \cos u_2 \tag{5.8}$$

Hierbei ist v_r die Hinterachsgeschwindigkeit aus (5.2). Einsetzen von (5.8) in (5.2) ergibt (5.7).

Bei konstantem Lenkwinkel u_2 bewegt sich das Vorderrad auf einem stationären Kreis mit konstantem Radius r_f:

$$r_f = \sqrt{r_r^2 + l^2} = \sqrt{\frac{l^2}{\tan^2 u_2} + l^2} = \frac{l}{\tan u_2}\sqrt{1 + \tan^2 u_2} = \frac{l}{\tan u_2 \cos u_2}$$
$$= \frac{l}{\sin u_2}$$

5.4 Kinematisches Einspurmodell für Longitudinalachsenpunkt

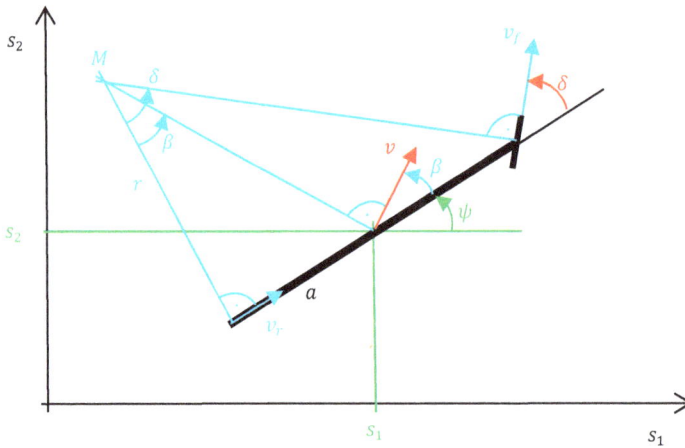

Abb. 66: Kinematik des Reeds-Shepp-Car für Longitudinalachsenpunkt

In der folgenden Variante des Einspurmodells wird die Kinematik eines beliebigen Punktes auf der Longitudinalachse des Reeds-Shepp-Car betrachtet mit den kartesischen Koordinaten $x_1 = s_1$ und $x_2 = s_2$ gemäß Abb. 66. Die beiden Eingangssignale sind die Geschwindigkeit dieses Punktes $u_1 = v$ und der Lenkwinkel $u_2 = \delta$. Das dritte Zustandssignal x_3 ist nach wie vor der Gierwinkel ψ.

5.4.1 Zustandsraummodell

$$\underbrace{\frac{d}{dt}\begin{pmatrix} s_1 \\ s_2 \\ \psi \end{pmatrix}}_{\dot{x}} = \underbrace{\begin{pmatrix} v \cos\left[\psi + \operatorname{atan}\left(\frac{a}{l}\tan\delta\right)\right] \\ v \sin\left[\psi + \operatorname{atan}\left(\frac{a}{l}\tan\delta\right)\right] \\ \dfrac{v}{l}\dfrac{\tan\delta}{\sqrt{1 + \dfrac{a^2}{l^2}\tan^2\delta}} \end{pmatrix}}_{f(x,u)} \quad ; \ t > 0 \tag{5.9}$$

$$x(0) = (s_{10}\ s_{20}\ \psi_0)^T$$

$$y(t) = \begin{pmatrix} s_1 - a\cos\psi \\ s_2 - a\sin\psi \\ \psi \end{pmatrix} \quad ; \quad t \geq 0$$

Der Abstand des Punktes $(s_1, s_2)^T$ zur Hinterachse wird mit dem konstanten Parameter a beschrieben. Die bereits bekannten Zustandsraummodelle (5.2) und (5.7) sind Spezialfälle des neuen Zustandsraummodells (5.9) mit $a = 0$ bzw. $a = l$. Häufig wird der Schwerpunkt (Center-of-Gravity, COG) als Punkt $(s_1, s_2)^T$ betrachtet. In diesem Fall gilt $a = l_r$, wobei l_r der Abstand des Schwerpunkts vom Hinterachsmittelpunkt ist. Darüber hinaus kann der Punkt $(s_1, s_2)^T$ auch ein virtueller Punkt vor dem Fahrzeug sein, der bei einigen Typen von Bahnfolgereglern als Regelgröße verwendet wird.

5.4.2 Modellherleitung

Die dritte Differentialgleichung in (5.9) wird aus der Definition des *Schwimmwinkels* β [25] an diesem Punkt $(s_1, s_2)^T$ hergeleitet:

$$\tan\beta = \frac{a}{r} = \frac{a}{v_r}\dot\psi = \frac{a}{l}\tan\delta = \frac{a}{l}\tan u_2 \tag{5.10}$$

Hierbei ist r der Radius des Kreises, auf dem sich der Hinterachsmittelpunkt momentan um den Momentanpol M dreht.

Die vektorielle Zerlegung von $u_1 = v$ definiert die Hinterachsgeschwindigkeit v_r in Abhängigkeit der Punktgeschwindigkeit v:

$$v_r = v\cos\beta = \frac{v}{\sqrt{1 + \tan^2\beta}} = \frac{v}{\sqrt{1 + \frac{a^2}{l^2}\tan^2 u_2}} \tag{5.11}$$

Einfügen von (5.11) in (5.2) ergibt (5.9).

5.4.3 Erweiterung des Kinematikmodells um die Longitudinaldynamik

Im Folgenden wird das Kinematikmodell um das Longitudinaldynamikmodell aus Aufgabe 5.1 bzw. Abschnitt 5.1 erweitert. Mit dem resultierten Modell kann die vollständige Fahrdynamik näherungsweise bei langsamer Fahrt simuliert werden. Die Longitudinalgeschwindigkeit v_r wird durch die Dgl. (5.1) aus Aufgabe 5.1 bzw. Abschnitt 5.1 beschrieben.

Das MAD-Fahrzeug hat den normalisierten Lenkwinkel $\delta_n \in [-1; 1]$ als zweites Stellsignal neben des normierten Motorstellsignals u_n aus Dgl. (5.1). Der Lenkwinkel

δ wird aus diesem Stellsignal δ_n durch Multiplikation mit dem maximalen Lenkwinkel δ_{max} berechnet. Weiterhin wird die Totzeit T_t berücksichtigt, die den Lenkverzug und die Latenz in der BLE-Kommunikation des Lenkwinkels beschreibt:

$$\delta(t) = \delta_{max} \cdot \delta_n(t - T_t) \tag{5.12}$$

Als weiterer Zustand des Zustandsraummodells wird die gefahrene Bogenlänge x des Hinterachsmittelpunkts als Integral der Longitudinalgeschwindigkeit $v_r = v \cos\beta$ definiert:

$$\dot{x} = v \cos\beta = v_r \quad ; \quad t > 0 \tag{5.13}$$

Neben der Fahrzeugposition s_1 und s_2 werden der Gierwinkel ψ, die Fahrzeuggeschwindigkeit v und die gefahrene Bogenlänge x als Regelgrößen für die Regelungsfunktionen in Kapitel 6 bis 9 verwendet. Der Schwimmwinkel β wird mit Hilfe von (5.10) berechnet:

$$\beta = \text{atan}\left[\frac{a}{l}\tan\big(\delta_{max}\delta_n(t - T_t)\big)\right] \tag{5.14}$$

Eine Erweiterung des Kinematikmodells (5.9) um die Gleichungen (5.1) und (5.14) ergibt das vollständige Zustandsraummodell 5. Ordnung für die Fahrdynamik:

$$\frac{d}{dt}\underbrace{\begin{pmatrix} v_r \\ s_1 \\ s_2 \\ \psi \\ x \end{pmatrix}}_{\dot{x}} = \underbrace{\begin{pmatrix} -\dfrac{1}{T}v_r(t) + \dfrac{k_u}{T}u_n(t - T_t) \\ \dfrac{v_r}{\cos\beta}\cos(\psi + \beta) \\ \dfrac{v_r}{\cos\beta}\sin(\psi + \beta) \\ \dfrac{v_r}{l}\tan\big(\delta_{max}\delta_n(t - T_t)\big) \\ v_r \end{pmatrix}}_{f(x,u)} \quad ; \quad t > 0 \tag{5.15}$$

$$\beta = \text{atan}\left[\frac{a}{l}\tan\big(\delta_{max}\delta_n(t - T_t)\big)\right]$$

$$\boldsymbol{x}(0) = (v_0 \; s_{10} \; s_{20} \; \psi_0 \; x_0)^T$$

$$
\mathbf{y}(t) = \begin{pmatrix} s_1 - a\cos\psi \\ s_2 - a\sin\psi \\ \psi \\ \beta \\ v_r \\ x \end{pmatrix} \quad ; \ t \geq 0
$$

Die zweite und dritte Differentialgleichung des Zustandsraummodells können auch wie folgt mit Hilfe der Additionstheoreme aus der Trigonometrie ausgedrückt werden:

$$
\dot{s}_1 = \frac{v_r}{\cos\beta}\cos(\psi + \beta) = \frac{v_r}{\cos\beta}(\cos\psi\cos\beta - \sin\psi\sin\beta) = v_r\cos\psi - v_r\sin\psi\tan\beta
$$
$$
= \underbrace{v_r\cos\psi}_{v_{c1}} - \underbrace{v_r\frac{a}{l}\tan(\delta_{max}\delta_n(t - T_t))\sin\psi}_{v_{c2}}
$$

$$
\dot{s}_2 = \frac{v_r}{\cos\beta}\sin(\psi + \beta) = \frac{v_r}{\cos\beta}(\sin\psi\cos\beta + \cos\psi\sin\beta) = v_r\sin\psi + v_r\cos\psi\tan\beta
$$
$$
= \underbrace{v_r\sin\psi}_{v_{c1}} + \underbrace{v_r\frac{a}{l}\tan(\delta_{max}\delta_n(t - T_t))\cos\psi}_{v_{c2}}
$$

Die ersten beiden Gleichungen der vektoriellen Ausgangsgleichung für $\mathbf{y}(t)$ bestimmen die kartesische Position des Hinterachsmittelpunkts durch Verwendung geometrischer Beziehungen.

Die Modellparameter des MAD-Fahrzeugs sind:

Symbol	C++-Symbol	Simulink-Symbol	Wertebereich/Einheit	Wert	Bedeutung
δ_{max}	delta Max	P_p_delta _max	rad	$\dfrac{21{,}58°}{180°}\pi$	maximaler Lenkwinkel
l	l	P_p_l	m	0,099	Radstand
$a = l_r$	lr	P_p_lr	m	0,050	Abstand des Schwerpunkts zur Hinterachse
k_u	k	P_p_k	$\dfrac{m}{s}$	2,51	Verstärkungsfaktor der Longitudinaldynamik
T	T	P_p_T	ms	316	Zeitkonstante der Longitudinaldynamik
T_t	Tt	P_p_Tt	ms	100	Totzeit der Longitudinaldynamik und der Lenkung

Die Eingangssignale sind:

Symbol	C++-Symbol	Simulink-Symbol	Wertebereich/Einheit	Bedeutung
u_{cmd}	cmd	cmd	{ CMD_HALT, CMD_FORWARD, CMD_REVERSE, CMD_SLOW }	Befehl zur Vorgabe des Fahrmodus Anhalten, Vorwärtsfahrt, Rückwärtsfahrt für Geschwindigkeitsregelung oder langsames Fahren für Longitudinalpositionsregelung
u_n	pedals	pedals	$u_n \in [-1; 1]$	normiertes Stellsignal für Gleichstrommotor zur Fahrzeugbeschleunigung und -verzögerung
δ_n	steering	steering	$\delta_n \in [-1; 1]$	normierter Lenkwinkel

Die Stellsignale u_{cmd} und u_n sind die Stellsignale für die Longitudinaldynamik aus Abschnitt 5.1. In MAD werden die Eingangssignale über die ROS-Message madmsgs::CarInputs auf ROS-Topic /mad/carinputs (siehe Abb. 17) mit einer Abtastzeit von $20ms$ gestellt. In Simulink beschreibt das Bussignal carinputs den Eingangssignalvektor, das dieselben Elemente enthält (siehe Abb. 19).

Die fünf Zustandsvariablen des dynamischen Zustandsraummodells 5. Ordnung sind:

Symbol	C++-Symbol	Simulink-Symbol	Wertebereich/Einheit	Bedeutung
$x_1 = v_r$	x.at(0)	x(1)	m/s	Geschwindigkeit des Hinterachsmittelpunkts
$x_2 = s_1$	x.at(1)	x(2)	m	erste kartesische Koordinate des Schwerpunkts
$x_3 = s_2$	x.at(2)	x(3)	m	zweite kartesische Koordinate des Schwerpunkts
$x_4 = \psi$	x.at(3)	x(4)	rad	Gierwinkel
$x_5 = x$	x.at(4)	x(5)	m	gefahrene Bogenlänge des Hinterachsmittelpunkts

Die Ausgangssignale werden als ROS-Messages des Typs madmsgs::CarOutputs auf ROS-Topic /mad/caroutputs mit einer Abtastzeit von $20ms$ übertragen oder als entsprechendes Simulink-Bussignal caroutputs:

Symbol	C++-Symbol	Simulink-Symbol	Wertebereich/Einheit	Bedeutung
$y_1 = s_1 - a\cos\psi$	s.at(0)	s(1)	m	erste kartesische Koordinate des Hinterachsmittelpunkts
$y_1 = s_2 - a\sin\psi$	s.at(1)	s(2)	m	zweite kartesische Koordinate des Hinterachsmittelpunkts

Symbol	C++-Symbol	Simulink-Symbol	Wertebereich/Einheit	Bedeutung
$y_3 = \psi$	psi	psi	rad	Gierwinkel

Fürs Debugging und für MiL-/SiL-Tests wird weiterhin ROS-Message mad-msgs::CarOutputsExt auf ROS-Topic /mad/car0/sim/caroutputsext oder auf dem entsprechenden Simulink-Bussignal caroutputsext mit einer Abtastzeit von $2ms$ gesendet. Die Elemente dieser Message und des Bussignals sind:

Symbol	C++-Symbol	Simulink-Symbol	Wertebereich/Einheit	Bedeutung
$y_1 = s_1 - a\cos\psi$	s.at(0)	s(1)	m	erste kartesische Koordinate des Hinterachsmittelpunkts
$y_1 = s_2 - a\sin\psi$	s.at(1)	s(2)	m	zweite kartesische Koordinate des Hinterachsmittelpunkts
$y_3 = \psi$	psi	psi	rad	Gierwinkel
$y_4 = \beta$	beta	beta	rad	Schwimmwinkel
$y_5 = v_r$	v	v	m/s	Geschwindigkeit des Hinterachsmittelpunkts
$y_6 = x$	x	x	m	gefahrene Bogenlänge des Hinterachsmittelpunkts

5.5 Dynamisches Einspurmodell mit Reifenkräften

Im Unterschied zu den obigen, rein kinematischen Einspurmodellen wird nun ein dynamisches Einspurmodell hergeleitet, das die rotatorische Massenträgheit des Fahrzeugs und dessen Reifenkräfte berücksichtigt. Dieses Einspurmodell ist mit dem bekannten Einspurmodell von Riekert und Schunk [26] verwandt. Das Einspurmodell von Riekert und Schunk weist folgende Eigenschaften auf:
— das Fahrzeug ist ein starrer Körper, dessen Schwerpunkt (Center-of-Gravity, COG) sich auf der Fahrzeuglängsachse befindet,
— das Fahrzeug fährt auf einer horizontalen Ebene,
— Vertikal-, Roll- und Nickbewegungen werden vernachlässigt,
— die Räder einer Achse werden zu jeweils einem Rad zusammengefasst,
— die Radbewegung weist Schlupf auf,
— das Fahrzeug fährt mit konstanter Geschwindigkeit,
— die Fahrdynamik wird linearisiert betrachtet.

Einsatzgebiete des Einspurmodells von Riekert und Schunk sind:

- Stabilitätsanalysen bei stationären Kreisfahrten,
- Parameteridentifikation bei stationären Kreisfahrten.

Dieses lineare Einspurmodell nach Riekert und Schunk [26] wird nicht direkt im MAD-Laborversuch verwendet, denn
- die Fahrzeuggeschwindigkeit in MAD ist nicht konstant,
- die Nichtlinearität der Fahrdynamik kann in der Bahnfolgeregelung nicht vernachlässigt werden.

Zur Modellierung der sich veränderlichen Fahrzeuggeschwindigkeit wird die totzeitbehaftete PT1Tt-Dynamik der Longitudinalbewegung aus Abschnitt 5.1 bzw. Aufgabe 5.1 in das Fahrdynamikmodell integriert. In den folgenden Abschnitten wird das nichtlineare, dynamische Einspurmodell hergeleitet.

5.5.1 Kinematik des Schwerpunkts

Die Kinematik des Schwerpunkts (Center-of-Gravity, COG) ist definiert durch eine vektorielle Zerlegung der absoluten Schwerpunktsgeschwindigkeit v. Daraus lassen sich die Longitudinal- und Querbeschleunigungen a_{c1} und a_{c2} im Schwerpunkt durch Differentiation und Koordinatentransformation berechnen:

$$\dot{s}_1 = v_1 = v\cos(\psi + \beta)$$

$$\dot{s}_2 = v_2 = v\sin(\psi + \beta)$$

$$\begin{pmatrix} v_1 \\ v_2 \end{pmatrix} = \begin{pmatrix} v\cos(\psi + \beta) \\ v\sin(\psi + \beta) \end{pmatrix}$$

$$\begin{pmatrix} \dot{v}_1 \\ \dot{v}_2 \end{pmatrix} = \begin{pmatrix} \dot{v}\cos(\psi + \beta) - v(\dot{\psi} + \dot{\beta})\sin(\psi + \beta) \\ \dot{v}\sin(\psi + \beta) + v(\dot{\psi} + \dot{\beta})\cos(\psi + \beta) \end{pmatrix}$$

$$a_{c1} = (\cos\psi \quad \sin\psi)\cdot\begin{pmatrix} \dot{v}_1 \\ \dot{v}_2 \end{pmatrix} = \dot{v}\cos\beta - v(\dot{\psi} + \dot{\beta})\sin\beta$$

$$a_{c2} = (-\sin\psi \quad \cos\psi)\cdot\begin{pmatrix} \dot{v}_1 \\ \dot{v}_2 \end{pmatrix} = \dot{v}\sin\beta + v(\dot{\psi} + \dot{\beta})\cos\beta$$

Alternativ erhält man dasselbe Ergebnis aus einer Betrachtung einer Überlagerung der translatorischen und rotatorischen Geschwindigkeiten des starren Körpers im Schwerpunkt:

$$\begin{pmatrix} a_{c1} \\ a_{c2} \\ 0 \end{pmatrix} = \frac{d}{dt} \begin{pmatrix} v\cos\beta \\ v\sin\beta \\ 0 \end{pmatrix} + \begin{pmatrix} 0 \\ 0 \\ \dot\psi \end{pmatrix} \times \begin{pmatrix} v\cos\beta \\ v\sin\beta \\ 0 \end{pmatrix}$$

$$= \begin{pmatrix} \dot v\cos\beta - v\dot\beta\sin\beta - v\dot\psi\sin\beta \\ \dot v\sin\beta + v\dot\beta\cos\beta + v\dot\psi\cos\beta \\ 0 \end{pmatrix}$$

$$= \begin{pmatrix} \dot v\cos\beta - v(\dot\psi + \dot\beta)\sin\beta \\ \dot v\sin\beta + v(\dot\psi + \dot\beta)\cos\beta \\ 0 \end{pmatrix}$$

Die beiden Winkel ψ und β sind der Gierwinkel bzw. der Schwimmwinkel des Fahrzeugs.

5.5.2 Dynamik des Schwerpunkts

Der Impulserhaltungssatz für den Schwerpunkt in Querrichtung wird unter Betrachtung der Kräfte in Abb. 67 hergeleitet:

$$m a_{c2} = F_f \cos\delta + F_r$$

$$m\left[\dot v\sin\beta + v(\dot\psi + \dot\beta)\cos\beta\right] = F_f \cos\delta + F_r$$

Hierbei gilt es zu beachten, dass Riekert und Schunk den Spezialfall einer konstanten Geschwindigkeit $v = const$ betrachten, wobei sich die obige Gleichung wie folgt vereinfachen würde:

$$m v(\dot\psi + \dot\beta)\cos\beta = F_f \cos\delta + F_r$$

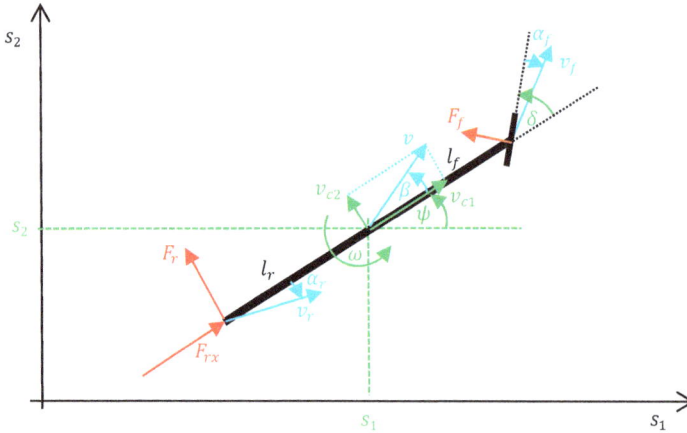

Abb. 67: Nichtlineares Einspurmodell mit Reifenkräften

Der Drallerhaltungssatz bzgl. des Schwerpunkts ist gegeben als:

$$J\dot{\omega} = J\ddot{\psi} = F_f l_f \cos\delta - F_r l_r$$

Hierbei ist J das Massenträgheitsmoment bzgl. der Gierachse im Schwerpunkt. Eine alternative Formulierung des Fahrdynamikmodells ergibt sich durch eine Betrachtung des Schwerpunktgeschwindigkeit im Fahrzeugkoordinatensystem:

$$v_{c1} = v\cos\beta \approx v_r$$

$$v_{c2} = v\sin\beta$$

wobei v die absolute Schwerpunktgeschwindigkeit ist. Die longitudinale Komponente v_{c1} dieser Geschwindigkeit v entspricht näherungsweise der Hinterachsgeschwindigkeit v_r. Durch eine Koordinatentransformation ins Inertialsystem folgt aus obigen Gleichungen das Differentialgleichungssystem für das Fahrdynamikmodell:

$$\dot{s}_1 = v_1 = v_{c1}\cos\psi - v_{c2}\sin\psi$$

$$\dot{s}_2 = v_2 = v_{c1}\sin\psi + v_{c2}\cos\psi$$

$$\dot{v}_{c1} = \dot{v} \cos \beta - v\dot{\beta} \sin \beta = a_{c1} + v\dot{\psi} \sin \beta$$
$$= \frac{1}{m}(-F_f \sin \delta + F_{rx} + mv_{c2}\dot{\psi})$$

(5.16)

$$\dot{v}_{c2} = \dot{v} \sin \beta + v\dot{\beta} \cos \beta = a_{c2} - v\dot{\psi} \cos \beta$$
$$= \frac{1}{m}(F_f \cos \delta + F_r - mv_{c1}\dot{\psi})$$

$$J\ddot{\psi} = F_f l_f \cos \delta - F_r l_r$$

5.5.3 Schräglaufwinkel der Räder

Zur Berechnung der Reifenkräfte F_r and F_f werden die Schräglaufwinkel α_f und α_r der Räder benötigt. Die Beziehungen für α_f und α_r ergeben sich aus geometrischen Betrachtungen. Für Vorwärtsfahrt gilt $v_{c1} > 0$ und

$$\alpha_f = -\operatorname{atan} \frac{v_{c2} + l_f \dot{\psi}}{v_{c1}} + \delta$$

$$\alpha_r = -\operatorname{atan} \frac{v_{c2} - l_r \dot{\psi}}{v_{c1}}$$

Für Rückwärtsfahrt gilt $v_{c1} < 0$ und

$$\alpha_f = \operatorname{atan} \frac{v_{c2} + l_f \dot{\psi}}{v_{c1}} - \delta$$

$$\alpha_r = \operatorname{atan} \frac{v_{c2} - l_r \dot{\psi}}{v_{c1}}$$

Im Stillstand $v_{c1} = 0$ sind die Schräglaufwinkel nicht definiert, da die Räder keine Bewegungsrichtung aufweisen.

5.5.4 Pacejka's Magic-Formula-Modell für Reifenkräfte

Die Reifenkräfte F_r und F_f werden in Abhängigkeit der Schräglaufwinkel α_r und α_f durch das semiempirische Magic-Formula-Modell von Pacejka [27] beschrieben:

$$F_{r,f} = D_{r,f} \sin\left(C_{r,f} \operatorname{atan}\left(B_{r,f}[1 - E_{r,f}]\alpha_{r,f} - E_{r,f} \operatorname{atan}(B_{r,f}\alpha_{r,f})\right)\right)$$

5.5.5 Kombination des Einspurmodells und des Longitudinaldynamikmodells

Als Ergebnis der Aufgabe 5.1 wird die Longitudinaldynamik durch die Differential-gleichung (5.1) beschrieben:

$$\dot{v}_r(t) = -\frac{1}{T}v_r(t) + \frac{k_u}{T}u_n(t - T_t) \quad ; \quad t > 0$$

Diese Gleichung definiert die Dynamik der Hinterachsgeschwindigkeit v_r, wobei diese näherungsweise der Longitudinalgeschwindigkeit v_{c1} des Schwerpunkts entspricht. Die longitudinale Komponente der Kraft F_{rx} des Hinterachsmittelpunkts ergibt sich aus dieser Differentialgleichung (5.1):

$$F_{rx} = m\dot{v}_{c1} = m\left[-\frac{1}{T}v_{c1}(t) + \frac{k_u}{T}u_n(t - T_t)\right], \tag{5.17}$$

Einsetzen von (5.17) in (5.16) und Kombination des Einspurmodells mit dem Magic-Formula-Modell ergibt das folgende Gleichungssystem für die Gesamtfahrdynamik, das für Geschwindigkeiten $v_{c1} \neq 0$ definiert ist:

$$\delta(t) = \delta_{max} \cdot \delta_n(t - T_t) \tag{5.18}$$

$$\alpha_f = \begin{cases} -\operatorname{atan}\dfrac{v_{c2} + l_f\dot{\psi}}{v_{c1}} + \delta \; ; \; v_{c1} > 0 \\[3mm] \operatorname{atan}\dfrac{v_{c2} + l_f\dot{\psi}}{v_{c1}} - \delta \; ; \; v_{c1} < 0 \end{cases} \tag{5.19}$$

$$\alpha_r = \begin{cases} -\operatorname{atan}\dfrac{v_{c2} - l_r\dot{\psi}}{v_{c1}} \; ; \; v_{c1} > 0 \\[3mm] \operatorname{atan}\dfrac{v_{c2} - l_r\dot{\psi}}{v_{c1}} \; ; \; v_{c1} < 0 \end{cases} \tag{5.20}$$

$$F_f = D_f \sin\left(C_f \operatorname{atan}\left(B_f[1 - E_f]\alpha_f - E_f \operatorname{atan}(B_f\alpha_f)\right)\right) \tag{5.21}$$

$$F_r = D_r \sin\left(C_r \operatorname{atan}\left(B_r[1 - E_r]\alpha_r - E_r \operatorname{atan}(B_r\alpha_r)\right)\right) \tag{5.22}$$

$$\beta = \text{atan2}(v_{c2}, v_{c1}) \tag{5.23}$$

$$\dot{s}_1 = v_{c1} \cos \psi - v_{c2} \sin \psi \tag{5.24}$$

$$\dot{s}_2 = v_{c1} \sin \psi + v_{c2} \cos \psi \tag{5.25}$$

$$\dot{v}_{c1} = \frac{1}{m}(-F_f \sin \delta + m v_{c2}\dot{\psi}) - \frac{1}{T}v_{c1}(t) + \frac{k_u}{T}u_n(t - T_t) \tag{5.26}$$

$$\dot{v}_{c2} = \frac{1}{m}(F_f \cos \delta + F_r - m v_{c1}\dot{\psi}) \tag{5.27}$$

$$\dot{\psi} = \omega \tag{5.28}$$

$$\dot{\omega} = \frac{1}{J}(F_f l_f \cos \delta - F_r l_r) \tag{5.29}$$

$$\dot{x} = v_{c1} \tag{5.30}$$

Die letzte Gleichung (5.30) definiert die gefahrene Bogenlänge x des Hinterachsmittelpunkts als Integral der Hinterachsgeschwindigkeit $v_{c1} \approx v_r$. Gleichungen (5.18) bis (5.23) sind algebraisch und müssen vor den Differentialgleichungen (5.24) bis (5.30) ausgewertet werden. Die Modellparameter des MAD-Fahrzeugs sind [28]:

Symbol	C++-Symbol	Simulink-Symbol	Wertebereich/Einheit	Wert	Bedeutung
δ_{max}	deltaMax	P_p_delta_max	rad	$\frac{21{,}58°}{180°}\pi$	maximaler Lenkwinkel
l	l	P_p_l	m	0,099	Radstand
l_r	lr	P_p_lr	m	0,050	Abstand von COG zur Hinterachse
l_f	lf	P_p_lf	m	0,049	Abstand von COG zur Vorderachse
B_r	Br	P_p_Br		0,7	Magic-Formula-Koeffizient
C_r	Cr	P_p_Cr		2	Magic-Formula-Koeffizient
D_r	Dr	P_p_Dr		2,5	Magic-Formula-Koeffizient
E_r	Er	P_p_Er		−0,05	Magic-Formula-Koeffizient
B_f	Bf	P_p_Bf		0,7	Magic-Formula-Koeffizient
C_f	Cf	P_p_Cf		2	Magic-Formula-Koeffizient

Symbol	C++-Symbol	Simulink-Symbol	Wertebereich/Einheit	Wert	Bedeutung
D_f	Df	P_p_Df		2	Magic-Formula-Koeffizient
E_f	Ef	P_p_Ef		$-0{,}1$	Magic-Formula-Koeffizient
m	m	P_p_m	kg	0,132	Fahrzeugmasse
J	J	P_p_J	$kg \cdot m^2$	$192 \cdot 10^{-6}$	Massenträgheitsmoment bzgl. COG
k_u	k	P_p_k	$\dfrac{m}{s}$	2,51	Verstärkungsfaktor der Longitudinaldynamik
T	T	P_p_T	ms	316	Zeitkonstante der Longitudinaldynamik
T_t	Tt	P_p_Tt	ms	100	Totzeit der Longitudinaldynamik und der Lenkung

Die Eingangssignale sind:

Symbol	C++-Symbol	Simulink-Symbol	Wertebereich/Einheit	Bedeutung
u_{cmd}	cmd	cmd	{ CMD_HALT, CMD_FORWARD, CMD_REVERSE, CMD_SLOW }	Befehl zur Vorgabe des Fahrmodus Anhalten, Vorwärtsfahrt, Rückwärtsfahrt für Geschwindigkeitsregelung oder langsames Fahren für Longitudinalpositionsregelung
u_n	pedals	pedals	$u_n \in [-1; 1]$	normiertes Stellsignal für Gleichstrommotor zur Fahrzeugbeschleunigung und -verzögerung
δ_n	steering	steering	$\delta_n \in [-1; 1]$	normierter Lenkwinkel

Die Stellsignale u_{cmd} und u_n sind die Stellsignale für die Longitudinaldynamik aus Abschnitt 5.1.1. In MAD werden die Eingangssignale in der ROS-Message mad-msgs::CarInputs auf ROS-Topic /mad/carinputs (siehe Abb. 17) mit einer Abtastzeit von $20ms$ übertragen. In Simulink wird dagegen ein Bussignal carinputs modelliert, das dieselben Elemente enthält (siehe Abb. 19).

Die sieben Zustandsvariablen des dynamischen Zustandsraummodells 7. Ordnung sind:

Symbol	C++-Symbol	Simulink-Symbol	Wertebereich/Einheit	Bedeutung
$x_1 = v_{c1}$	x.at(0)	x(1)	$\dfrac{m}{s}$	Longitudinalanteil der Schwerpunktgeschwindigkeit (entspricht näherungsweise der Geschwindigkeit v_r des Hinterachsmittelpunkts)
$x_2 = s_1$	x.at(1)	x(2)	m	erste kartesische Koordinate des Schwerpunkts

Symbol	C++-Symbol	Simulink-Symbol	Wertebereich/Einheit	Bedeutung
$x_3 = s_2$	x.at(2)	x(3)	m	zweite kartesische Koordinate des Schwerpunkts
$x_4 = \psi$	x.at(3)	x(4)	rad	Gierwinkel
$x_5 = \omega$	x.at(4)	x(5)	$\dfrac{rad}{s}$	Gierwinkelgeschwindigkeit
$x_6 = v_{c2}$	x.at(5)	x(6)	$\dfrac{m}{s}$	Lateralanteil der Schwerpunktgeschwindigkeit
$x_7 = x$	x.at(6)	x(7)	m	gefahrene Bogenlänge des Hinterachsmittelpunkts

Die folgenden Ausgangssignale der ROS-Message madmsgs::CarOutputs auf ROS-Topic /mad/car0/sim/caroutputs oder auf dem entsprechenden Simulink-Bussignal caroutputs werden mit einer Abtastzeit von $20ms$ generiert:

Symbol	C++-Symbol	Simulink-Symbol	Wertebereich/Einheit	Bedeutung
$y_1 = s_1 - l_r \cos\psi$	s.at(0)	s(1)	m	erste kartesische Koordinate des Hinterachsmittelpunkts
$y_1 = s_2 - l_r \sin\psi$	s.at(1)	s(2)	m	zweite kartesische Koordinate des Hinterachsmittelpunkts
$y_3 = \psi$	psi	psi	rad	Gierwinkel

Fürs Debugging und für MiL-/SiL-Tests wird weiterhin ROS-Message madmsgs::CarOutputsExt auf ROS-Topic /mad/car0/sim/caroutputsext oder auf dem entsprechenden Simulink-Bussignal caroutputsext mit einer Abtastzeit von $2ms$ gesendet. Die Elemente dieser ROS-Message und des Simulink-Bussignals sind:

Symbol	C++-Symbol	Simulink-Symbol	Wertebereich/Einheit	Bedeutung
$y_1 = s_1 - l_r \cos\psi$	s.at(0)	s(1)	m	erste kartesische Koordinate des Hinterachsmittelpunkts
$y_1 = s_2 - l_r \sin\psi$	s.at(1)	s(2)	m	zweite kartesische Koordinate des Hinterachsmittelpunkts
$y_3 = \psi$	psi	psi	rad	Gierwinkel
$y_4 = \beta$	beta	beta	rad	Schwimmwinkel

Symbol	C++-Symbol	Simulink-Symbol	Wertebereich/Einheit	Bedeutung
$y_5 = v_{c1}$	v	v	$\dfrac{m}{s}$	Longitudinalanteil der Schwerpunktgeschwindig-keit (entspricht näherungsweise der Geschwindig-keit v_r des Hinterachsmittelpunkts)
$y_6 = x$	x	x	m	gefahrene Bogenlänge des Hinterachsmittel-punkts

5.6 Aufgaben

5.6.1 Aufgabe 5.1 Longitudinaldynamikmodell [C++/Simulink]

a. Leite das mathematische Modell für das in Abschnitt 5.1 beschriebene Longitudi-naldynamik her. Formuliere dieses Modell in Zustandsraumdarstellung mit Ein-gangssignal $u = u_n$ und Ausgangssignal $y = v_r$.
b. Vereinfache das Modell durch Zusammenfassung der in Abschnitt 5.1 gegebenen Modellparameter durch folgende Parameter, die in Fahrversuchen auf dem rea-len MAD-System identifiziert wurden:
    – Zeitkonstante $T = 316ms$,
    – Gesamttotzeit $T_t = 100ms$ der Motorelektronik und der Funküber-tragung,
    – statischer Verstärkungsfaktor $k_u = 2{,}51m/s$.
c. Bestimme die Übertragungsfunktion der Longitudinaldynamik $G_S(s) = Y(s)/U(s)$.
d. Erstelle ein MATLAB-Skript ex5_1.m zur grafischen Darstellung des Bode-Dia-gramms und der Sprungantwort von G_S durch Verwendung der MATLAB-Control-System-Toolbox.

Erforderliche Laborergebnisse:
– dynamisches Zustandsraummodell in Teilaufgabe a.,
– mathematische Ausdrücke für Parameter T und k_u in Abhängigkeit der gegebe-nen Parameter aus Abschnitt 5.1,
– Übertragungsfunktion $G_S(s)$,
– Bode-Diagramm und Sprungantwort von G_S,
– MATLAB-Skript ex5_1.m aus Teilaufgabe d.

5.6.2 Aufgabe 5.2 Fahrdynamiksimulation [Simulink]

In dieser Aufgabe wird das Simulink-Subsystem `Vehicle Dynamics` aus Abb. 19 in Abschnitt 3.4.33.4 modelliert und in Simulationen getestet. Dieses Subsystem
- beschreibt die Fahrdynamik einschließlich der Lateral- und Longitudinaldynamik aus den Abschnitten 5.4 und 5.5,
- verwendet das Runge-Kutta-Verfahren 4. Ordnung (Simulink-Solver `ode4`) zur numerischen Lösung des Zustandsraummodells,
- liest das Bussignal `carinputs` ein zur Steuerung des Fahrzeugs,
- gibt das Bussignal `caroutputsext` aus mit einer Abtastzeit von $2ms$.

Die Abtastzeit (Sample-Time) des Runge-Kutta-Verfahrens muss gleich $2ms$ gesetzt werden, um numerisch stabile und genaue Simulationsergebnisse zu erzielen. Die folgenden Arbeitsschritte werden zur Lösung der Aufgabe empfohlen:

a. Klone das Git-Repository `https://github.com/modbas/mad`. Dieses Repository enthält unter anderem:
  - MATLAB-Dateien `matlab/madctrl/mbc*.m` der MODBAS-CAR-Library mit Routinen zur Erstellung der Fahrbahnkarte und zur Entwicklung des Bahnfolgereglers in Kapitel 9,
  - MATLAB-Skript `p_mad_car.m`, das die Modellparameter aus Abschnitt 5.5 definiert,
  - MATLAB-Skript `s6_data.m` als Datenfile für das Simulink-Modell `s6_template.slx`. Dieses Skript `s6_data.m` ruft unterlagert `p_mad_car.m` auf und stellt weiterhin die Karte in einem MATLAB-Figure dar.
  - Simulink-Modell `s6_template.slx` als Schablone für das Simulink-Modell, das im Rahmen dieser Aufgabe erstellt wird.

b. Modelliere das Zustandsraummodell der Fahrdynamik aus Abschnitt 5.5 als Teil des Subsystems `Vehicle Dynamics` in `s6_template.slx`.
  - Dieses Modell muss den Ansätzen und Modellierungsrichtlinien aus Kapitel 4 entsprechen.
  - Begrenze die Eingangssignale u_n und δ_n auf die Wertebereiche $u_n \in [-1; 1]$ bzw. $\delta_n \in [-1; 1]$ durch Verwendung des Simulink-Blocks `Saturation` aus der Simulink-Library `Simulink/Discontinuities`.
  - Das Eingangssignal u_n soll weiterhin begrenzt werden in Abhängigkeit des Fahrmodus u_{cmd} entsprechend den Vorgaben in Abschnitt 5.1.1. Die möglichen Werte für u_{cmd} sind als Konstanten in `p_mad_car.m` definiert: `CarInputsCmdHalt`, `CarInputsCmdForward`, `CarInputsCmdReverse`, `CarInputsCmdSlow`.
  - Der Simulink-Block `Transport Delay` aus der Simulink-Library `Simulink/Continuous` kann zur Modellierung der Totzeit T_t verwendet werden.

    – Verwende `p_mad_car.m` zur Parametrierung. Gib keine weiteren Parameter ein.

    – Für kleine Geschwindigkeiten ($|v_{c1}| < 0{,}2 m/s$) ist die Simulation des Fahrdynamikmodells aus Abschnitt 5.5 fehlerhaft, denn die Berechnungsvorschriften für die Schräglaufwinkel der Räder weisen Singularitäten bei $v_{c1} = 0 m/s$ auf. Daher muss `s6_template.slx` durch eine Fallunterscheidung erweitert werden, die zwischen den beiden Fällen hohe und niedrige Geschwindigkeit umschaltet.

    – Im Fall von niedrigen Geschwindigkeiten soll das Kinematikmodell aus Abschnitt 5.4 in Verbindung mit dem Longitudinaldynamikmodell für v_{c1} aus Aufgabe 5.1 verwendet werden. Dieses Modell ist ausreichend genau bei niedrigen Geschwindigkeiten und weist keine Singularitäten auf.

    – Im Fall von hohen Geschwindigkeiten soll das Fahrdynamikmodell aus Abschnitt 5.5 simuliert werden.

    – Verändere durch Fallunterscheidung nur die rechten Seiten der Differentialgleichungen.

c. Teste `s6_template.slx` in Simulink-Simulationen

    – durch Steuerung des Fahrzeugs bei verschiedenen konstanten Werten für den Fahrmodus u_{cmd}, das normierte Motorsignal $u_n \in [-1; 1]$ und den normierten Lenkwinkel $\delta_n \in [-1; 1]$,

    – Messung der Zustands-/Ausgangssignale der Fahrdynamik durch Aufzeichnung und Analyse der Elemente des Bussignals `caroutputsext` im Simulink-Data-Inspector oder in MATLAB durch Auswertung der Workspace-Variablen `logsout`.

Erforderliche Laborergebnisse:

– Simulink-Modell `s6_template.slx`

– Signal-Zeit-Diagramme der Sprungantworten der Fahrzeuggeschwindigkeit v_{c1}

– Signal-Zeit-Diagramme der Sprungantworten des Gierwinkels ψ

5.6.3 Aufgabe 5.3 Fahrdynamiksimulation [C++]

In dieser Aufgabe wird ROS-Node `carsim_node` aus Abb. 17 (Abschnitt 3.4.33.4) in C++ programmiert und getestet. Dieser ROS-Node

– simuliert das Fahrdynamikmodell einschließlich der Lateral- und Longitudinaldynamik aus den Abschnitten 5.4 und 5.5,

– verwendet das Runge-Kutta-Verfahren 4. Ordnung aus Boost-Odeint zur numerischen Lösung des Zustandsraummodells,

– empfängt Messages des Typs `madmsgs::CarInputs` auf Topic `/mad/carinputs` zur Steuerung des Fahrzeugs,

– sendet Messages des Typs madmsgs::CarOutputs auf Topic /mad/caroutputs mit einer Abtastzeit von $20ms$ zur Simulation des Verhaltens der Computervision (siehe Abb. 17),

– sendet Messages des Typs madmsgs::CarOutputsExt auf Topic /mad/car0/sim/caroutputsext mit einer Abtastzeit von $2ms$ für Debugging und Tests.

Die Abtastzeit des Runge-Kutta-Verfahrens muss gleich $2ms$ gesetzt werden, um numerisch stabile und genaue Simulationsergebnisse zu erzielen. Die folgenden Arbeitsschritte werden zur Lösung der Aufgabe empfohlen:

a. Klone das Git-Repository https://github.com/modbas/mad nach ~/PERSISTENT/autosys und builde den erweiterten ROS-Catkin-Workspace

```
cd ~/PERSISTENT/autosys
git clone https://github.com/modbas/mad .
cd catkin_ws
catkin_make
```

Dieses Repository enthält unter anderem:

– ROS-Package madmsgs mit Message-Typen madmsgs::CarInputs, madmsgs::CarOutputs, madmsgs::CarOutputsExt,

– ROS-Package madlib, einer C++-Library mit Routinen für die spätere Bahnfolgeregelung,

– ROS-Package madtrack mit ROS-Node track_node, der die Fahrbahnkarte erzeugt (siehe Abb. 17),

– ROS-Launch-File mad/launch/simmanual.launch zur Ausführung der ROS-Nodes carsim_node, carlocate_node, cardisplay_node, track_node und der Visualisierung in rviz

– und vor allen Dingen das ROS-Package madcar mit

   – ROS-Node carlocate_node, der die ROS-Messages auf /mad/caroutputs empfängt und die Fahrzeuggeschwindigkeit und den Schwimmwinkel für die spätere Geschwindigkeits- und Bahnfolgeregelung berechnet (siehe Abb. 17),

   – ROS-Node cardisplay_node zur Visualisierung des Fahrzeugs auf der Fahrbahnkarte mit rviz,

   – CMake-Build-File CMakeLists.txt zum Builden des ROS-Node carsim_node, der in dieser Aufgabe programmiert wird.

b. Programmiere

- ROS-Node `carsim_node` in einer neuen C++-Klasse `CarSimNode` als Teil des neuen C++-Modules `carsim_node.cpp` im ROS-Package `madcar`,

- die Fahrdynamiksimulation basierend auf dem Fahrdynamikmodell aus Abschnitt 5.5 in einer neuen C++-Klasse `CarPlant` im neuen C++- Header-File `CarPlant.h` im ROS-Package `madcar`. Rufe Car-Plant von `CarSimNode` aus auf.

- Diese Programmierung muss den Ansätzen für die Simulation von Zustandsraummodellen mit Boost-Odeint in ROS aus Kapitel 4 entsprechen.

- Inkludiere weiterhin `madlib/include/CarParameters.h` zum Zugriff auf die Modellparameter. Beispielsweise kann auf die Fahrzeugmasse mit `CarParameters::p()->m` zugegriffen werden.

- Begrenze die Eingangssignale u_n (pedals) und δ_n (steering) auf die Wertebereiche $u_n \in [-1; 1]$ bzw. $\delta_n \in [-1; 1]$.

- Das Eingangssignal u_n (pedals) soll weiterhin begrenzt werden in Abhängigkeit des Fahrmodus u_{cmd} (cmd) entsprechend den Vorgaben in Abschnitt 5.1.1. Die möglichen Werte für u_{cmd} sind als Konstanten im ROS-Message-Typ `madmsgs::CarInputs` definiert: `CMD_HALT`, `CMD_FORWARD`, `CMD_REVERSE`, `CMD_SLOW`.

- Zur Realisierung der Totzeit T_t kann die Standard C++-Container-Klasse `std::deqeue` (siehe `http://en.cppreference.com/w/cpp/container/deque`) als First-In-First-Out-Puffer (FIFO) in der Methode `step` der Klasse `CarPlant` verwendet werden. Verwende anstelle der tatsächlichen Totzeit $T_t = 100ms$ die reduzierte Totzeit $T_{ut} = 60ms$, die als `CarParameters::p()->uTt` definiert ist, da die ROS-Kommunikation bereits eine Totzeit von $40ms$ aufweist.

- Für kleine Geschwindigkeiten ($|v_{c1}| < 0{,}2m/s$) ist die Simulation des Fahrdynamikmodells aus Abschnitt 5.5 fehlerhaft, denn die Berechnungsvorschriften für die Schräglaufwinkel der Räder weisen Singularitäten bei $v_{c1} = 0m/s$ auf. Daher muss `CarPlant` durch eine Fallunterscheidung erweitert werden, die zwischen den beiden Fällen hohe und niedrige Geschwindigkeit umschaltet.

- Im Fall von niedrigen Geschwindigkeiten soll das Kinematikmodell aus Abschnitt 5.4 in Verbindung mit dem Longitudinaldynamikmodell für v_{c1} aus Aufgabe 5.1 verwendet werden. Dieses Modell ist ausreichend genau bei niedrigen Geschwindigkeiten und weist keine Singularitäten auf.

- Im Fall von hohen Geschwindigkeiten soll weiterhin das Fahrdynamikmodell aus Abschnitt 5.5 simuliert werden.

– Verändere durch eine Fallunterscheidung nur die rechten Seiten der Differentialgleichungen.

c. Teste `carsim_node` durch

– Starten der SiL-Simulation in ROS aus Abb. 17 mit Hilfe von

```
roslaunch madcar simmanual.launch
```

– Steuerung des Fahrzeugs durch Generierung von Nachrichten auf `/mad/carinputs` mit rqt,
– Messung der Reaktion der Fahrdynamik auf `/mad/caroutputs`, `/mad/car0/sim/caroutputsext` und `/mad/caroutputsext`,
– Visualisierung der Fahrzeugbewegung in `rviz`.

Erforderliche Laborergebnisse:

– C++-Modul `carsim_node.cpp`
– C++-Header `CarPlant.h`
– Signal-Zeit-Diagramme der Sprungantworten der Fahrzeuggeschwindigkeit v_{c1}
– Signal-Zeit-Diagramme der Sprungantworten des Gierwinkels ψ

6 Geschwindigkeitsregelung

Die *Geschwindigkeitsregelung* eines MAD-Fahrzeugs wird als Voraussetzung für die *Longitudinalpositionsregelung* und die *Bahnfolgeregelung* benötigt, die in nachfolgenden Kapiteln entwickelt werden.

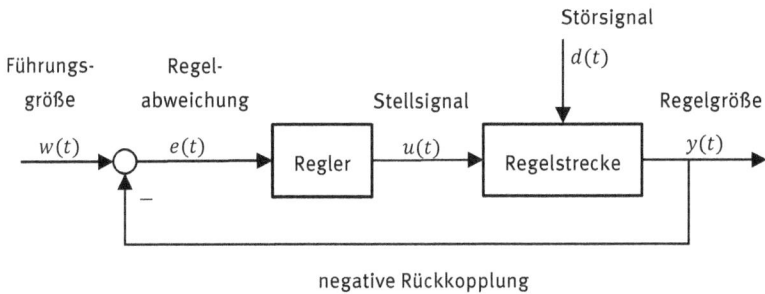

Abb. 68: Regelkreis der Geschwindigkeitsregelung für Mini-Auto-Drive

Synonyme für Geschwindigkeitsregelung sind Cruise-Control oder Tempomat. Für den Entwurf des Geschwindigkeitsreglers wird ausschließlich die Longitudinaldynamik und nicht die Lateraldynamik des MAD-Fahrzeugs betrachtet. Der Signalflussplan des resultierenden Regelkreises ist in Abb. 68 dargestellt:

- Die *Regelstrecke (Strecke)* ist die Longitudinaldynamik des Fahrzeugs aus Abschnitt 5.1 und Aufgabe 5.1.
- Der *Regler* ist der Geschwindigkeitsregler, der als Embedded-Software im ROS-Node `carctrl_node` oder `madctrl_d1` auf dem MAD-Linux-Computer implementiert wird.
- Die *Regelgröße* $y(t)$ ist die Istgeschwindigkeit $v(t) = v_r(t) = v_{c1}(t)$, die als Element v des ROS-Topic /mad/caroutputsext oder des Simulink-Bussignals caroutputsext zur Verfügung steht (siehe Abb. 16 und Abb. 19).
- Das *Führungssignal* $w(t)$ ist die Sollgeschwindigkeit des Fahrzeugs, die als Element vmax des ROS-Topic /mad/car0/navi/maneuver oder des Simulink-Bussignals maneuver zur Verfügung steht.
- Das *Stellsignal* $u(t)$ ist das normierte Stellsignal u_n des Gleichstrommotors, das als Element pedals der ROS-Message `madmsgs::CarInputs` auf ROS-Topic /mad/carinputs oder des Simulink-Bussignals carinputs vom Regler generiert wird.

https://doi.org/10.1515/9783110723526-006

- Das *Störsignal* $d(t)$ fasst alle Fahrwiderstände in einem Summensignal zusammen, die auf das Fahrzeug wirken und durch Rollreibung und Kurvenwiderstände verursacht werden.
- Die *Regelabweichung* $e(t)$ ist die Differenz der Sollgeschwindigkeit $w(t)$ und der Istgeschwindigkeit $y(t)$ unter Berücksichtigung der negativen Rückkopplung:

$$e(t) = w(t) - y(t)$$

Die Hauptaufgabe des Geschwindigkeitsreglers besteht darin, die Regelabweichung $e(t)$ idealerweise auf null zu reduzieren durch geeignete Generierung des Stellsignals $u(t)$, so dass die Regelgröße $y(t)$ gegen die Führungsgröße $w(t)$ konvergiert. Neben der asymptotischen Stabilität ist diese *stationäre Genauigkeit* die wichtigste Anforderung an einen Regelkreis. Die *bleibende Regelabweichung* muss gleich null sein:

$$\lim_{t\to\infty} e(t) = \lim_{t\to\infty}[w(t) - y(t)] = 0$$

Der Entwurf des Geschwindigkeitsreglers für MAD ist Inhalt der Aufgabe 6.1. Dieser Geschwindigkeitsregler wird dann als Teil des neuen ROS-Node `carctrl_node` in Aufgabe 6.3 implementiert oder alternativ als Teil des Simulink-Subsystems `Control Software` in Aufgabe 6.2 modelliert entsprechend der Darstellungen in Abb. 16, Abb. 17 und Abb. 19.

Abschnitt 6.1 behandelt Basiswissen im Entwurf linearer PI-Regler unter der Annahme einer vereinfachten Longitudinaldynamik. Die Stabilität und Robustheit von Regelkreisen einschließlich der Maßzahlen Amplituden- und Phasenrand sind Inhalte des Abschnitts 6.2. Abschnitt 6.3 spezifiziert das Gesamtverhalten des Regelkreises für den Fall der realen Longitudinaldynamik eines MAD-Fahrzeugs. Diese Anforderungen stellen die Basis dar für den Reglerentwurf in Aufgabe 6.1 und der Reglermodellierung und Reglerimplementierung in den Aufgaben 6.2 und 6.3.

6.1 PI-Reglerentwurf für PT1-Streckendynamik

In diesem Abschnitt wird Grundlagenwissen im linearen Reglerentwurf zusammenfassend behandelt. Zunächst wird ein vereinfachtes Streckenmodell für die Longitudinaldynamik definiert und analysiert. Im Anschluss daran wird ein PI-Regler für die Geschwindigkeitsregelung entworfen und dessen Reglerparameter berechnet. Abschließend wird die Dynamik des Regelkreises in Bode-Diagrammen analysiert.

6.1.1 Modell der Regelstrecke

Zur Vereinfachung des Reglerentwurfs wird in der linearen Longitudinaldynamik des MAD-Fahrzeugs aus Abschnitt 5.1 und Aufgabe 5.1 die Totzeit T_t der Motorelektronik und der Funkübertragung vernachlässigt:

$$T\,\dot{v}_r(t) + v_r(t) = k_u\,u_n(t) - k_d F_{wr}(t) \quad ; \quad t > 0 \tag{6.1}$$

$$v_r(0) = v_0$$

mit unverändertem Verstärkungsfaktor $k_u = 2{,}51\,m/s$ und Zeitkonstante $T = 316\,ms$. Die PT1Tt-Dynamik wird durch eine PT1-Dynamik vereinfacht.

Nun wird die in der Regelungstechnik gebräuchliche Notation für die Signale eingeführt:

– Regelgröße $y = v_r$,
– Stellgröße $u = u_n$,
– Störgröße $d = F_{wr}$.

Dadurch wird (6.1) umgeformt zu:

$$T\,\dot{y}(t) + y(t) = k_u\,u(t) - k_d d(t) \quad ; \quad t > 0 \tag{6.2}$$

$$y(0) = v_0$$

Dieses Modell ist linear und zeitinvariant. Daher kann es mit Hilfe der Laplace-Transformation in den Laplace-Bereich transformiert werden:

$$T\,[sY(s) - v_0] + Y(s) = k_u U(s) - k_d D(s) \tag{6.3}$$

Es ist zu beachten, dass die algebraische Gleichung (6.3) sowohl die gewöhnliche Differentialgleichung als auch die Anfangsbedingung im Laplace-Bereich repräsentiert. Ein Vorteil des Laplace-Bereichs besteht darin, dass das Systemmodell (6.3) direkt gelöst werden kann:

$$Y(s) = \underbrace{\frac{k_u}{Ts+1}}_{G_S(s)} U(s) + \underbrace{\frac{-k_d}{Ts+1}}_{G_{Sd}(s)} D(s) + \underbrace{\frac{T}{Ts+1}}_{G_{S0}(s)} v_0 \tag{6.4}$$

Die Faktoren $G_S(s)$, $G_{Sd}(s)$ und $G_{S0}(s)$ sind die Übertragungsfunktionen der Regelstrecke. Die Übertragungsfunktion $G_S(s)$ definiert die Ein-/Ausgangsdynamik der Regelstrecke. $G_{Sd}(s)$ beschreibt das Störübertragungsverhalten und $G_{S0}(s)$ das sogenannte Einschwingverhalten in Abhängigkeit der Anfangsgeschwindigkeit v_0.

6.1.2 Entwurf des PI-Reglers

Der erste Schritt beim Reglerentwurf besteht in der geeigneten Wahl eines Reglertyps. Die Erfahrung zeigt, dass für eine Regelstrecke mit PT1-Dynamik ein PI-Regler optimal ist, dessen Übertragungsfunktion gegeben ist durch:

$$G_R(s) = k_r + \frac{k_i}{s} \tag{6.5}$$

Dies ist die sogenannte *Summenform* des PI-Reglers mit den beiden Reglerparametern:

- Verstärkungsfaktor k_r des proportionalen Anteils (P-Anteil)
- Verstärkungsfaktor k_i des integralen Anteils (I-Anteil)

Durch Anwendung des Distributivgesetzes kann der PI-Regler in *Polynomform* umgeformt werden:

$$G_R(s) = k_r \left(1 + \frac{1}{T_i s}\right) = k_r \frac{T_i s + 1}{T_i s} \tag{6.6}$$

mit den beiden Reglerparametern

- Reglerverstärkung k_r
- Nachstellzeit T_i

Die beiden Reglerparameter sind im folgenden Reglerentwurf rechnerisch zu bestimmen. Die Vorteile der Polynomform gegenüber der Summenform bestehen darin, dass die *Nullstellen* und die *Polstellen (Pole)* direkt aus der Übertragungsfunktion bestimmt werden können:

- Nullstelle $s_{r01} = -1/T_i$
- Polstelle $s_{r1} = 0$

Bei Anwendung des PI-Reglers zur Regelung einer PT1-Strecke ist das Entwurfsverfahren *dynamische Kompensation* geeignet. Die dynamische Kompensation führt zu einer PT1-Dynamik des geschlossenen Regelkreises, deren Zeitkonstante durch Veränderung der Reglerverstärkung k_r eingestellt werden kann.

Diese PT1-Dynamik des Regelkreises weist keine Schwingungen auf im Fall eines Sprungsignals am Eingang des Regelkreises. Das bedeutet, dass keine Schwingungen in der Regelgröße $y(t)$ entstehen, selbst wenn das Führungssignal $w(t)$ unstetig verändert wird. Dies ist eine wesentliche Anforderung an jede Geschwindigkeitsregelung.

Durch Serienschaltung des Reglers und der Regelstrecke ergibt sich die folgende Übertragungsfunktion $G_0(s)$ der *offenen Kette*:

$$G_0(s) = \frac{Y(s)}{E(s)} = G_R(s)G_S(s) = k_r \, k_u \frac{T_i s + 1}{T_i s(Ts + 1)}$$

Beim Entwurfsverfahren dynamische Kompensation wird die Polstelle $s_{s1} = -1/T$ der Regelstrecke G_S durch die Nullstelle $s_{r01} = -1/T_i$ des Reglers G_R kompensiert. Die Nullstelle s_{r01} wird identisch gleich der Polstelle s_{s1} gewählt:

$$s_{r01} = s_{s1}$$

Diese Kompensation setzt demnach die Nachstellzeit T_i des Reglers gleich der Zeitkonstante T der Regelstrecke:

$$T_i = T = 316ms$$

Durch die dynamische Kompensation kürzen sich die Linearfaktoren im Zähler und Nenner von $G_0(s)$:

$$G_0(s) = k_r \, k_u \frac{\cancel{T_i s + 1}}{T_i s(\cancel{Ts + 1})} = \frac{k_r \, k_u}{T_i s}$$

Nachdem der eine Reglerparameter T_i durch die dynamische Kompensation definiert ist, kann der verbleibende Reglerparameter k_r aus der geforderten Zeitkonstante T_w des geschlossenen Regelkreises berechnet werden.

Die allgemeine Berechnungsvorschrift für die *Führungsübertragungsfunktion* $G_w(s)$ des geschlossenen Regelkreises ergibt sich aus der negativen Rückkopplung zu:

$$G_w(s) = \frac{Y(s)}{W(s)} = \frac{G_0(s)}{1 + G_0(s)} = \frac{1}{\frac{T_i}{k_r k_u} s + 1}$$

In Fall der dynamischen Kompensation bei Einsatz eines PI-Reglers für eine PT1-Strecke ist dieses Führungsverhalten eine PT1-Dynamik mit Zeitkonstante

$$T_w = \frac{T_i}{k_r k_u} = \frac{T}{k_r k_u} \tag{6.7}$$

und einer statischen Verstärkung von 1. Die statische Verstärkung von 1 ist erforderlich für die stationäre Genauigkeit des Regelkreises. Das heißt, die stationäre Istgeschwindigkeit weist keine bleibende Regelabweichung bezüglich einer stationären Sollgeschwindigkeit auf.

Durch Vorgabe der Zeitkonstante T_w des geschlossenen Regelkreises kann die Reglerverstärkung k_r aus (6.7) berechnet werden. Wird beispielsweise $T_w = 1000ms$ als Anforderung gestellt, ergibt sich:

$$k_r = \frac{T}{T_w k_u} = \frac{316ms}{1000ms \cdot 2{,}51\frac{m}{s}} = 0{,}126\frac{s}{m} \,\hat{=}-18dB$$

6.1.3 Regelkreisanalyse

Eine wichtige Analyse besteht in der Frequenzganganalyse der einzelnen Übertragungsglieder des Regelkreises. Der folgende MATLAB-Code gibt die Bode-Diagramme der folgenden Frequenzgänge grafisch aus für den konkreten Fall der Geschwindigkeitsregelung mit dynamischer Kompensation:

$$G_S(j\omega) = \frac{k_u}{1 + j\omega T}$$

$$G_R(j\omega) = k_r \frac{1 + j\omega T_i}{j\omega T_i}$$

$$G_0(j\omega) = G_R(j\omega)G_S(j\omega) = \frac{k_r k_u}{j\omega T_i}$$

$$G_w(j\omega) = \frac{1}{1 + j\omega T_w}$$

Listing 18: MATLAB-Skript zur Regelkreisanalyse mit Bode-Diagramm

```
%% plant
k = 2.51; % plant gain [ m/s ]
T = 316e-3; % plant time constant [ s ]
Gs = tf(k, [ T , 1 ]);

%% controller design
Tw = 1000e-3; % close-loop time constant [ s ]
Ti = T; % integral time constant by dynamic compensation [ s ]
kr = T / (Tw*k); % controller gain [ s/m ]
Gr = tf(kr * [ Ti , 1 ], [ Ti , 0 ]);

%% open-loop dynamics
G0 = minreal(Gr * Gs);
```

```
%% closed-loop dynamics
Gw = minreal(G0 / (1 + G0));

%% Bode diagram
figure(1); clf;
bode(Gs, Gr, G0, Gw);
grid on;
legend;
```

Dieser MATLAB-Code verwendet die MATLAB-Control-System-Toolbox (MATLAB CST) und erzeugt das Bode-Diagramm in Abb. 69.

Die Amplitudengänge und Phasengänge der obigen Frequenzgänge sind im Einzelnen:

$$A_S(\omega) = |G_S(j\omega)| = \frac{k_u}{\sqrt{1 + (\omega T)^2}}$$

$$A_R(\omega) = |G_R(j\omega)| = \frac{k_r\sqrt{1 + (\omega T_i)^2}}{\omega T_i}$$

$$A_0(\omega) = |G_0(j\omega)| = A_R(\omega)A_S(\omega) = \frac{k_r k_u}{\omega T_i}$$

$$A_{0dB}(\omega) = 20\lg A_0(\omega) = A_{RdB}(\omega) + A_{SdB}(\omega)$$

$$A_w(\omega) = |G_w(j\omega)| = \frac{1}{\sqrt{1 + (\omega T_w)^2}}$$

$$\varphi_S(\omega) = \arg G_S(j\omega) = -\arctan(\omega T)$$

$$\varphi_R(\omega) = \arg G_R(j\omega) = -\frac{\pi}{2} + \arctan(\omega T_i)$$

$$\varphi_0(\omega) = \arg G_0(j\omega) = \varphi_R(\omega) + \varphi_S(\omega) = -\frac{\pi}{2}$$

$$\varphi_w(\omega) = \arg G_w(j\omega) = -\arctan(\omega T_w)$$

Die Amplitudengänge des Reglers und der Regelstrecke weisen aufgrund der dynamischen Kompensation dieselbe Eckkreisfrequenz auf:

$$\omega_1 = \frac{1}{T_i} = \frac{1}{T} = 3{,}16\frac{rad}{s} \quad ; \quad \lg\omega_1 = 0{,}5$$

Die Werte der Amplitudengänge und Phasengänge bei dieser Eckkreisfrequenz betragen:

$$A_S(\omega_1) = \frac{k_u}{\sqrt{2}}$$

$$A_{SdB}(\omega_1) = 20\lg k_u - 3dB$$

$$A_R(\omega_1) = \sqrt{2}\cdot k_r$$

$$A_{RdB}(\omega_1) = 20\lg k_r + 3dB$$

$$\varphi_S(\omega_1) = -\frac{\pi}{4}$$

$$\varphi_R(\omega_1) = -\frac{\pi}{4}$$

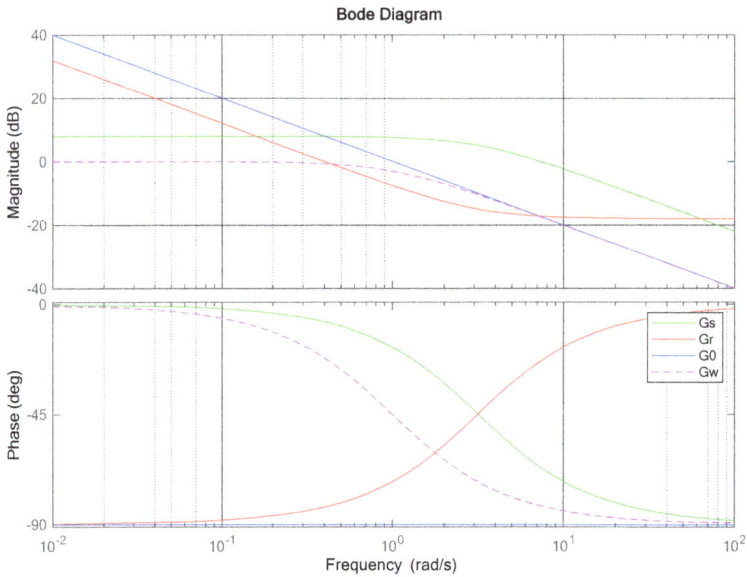

Abb. 69: Bode-Diagramm für Frequenzgänge in vereinfachter Geschwindigkeitsregelung

6.2 Stabilität und Robustheit eines Regelkreises

Dieser Abschnitt vermittelt folgendes Wissen:

- Stabilitätsanalyse eines gegebenen Regelkreises durch Betrachtung der charakteristischen Gleichungen und des Frequenzgangs der offenen Kette,
- Amplituden- und Phasenrand des Frequenzgangs der offenen Kette als Maßzahlen für die Robustheit des Regelkreises.

6.2.1 Charakteristische Gleichungen

Ein lineares System ist sowohl *intern* als auch *extern stabil* ist, falls dessen Eigenwerte alle in der linken Halbebene der komplexen Ebene liegen. Diese Eigenwerte entsprechen den Nullstellen des Nennerpolynoms der Übertragungsfunktion des Systems. Diese Nullstellen des Nennerpolynoms werden als *Polstellen* bzw. *Pole* s_i der Übertragungsfunktion bezeichnet:

$$Re\{s_i\} < 0 \text{ für alle } i = 1,2,\dots,n$$

Der geschlossene Regelkreis wird wegen

$$Y(s) = G_w(s)W(s) + G_d(s)D(s)$$

durch zwei Übertragungsfunktionen beschrieben:

$$G_w(s) = \frac{G_0(s)}{1 + G_0(s)}$$

$$G_d(s) = \frac{G_{Sd}(s)}{1 + G_0(s)}$$

Gesucht sind nun die Pole der beiden Übertragungsfunktionen, die über Stabilität oder Instabilität entscheiden. Dazu wird $G_0(s)$ als rationale Übertragungsfunktion mit Zählerpolynom $Z_0(s)$ und Nennerpolynom $N_0(s)$ dargestellt:

$$G_0(s) = \frac{Z_0(s)}{N_0(s)}$$

Entsprechend gilt für die Störübertragungsfunktion der Regelstrecke:

$$G_{Sd}(s) = \frac{Z_{Sd}(s)}{N_{Sd}(s)}$$

Damit lassen sich die Übertragungsfunktionen des Regelkreises umformen in:

$$G_w(s) = \frac{Z_0(s)}{N_0(s) + Z_0(s)}$$

$$G_d(s) = \frac{Z_{Sd}(s)N_0(s)}{N_{Sd}(s)[N_0(s) + Z_0(s)]}$$

Daraus folgen die beiden *charakteristischen Gleichungen* des geschlossenen Regelkreises, deren Lösungen gleich den Polen des geschlossenen Regelkreises sind:

$$N_0(s) + Z_0(s) = 0$$

$$N_{Sd}(s)[N_0(s) + Z_0(s)] = 0$$

Die Lage dieser Polstellen im Pol-Nullstellen-Diagramm entscheidet über die Stabilität des Regelkreises. Alternativ kann durch Anwendung des Hurwitz-Kriteriums [29] auf die beiden charakteristischen Gleichungen eine Stabilitätsanalyse durchgeführt werden ohne Berechnung der Polstellen.

6.2.2 Vereinfachtes Nyquist-Kriterium

Eine weitere Alternative zur Stabilitätsanalyse besteht in der Anwendung des Nyquist-Kriteriums. Das Nyquist-Kriterium [29] hat folgende Vorteile:

- Aus dem Frequenzgang der offenen Kette kann auf die Stabilität des geschlossenen Kreises geschlossen werden.
- Im Gegensatz zum Hurwitz-Kriterium kann das Nyquist-Kriterium auf Regelkreise mit Totzeiten angewendet werden.
- Das Nyquist-Kriterium liefert weiterhin Maßzahlen für die Robustheit des Regelkreises: den *Phasenrand (Phasenreserve)* und den *Amplitudenrand (Amplitudenreserve)*.

An der Stabilitätsgrenze schwingen alle Signale im Regelkreis harmonisch ohne Auf- oder Abklingen. Daher gilt an der Stabilitätsgrenze für die Laplace-Variable:

$$s = \delta + j\omega = j\omega \text{ mit } \delta = 0$$

Aus der ersten charakteristischen Gleichung des Regelkreises folgt für die Stabilitätsgrenze:

$$1 + \frac{Z_0(j\omega)}{N_0(j\omega)} = 1 + G_0(j\omega) = 0$$

Auflösen noch $G_0(j\omega)$ ergibt die folgende Bedingung für Grenzstabilität:

$$G_0(j\omega) = -1$$

Diese ist gleichbedeutend mit den folgenden beiden Bedingungen:

$$|G_0(j\omega)| = 1 \cong 0 \, dB$$

$$\wedge \quad \arg G_0(j\omega) = -\pi = -180°$$

Diese beiden Bedingungen lassen sich anschaulich anhand des Regelkreises in Abb. 70 erläutern. Dabei wird der Regelkreis wie folgt betrieben:

- kein Führungssignal,
- kein Störsignal,
- Auftrennung des Regelkreises an einer beliebigen Stelle, z.B. im Rückkopplungszweig,
- Stimulation des Regelkreises an der freien aufgetrennten Stelle durch ein sinusförmiges Signal.

Der Regelkreis befindet sich dann im *kritischen grenzstabilen Zustand*, wenn die Signale links und rechts der aufgetrennten Stelle
– dieselbe Amplitude
– und eine Phasenverschiebung von -360°

aufweisen. Denn beim Schließen des Regelkreises und Entfernen der Stimulation sind alle Signale im Regelkreis in diesem Fall sinusförmige Schwingungen, die weder auf- noch abklingen.

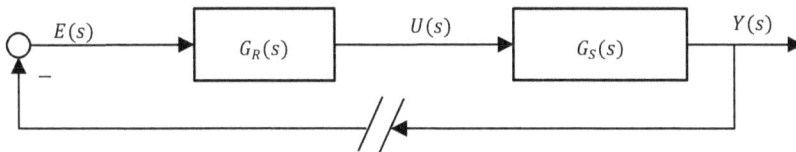

Abb. 70: Auftrennung des Regelkreises zur Erläuterung des Nyquist-Kriteriums

Die Phasenverschiebung von -360° entsteht durch
– die negative Rückkopplung an der Vergleichsstelle
– und eine Phasenverschiebung von -180° in der offenen Kette.

Da der Amplituden- und der Phasengang der offenen Kette von der Kreisfrequenz ω abhängen, tritt der kritische Zustand nur bei einer einzigen bestimmten Kreisfrequenz ω_{krit} auf.

Der kritische grenzstabile Zustand kann nur bei Regelkreisen auftreten, bei denen der Phasengang der offenen Kette die Linie $\varphi(\omega) = -180°$ unterschreitet oder der Amplitudengang die Linie $A(\omega) = 1 \cong 0\ dB$ überschreitet. Beide Fälle können zur Instabilität des Regelkreises führen, die durch einen geeigneten Reglerentwurf auf jeden Fall zu vermeiden ist.

6.2.3 Beispiel: I-Regelung einer PT2-Strecke

Als Beispiel für die Anwendung des vereinfachten Nyquist-Kriteriums wird die I-Regelung einer PT2-Strecke betrachtet [29].

$$G_S(s) = \frac{k_s}{(1 + T_1 s)(1 + T_2 s)}$$

$$G_R(s) = \frac{k_i}{s}$$

$$G_0(s) = G_R(s)G_S(s) = \frac{k_i k_s}{s(1 + T_1 s)(1 + T_2 s)}$$

Dieser Regelkreis kann bei schlechter Wahl des Reglerparameters k_i instabil werden. Denn die charakteristische Gleichung des geschlossenen Regelkreises lautet:

$$N_0(s) + Z_0(s) = \underbrace{T_1 T_2}_{a_3} s^3 + \underbrace{(T_1 + T_2)}_{a_2} s^2 + \underbrace{1}_{a_1} s + \underbrace{k_i k_s}_{a_0} = 0$$

Aus dem Hurwitz-Kriterium folgen die Bedingungen für die asymptotische Stabilität des Regelkreises, die logisch Und-verknüpft sind:

$$a_3 = T_1 T_2 > 0 \ \wedge \ a_2 = T_1 + T_2 > 0 \ \wedge \ a_1 = 1 > 0 \ \wedge \ a_0 = k_i k_s > 0$$

$$\wedge \ \begin{vmatrix} a_1 & a_3 \\ a_0 & a_2 \end{vmatrix} = a_1 a_2 - a_0 a_3 = (T_1 + T_2) - k_i k_s T_1 T_2 > 0$$

Unter der Annahme, dass alle Streckenparameter k_s, T_1 und T_2 positiv sind, ergeben sich die folgenden resultierenden Ungleichungen für die Reglerverstärkung k_i als Bedingungen für die asymptotische Stabilität des Regelkreises:

$$0 < k_i < \frac{T_1 + T_2}{k_s T_1 T_2}$$

Für

$$k_i = k_{i,krit} = \frac{T_1 + T_2}{k_s T_1 T_2}$$

befindet sich der Regelkreis im kritischen grenzstabilen Zustand.

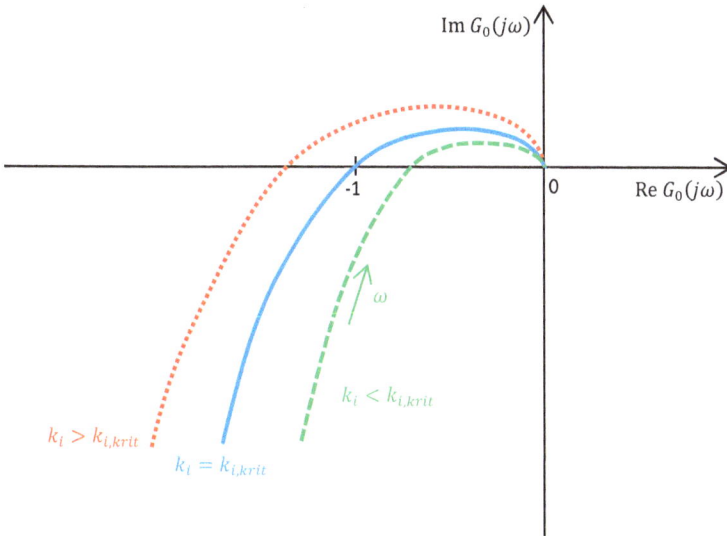

Abb. 71: Nyquist-Diagramm des Frequenzgangs der offenen Kette

Das Nyquist-Kriterium betrachtet das Nyquist-Diagramm des Frequenzgangs $G_0(j\omega)$ der offenen Kette in Abb. 71 bei verschiedenen Reglerverstärkungen k_i:

- Für $k_i < k_{i,krit}$ liegt der kritische Punkt -1 links der Ortskurve von $G_0(j\omega)$ bei wachsendem ω. Der Regelkreis ist asymptotisch stabil.
- Für $k_i > k_{i,krit}$ liegt der kritische Punkt -1 rechts der Ortskurve von $G_0(j\omega)$ bei wachsendem ω. Der Regelkreis ist instabil.
- Für $k_i = k_{i,krit}$ verläuft die Ortskurve von $G_0(j\omega)$ durch den kritischen Punkt -1. Der Regelkreis ist grenzstabil.

Die obigen Betrachtungen sind gültig für Regelkreise, deren offene Ketten folgende Eigenschaften aufweisen [29]:

- Die offene Kette $G_0(s)$ ist entweder nicht integrierend, einfach integrierend oder zweifach integrierend. Das bedeutet, $G_0(s)$ hat maximal 2 Pole im Ursprung.
- Alle anderen Pole von $G_0(s)$ liegen in der linken komplexen Halbebene.
- Die offene Kette $G_0(s)$ hat weniger Nullstellen als Pole (hat einen Polüberschuss).
- Die offene Kette $G_0(s)$ kann ein Totzeitglied enthalten.

---

i Damit lautet das *vereinfachte Nyquist-Kriterium*:

Hat die offene Kette eines einschleifigen Regelkreises die folgende Übertragungsfunktion

$$G_0(s) = \frac{1}{s^q} \frac{b_0 + b_1 s + \cdots + b_m s^m}{a_0 + a_1 s + \cdots + a_{n-q} s^{n-q}} e^{-sT_t}$$

mit folgenden Eigenschaften:

- Anzahl der Pole im Ursprung $q \leq 2$,
- alle anderen Pole sind stabil bzw. liegen in der linken komplexen Halbebene,
- Polüberschuss $n > m$,

dann ist der Regelkreis unter folgender Bedingung *asymptotisch stabil*:

- beim Durchlaufen der Ortskurve $G_0(j\omega)$ in Richtung steigender Kreisfrequenzen ω liegt der kritische Punkt -1 stets links der Ortskurve.

6.2.4 Amplituden- und Phasenränder

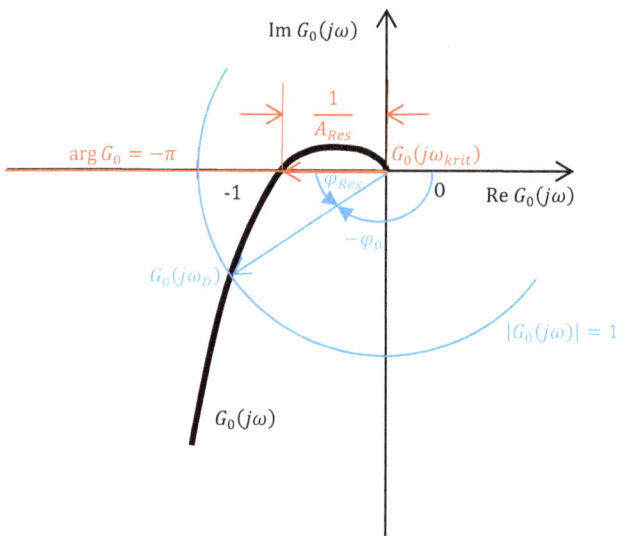

Abb. 72: Amplituden- und Phasenrand im Nyquist-Diagramm

Der Amplitudenrand und der Phasenrand der offenen Kette sind Maßzahlen für die Robustheit eines Regelkreises. Beide Maßzahlen können sowohl aus dem Nyquist- als auch aus dem Bode-Diagramm ermittelt werden.

6.2.4.1 Phasenrand (Phasenreserve)

Im Nyquist-Diagramm Abb. 72 ist der *Phasenrand* der Winkel φ_{Res} zwischen der negativen reellen Achse bis zum Schnittpunkt der Ortskurve des Frequenzgangs $G_0(j\omega)$ mit dem Ursprungs-Einheitskreis. Die Kreisfrequenz, bei welcher der Frequenzgang den Einheitskreis schneidet, wird als *Durchtrittskreisfrequenz* ω_D bezeichnet. Der Phasenrand kann wie folgt berechnet werden:

- Bestimmung der Durchtrittskreisfrequenz ω_D aus

$$A_0(\omega_D) = |G_0(j\omega_D)| = 1 \,\hat{=}\, 0\,dB$$

- Berechnung des Phasenrands φ_{Res} durch

$$\varphi_{Res} = \varphi_0(\omega_D) + \pi = \varphi_0(\omega_D) + 180°$$

Im Phasengang des Bode-Diagramms ist der Phasenrand gleich dem Abstand zwischen der $-180°$-Linie und der Phase φ_0 bei der Durchtrittskreisfrequenz ω_D. Wobei die Durchtrittskreisfrequenz ω_D diejenige Kreisfrequenz ist, bei welcher der Amplitudengang $A_{0dB}(\omega) = 20\lg|G_0(j\omega)|$ die $0dB$-Linie schneidet.

6.2.4.2 Amplitudenrand (Amplitudenreserve)

Im Nyquist-Diagramm Abb. 72 ist der *Amplitudenrand* der Kehrwert des Abstands $1/A_{Res}$ zwischen dem Ursprung und dem Schnittpunkt der Ortskurve des Frequenzgangs mit der negativen reellen Achse.

Die Kreisfrequenz, bei welcher die Ortskurve die negative reelle Achse schneidet, wird als *kritische Kreisfrequenz* ω_{krit} bezeichnet. Der Amplitudenrand kann wie folgt berechnet werden:

- Bestimmung der kritischen Kreisfrequenz ω_{krit} aus

$$\varphi(\omega_{krit}) = -\pi = -180°$$

- Berechnung des Amplitudenrands A_{Res} durch

$$A_{Res} = \frac{1}{A_0(\omega_{krit})}$$

$$A_{Res,dB} = 20\lg\frac{1}{A_0(\omega_{krit})} = -20\lg A_0(\omega_{krit}) = -A_{0,dB}(\omega_{krit})$$

Im Amplitudengang des Bode-Diagramms ist der Amplitudenrand gleich dem Abstand zwischen der $0dB$-Linie und der Amplitude $A_0(\omega_{krit})$ bei der kritischen

Kreisfrequenz ω_{krit}. Die kritische Kreisfrequenz ω_{krit} ist diejenige Kreisfrequenz, bei welcher der Phasengang $\varphi_0(\omega) = \arg G_0(j\omega)$ die $-180°$-Linie schneidet.

6.2.4.3 Stabilitäts- und Robustheitskriterien

Falls der Phasenrand φ_{Res} negativ wäre, würde die Ortskurve den Ursprungs-Einheitskreis im 2. Quadranten des Nyquist-Diagramms schneiden. Das würde bedeuten, dass der kritische Punkt -1 rechts der Nyquist-Ortskurve bei fortschreitender Kreisfrequenz ω läge. Damit wäre das vereinfachte Nyquist-Kriterium für die Stabilität verletzt.

---

i Daraus folgt die folgende Formulierung für das *vereinfachte Nyquist-Kriterium*:
Erfüllt die Übertragungsfunktion $G_0(s)$ der offenen Kette des Regelkreises die Bedingungen des vereinfachten Nyquist-Kriteriums, dann ist der geschlossene Regelkreis asymptotisch stabil, falls der Phasenrand φ_{Res} und der Amplitudenrand A_{Res} positiv sind.

Des Weiteren sind die Phasen- und Amplitudenränder Maßzahlen der *Robustheit* des Regelkreises. Der Regelkreis ist umso *robuster*, je größer der Phasenrand und der Amplitudenrand sind. Aus der Literatur [29] sind folgende Faustformeln für den Phasen- und den Amplitudenrand bekannt, anhand denen ein Reglerentwurf für ein System erfolgen kann:

- Faustformel für gutes Führungsverhalten
    - $A_{Res} = 4dB, \dots, 20dB$
    - $\varphi_{Res} > 50°, \dots, 60°$
- Faustformel für gutes Störverhalten
    - $A_{Res} = 2dB, \dots, 3dB$
    - $\varphi_{Res} > 30°$

Voraussetzungen sind nach wie vor die Bedingungen des vereinfachten Nyquist-Kriteriums an die offene Kette des Regelkreises. Mit Hilfe des MATLAB-Befehls `margin` aus der Control-System-Toolbox können die Amplituden- und Phasenränder berechnet und grafisch in einem Bode-Diagramm dargestellt werden.

6.2.5 Verallgemeinertes Nyquist-Kriterium

Das verallgemeinerte Nyquist-Kriterium betrachtet im Gegensatz zum vereinfachten Nyquist-Kriterium auch Übertragungsfunktionen $G_0(s)$, deren Pole auf oder rechts der imaginären Achse liegen. Das heißt, das verallgemeinerte Nyquist-Kriterium liefert eine Stabilitätsaussage auch für instabile offene Ketten des Regelkreises.

Verallgemeinertes Nyquist-Kriterium:
Hat die offene Kette eines einschleifigen Regelkreises die folgende Übertragungsfunktion

$$G_0(s) = \frac{b_0 + b_1 s + \cdots + b_m s^m}{a_0 + a_1 s + \cdots + a_n s^n} e^{-sT_t}$$

mit folgenden Eigenschaften:

- n_p instabile Pole mit positivem Realteil,
- n_i Pole auf der imaginären Achse (einschließlich der Pole im Ursprung),
- alle anderen Pole sind stabil und liegen in der linken komplexen Halbebene,
- Polüberschuss $n > m$,

dann ist der Regelkreis unter folgender Bedingung stabil:

- wenn der vom kritischen Punkt -1 an die Nyquist-Ortskurve gezogene Fahrstrahl beim Durchlauf von $\omega = 0$ bis $\omega \to \infty$ die Winkeländerung $\varphi_{stabil} = \pi \cdot (n_p + n_i/2)$ beschreibt.

6.3 Geschwindigkeitsregelung für totzeitbehaftete PT1-Strecke

Nun wird die tatsächliche Longitudinaldynamik des MAD-Fahrzeugs einschließlich der Totzeit $T_t = 100ms$ aus Abschnitt 5.1 und Aufgabe 5.1 betrachtet. In diesem Fall würde ein PI-Regler mit dynamischer Kompensation zu einem unbefriedigenden Regelkreisverhalten mit schlechter Dämpfung führen, da die Totzeit T_t verhältnismäßig groß ist.

In Aufgabe 6.1 wird daher ein alternatives Entwurfsverfahren für den PI-Regler basierend auf dem vereinfachten Nyquist-Kriterium angewandt. Als Voraussetzung für diesen Reglerentwurf spezifiziert dieser Abschnitt die Anforderungen an den Regelkreis.

6.3.1 Anforderungen an Führungsgröße

Das Eingangssignal des Geschwindigkeitsreglers ist die Sollgeschwindigkeit w, die Unstetigkeiten aufweisen kann.

Der ROS-Node `carctrl_node` liest – wie in Abb. 16 dargestellt – die Sollgeschwindigkeit als Element `vmax` der ROS-Message `madmsgs::DriveManeuver` auf ROS-Topic `/mad/car0/navi/maneuver` ein. Diese ROS-Message kann z.B. mit Hilfe des Python-Skripts `send_maneuver.py` generiert werden.

In Simulink liest das Subsystem `Control Software` das Bussignal `maneuver` ein, das das skalare Signal `vmax` für die Sollgeschwindigkeit als Element enthält.

6.3.2 Anforderungen an Regelgröße

Die Regelgröße ist die Geschwindigkeit des Hinterachsmittelpunkts $y = v_r$, die näherungsweise dem Longitudinalanteil v_{c1} der Schwerpunktgeschwindigkeit entspricht.

Der ROS-Node carlocate_node berechnet die Istgeschwindigkeit v_r und sendet diese als Element v der ROS-Messages madmsgs::CarOutputsExt auf ROS-Topic /mad/caroutputsext.

In Simulink liest das Subsystem Control Software die Istgeschwindigkeit als Element v des Bussignals caroutpsext ein, welches vom Subsystem Vehicle Dynamics generiert wird.

6.3.3 Anforderungen an Stellgröße

Die Stellgröße ist die normierte Gleichstrommotorspannung $u_n \in [-1; 1]$. Diese Stellgröße soll auf die gegebenen Minimum- und Maximumgrenzen aus Gründen der Sicherheit begrenzt werden. Der Geschwindigkeitsregler als Teil des ROS-Nodes carctrl_node soll u_n als Element pedals der ROS-Message madmsgs::CarInputs auf ROS-Topic /mad/carinputs senden. In Simulink soll das Subsystem Control Software das Bussignal carinputs erzeugen, das dieselben Elemente wie madmsgs::CarInputs enthält und vom Subsystem Vehicle Dynamics empfangen wird.

Wie in Abschnitt 5.1.1 beschrieben erfolgt durch das weitere Stellsignal u_{cmd} (Element cmd von carinputs) eine Vorgabe des Fahrmodus, um den Gleichstrommotor und die Motorelektronik vor Überlast zu schützen und einen Nothalt im Fehlerfall zu ermöglichen. Dieses Signal soll vom Geschwindigkeitsregler in Abhängigkeit der Sollgeschwindigkeit und der Aktivierung des Longitudinalpositionsreglers gestellt werden.

Ist der Longitudinalpositionsregler aus Kapitel 7 aktiv, soll der Fahrmodus CarInputsCmdSlow in Simulink bzw. CMD_SLOW in C++ als Wert des Elements cmd von carinputs vorgegeben werden. In diesem Fahrmodus kann das Fahrzeug beliebige Fahrtrichtungswechsel bei Langsamfahrt durchführen, die für das Anhalten an einer Sollposition erforderlich sind.

Ist dagegen der Longitudinalpositionsregler nicht aktiv und damit nur der Geschwindigkeitsregler aktiv, soll der Fahrmodus CarInputsCmdForward in Simulink bzw. CMD_FORWARD in C++ für Vorwärtsfahrt gestellt werden, falls die Sollgeschwindigkeit w größer gleich $0m/s$ ist. Ist w dagegen kleiner als $0m/s$, soll eine Rückwärtsfahrt durch Zuweisung von CarInputsCmdReverse bzw. CMD_REVERSE als Wert des Elements cmd aktiviert werden.

6.3.4 Anforderungen an Regelkreisdynamik

Der Reglerentwurf soll sicherstellen, dass die Regelgröße $y = v_r$ der Führungsgröße w ohne Schwingungen folgt. Daher soll die Regelkreisdynamik folgende Eigenschaften aufweisen:

- Die Überschwingzeit der Sprungantwort des Führungsverhaltens soll $T_m = 1000ms$ betragen. Dies entspricht approximativ einer Durchtrittskreisfrequenz $\omega_D \approx \pi/T_m = \pi \, rad/s$ des Frequenzgangs $G_0(j\omega)$ der offenen Kette.
- Die *Überschwingweite* dieser *Sprungantwort* soll $e_m = 4\%$ betragen, was einem *Phasenrand* $\varphi_{Res} \approx 65°$ des Frequenzgangs $G_0(j\omega)$ der offenen Kette entspricht.

6.4 Aufgaben

6.4.1 Aufgabe 6.1 Entwurf des Geschwindigkeitsreglers [C++/Simulink]

Für den Reglerentwurf wird ein zeitkontinuierlicher PI-Regler in Polynomform verwendet:

$$G_R(s) = k_r \frac{1 + T_i s}{T_i s}$$

Der folgende Entwurf basiert auf der bereits berechneten Übertragungsfunktion $G_S(s)$ der Longitudinaldynamik (5.1) aus Abschnitt 5.1 und Aufgabe 5.1.

a. Berechne die Reglerparameter k_r und T_i unter Beachtung der Anforderungen an die Regelkreisdynamik und die offene Kette in Abschnitt 6.3.4. Verwende dabei die folgenden Beziehungen für die offene Kette:
- Frequenzgang $G_0(j\omega) = G_R(j\omega) \cdot G_S(j\omega)$
- Amplitudengang $A_0(\omega) = |G_0(j\omega)|$
- Phasengang $\varphi_0(\omega) = \arg G_0(j\omega)$
- Phasenrand $\varphi_{Res} = \pi + \varphi_0(\omega_D)$
- Definitionsgleichung für Durchtrittskreisfrequenz ω_D:

$$A_0(\omega_D) = 1 \stackrel{\wedge}{=} 0dB$$

b. Verwende den MATLAB-Befehl margin zur Berechnung der Phasen- und Amplitudenränder der offenen Kette $G_0(j\omega)$. Verifiziere, ob der geforderte Phasenrand φ_{Res} mit Hilfe des Ansatzes aus Teilaufgabe a. erzielt wird.

c. Verwende den MATLAB-Befehl step zur Darstellung der Sprungantwort des Führungsverhaltens $G_w(s) = G_0(s)/(1 + G_0(s))$ des Regelkreises. Verifiziere mit

Hilfe des MATLAB-Befehls `stepinfo`, ob die geforderte Überschwingzeit T_m und Überschwingweite e_m erzielt werden.

d. Der Regler soll als zeitdiskreter Regler mit parallelen P- und I-Anteilen implementiert werden. Der obige Regler kann in folgender Summenform dargestellt werden:

$$G_R(s) = k_r \left(1 + \frac{1}{T_i s}\right)$$

Diskretisiere den I-Anteil durch Anwendung des Rückwärtsdifferenzenverfahrens mit Hilfe des folgenden Ansatzes. Dabei ist $T_A = 20ms$ die Abtastzeit des zeitdiskreten Reglers:

$$s \approx \frac{1 - z^{-1}}{T_A}$$

Erforderliche Laborergebnisse:

–   mathematische Ausdrücke und Werte für T_i und k_r
–   Bode-Diagramm von $G_0(j\omega)$ einschließlich der Phasen- und Amplitudenränder
–   Signal-Zeit-Diagramm der Sprungantwort von $G_w(s)$
–   Übertragungsfunktion $G_R^*(z)$ des zeitdiskreten PI-Reglers
–   Differenzengleichungen zur Berechnung des Stellsignals $u_k = u(kT_A)$ und dessen I-Anteils $u_{ik} = u_i(kT_A)$ in Abhängigkeit der Regelabweichung $e_k = w_k - y_k$
–   MATLAB-Skript `ex6_1.m` für b. und c.

6.4.2 Aufgabe 6.2 Simulink-Subsystem für Geschwindigkeitsregelung [Simulink]

In dieser Aufgabe wird das Simulink-Subsystem `Control Software` aus Abb. 19 modelliert und getestet. Dieses Subsystem

–   regelt die Fahrzeuggeschwindigkeit durch den zeitdiskreten Regler aus Aufgabe 6.1,
–   empfängt das Bussignal `caroutputsext` zur Messung der Istgeschwindigkeit,
–   empfängt das Bussignal `maneuver`, das das skalare Signal `vmax` für die Sollgeschwindigkeit enthält,
–   generiert das Bussignal `carinputs` mit einer Abtastzeit $T_A = 20ms$ zur Steuerung des Fahrzeugs.

Das Subsystem `Control Software` wird in Kapitel 7 und 9 noch um die Longitudinalpositionsregelung und die Bahnfolgeregelung erweitert. Die folgenden Arbeitsschritte werden vorgeschlagen:

a. Kopiere das Simulink-Modell s6_template.slx aus Aufgabe 5.2 nach einem neuen Simulink-Modell s7_template.slx. Arbeite nur mit diesem neuen Modell.

b. Erweitere s7_template.slx um ein neues Subsystem Control Software und modelliere den zeitdiskreten PI-Regler aus Aufgabe 6.1 in einem neuen Subsystem Speed Control als Teil des Subsystems Control Software.

    – Füge einen Inport-Block maneuver ein zum Empfang der Bussignals maneuver, das die Sollgeschwindigkeit vmax enthält.

    – Füge einen Inport-Block caroutputsext ein zum Empfang des Bussignals caroutputsext, das die Istgeschwindigkeit v enthält.

    – Füge einen Outport-Block carinputs ein, der das Bussignal carinputs für die beiden Stellsignale pedals und steering erzeugt.

    – Begrenze das Stellsignal u_n auf $u_n \in [-1; 1]$.

    – Erweitere das PI-Regler-Modell durch ein Clamping-Anti-Windup-Filter, das die numerische Integration des I-Anteils anhält, falls u_n die Bereichsgrenzen verlässt: $u_n \notin [-1; 1]$. Sobald u_n wieder innerhalb der gültigen Grenzen ist: $u_n \in [-1; 1]$, wird die numerische Integration des I-Anteils fortgesetzt.

    – Stelle das Stellsignal u_{cmd} (cmd in carinputs) zur Vorgabe des Fahrmodus entsprechend den Anforderungen in Abschnitt 6.3.3.

    – Setze das Stellsignal δ_n (pedals in carinputs) für die Lenkung auf einen konstanten Wert ungleich 0, so dass das Fahrzeug auf stationären Kreisen fährt. Eine gute Wahl ist z.B. $\delta_n = 0,7$.

    – Erzeuge das Bussignal maneuver durch Einfügung von Constant- und BusCreator-Blöcken auf oberster Modellebene.

c. Erweitere das Daten-File s6_data.m durch MATLAB-Anweisungen zur Berechnung der Reglerparameter.

d. Teste s7_template.slx in MiL-Simulationen in Simulink durch

    – Steuerung des Fahrzeugs durch Veränderung der konstanten Werte für vmax als Element des Bussignals maneuver

    – Messung des Geschwindigkeitsverlaufs auf caroutputsext

e. Teste das Subsystem Control Software in SiL-Simulationen auf dem simulierten MAD-System:

    – Logge Dich ein auf dem MAD-Linux-Computer

    – Öffne ein neues Terminal mit Ctrl+Alt+t

    – Starte MATLAB

```
cd mad/trunk/matlab/madctrl_d1
matlab
```

    – Öffne das Simulink-Modell madctrl_d1.slx, das die automatisierten Fahrfunktionen implementiert (siehe Abschnitt 3.4.3)

- Ersetze das Subsystem `Control Software` in `madctrl_d1.slx` durch eine Kopie des Subsystems `Control Software` aus Deinem Simu-link-Modell `s7_template.slx`
- Kopiere die erforderlichen Parameterdefinitionen aus `s6_data.m` nach `madctrl_d1_data.m`
- Öffne ein weiteres Terminal und starte die MAD-Simulation

```
roslaunch madcar simmanual.launch
```

- Generiere den ROS-Node `madctrl_d1` aus `madctrl_d1.slx`, indem Du das Simulink-Modell `madctrl_d1.slx` durch Betätigung des Run-Buttons startest. Dadurch wird der Build-Prozess aus Abb. 18 ausgeführt.
- Betrachte den Verlauf des Build-Prozesses durch Anklicken von `View Diagnostics` in der unteren Fensterzeile von Simulink.
- Nach erfolgreichem Build-Prozess wird automatisch der neue ROS-Node `madctrl_d1` auf dem MAD-System gestartet.
- Öffne ein weiteres Terminal und erzeuge Fahrmanöver durch Aufruf des Python-Skripts `madcar/scripts/send_maneuver.py`.

```
rosrun madcar send_maneuver.py
```

- Verändere die Sollgeschwindigkeit durch Editieren und wiederholtes Ausführen von `send_maneuver.py`.
- Analysiere das Regelkreisverhalten durch Öffnen des Simulink-Scopes `Speed Scope`.

f. Nach erfolgreichem SiL-Test kannst Du nun endlich den Geschwindigkeitsregler `Control Software` auf dem realen MAD-System in Fahrversuchen testen:
- Stoppe Simulink durch Betätigung des `Stop`-Button
- Stoppe ROS durch `Ctrl+c` in dem Terminal, das `roslaunch` ausführt
- Platziere das Fahrzeug auf der MAD-Fahrbahn mit einer Anfangsposition, so dass ausreichend Platz für die Durchführung von Kreisfahrten vorhanden ist
- Starte nun das reale MAD-System

```
roslaunch mad manual.launch
```

- Alle weiteren Schritte in Simulink sind identisch zu denen aus e.
- Analysiere das Regelkreisverhalten durch Öffnen des Simulink-Scopes `Speed Scope`.

Alle Entwicklungsschritte außer den letzten beiden Teilaufgaben e. und f. können auf beliebigen Arbeitsplatzrechnern durchgeführt werden, auf denen die Entwicklungsumgebungen aus Abschnitt 3.1.2 installiert sind. Für SiL-Tests und Fahrversuche ist ein Zugang zum MAD-Laborsystem erforderlich.

Erforderliche Laborergebnisse:
- Simulink-Modell s7_template.slx
- MATLAB-Skript s6_data.m
- Signal-Zeit-Diagramme von Sprungantworten der Fahrzeuggeschwindigkeit v_r aus Simulink-MiL-Simulationen und auf dem realen MAD-System

6.4.3 Aufgabe 6.3 ROS-Node carctrl_node für Geschwindigkeitsregelung [C++]

In dieser Aufgabe wird ROS-Node carctrl_node aus Abb. 16 und Abb. 17 programmiert und getestet. Dieser ROS-Node
- regelt die Fahrzeuggeschwindigkeit mit Hilfe des zeitdiskreten PI-Reglers aus Aufgabe 6.1,
- empfängt Messages vom Typ madmsgs::CarOutputsExt auf Topic /mad/caroutputsext zur Messung der Geschwindigkeit,
- empfängt Messages vom Typ madmsgs::DriveManeuver auf Topic /mad/car0/navi/maneuver, die die Sollgeschwindigkeit vmax enthalten,
- sendet Messages vom Type madmsgs::CarInputs auf Topic /mad/carinputs mit einer Abtastzeit von $20ms$ zur Steuerung des Fahrzeugs.

Die folgenden Arbeitsschritte werden vorgeschlagen:
a. Programmiere ROS-Node carctrl_node und die neue C++-Klasse CarCtrlNode als Teil des neuen C++-Moduls carctrl_node.cpp in ROS-Package madcar.
    - Programmiere weiterhin den zeitdiskreten PI-Regler aus Aufgabe 6.1 in einer neuen C++-Klasse SpeedController im neuen C++-Header-File SpeedController.h im ROS-Package madcar.
    - Rufe SpeedController von carctrl_node aus auf.
    - Erweitere CMakeLists.txt zum Builden von carctrl_node.
    - Begrenze das Stellsignal u_n auf $u_n \in [-1; 1]$.
    - Erweitere das PI-Regler-Modell durch ein Clamping-Anti-Windup-Filter, das die numerische Integration des I-Anteils anhält, falls u_n die Bereichsgrenzen verlässt: $u_n \notin [-1; 1]$. Sobald u_n wieder innerhalb der gültigen Grenzen ist: $u_n \in [-1; 1]$, wird die numerische Integration des I-Anteils fortgesetzt.
    - Stelle das Stellsignal u_{cmd} zur Vorgabe des Fahrmodus entsprechend den Anforderungen in Abschnitt 6.3.3.

   – Setze das Stellsignal δ_n für die Lenkung auf einen konstanten Wert ungleich 0, so dass das Fahrzeug in Kreisen fährt. Eine gute Wahl ist z.B. $\delta_n = 0{,}7$.

b. Erstelle

   – ein neues ROS-Launch-File `simctrl.launch` durch Kopieren und Erweitern von `simmanual.launch` als Teil des ROS-Package `madcar`, das alle ROS-Nodes startet: `carsim_node`, `carlocate_node`, `cardisplay_node`, `carctrl_node`, `rviz`

c. Teste `carctrl_node` durch

   – Starten des Launch-Files `simctrl.launch`

```
roslaunch madcar simctrl.launch
```

   – Steuerung des Fahrzeugs durch Generierung von Messages auf `/mad/car0/navi/maneuver` mit Hilfe des Python-Skripts `madcar/scripts/send_maneuver.py`

```
rosrun madcar send_maneuver.py
```

   – Messen des Geschwindigkeitsverlaufs auf `/mad/caroutputsext`
   – Visualisierung der Fahrzeugbewegung in `rviz`

d. Wiederhole die Tests aus c. in realen Fahrversuchen.

   – Platziere das Fahrzeug auf der MAD-Fahrbahn mit einer Anfangsposition, so dass genügend Platz für die Durchführung von Kreisfahrten vorhanden ist
   – Starte nun das reale MAD-System mit Hilfe des Launch-Files `autosys.launch`

```
roslaunch mad autosys.launch
```

   – Die weiteren Schritte entsprechen denen aus Aufgabenteil c.

Alle Entwicklungsschritte außer dem letzten Schritt d. können auf beliebigen Arbeitsplatzrechnern durchgeführt werden, auf denen die Entwicklungsumgebungen aus Abschnitt 3.1.2 installiert sind. Für den realen Fahrversuch im letzten Schritt ist ein Zugang zum MAD-Laborsystem erforderlich.

Erforderliche Laborergebnisse:

- C++-Modul `carctrl_node.cpp`
- C++-Header `SpeedController.h`
- Launch-File `simctrl.launch`
- Signal-Zeit-Diagramme von Sprungantworten der Fahrzeuggeschwindigkeit v_r (Element `v` von `/mad/caroutputsext`) durch Aufzeichnungen mit `rqt`

7 Longitudinalpositionsregelung

Dieses Kapitel erweitert den einschleifigen Regelkreis aus Kapitel 6 wesentlich durch zwei verschiedene Strukturen:
- *Kaskadenregelung,*
- *Vorsteuerung.*

Bei diesen Regelkreisstrukturen wird der Regler nicht mehr durch ein einzelnes Übertragungsglied definiert, sondern durch mehrere Übertragungsglieder.

Durch diese Erweiterungen kann der Regelkreis aufgrund der zur Verfügung stehenden Zahl an Übertragungsgliedern gleichzeitig für eine gute Führungsübertragung und für eine gute Störübertragung ausgelegt werden. Für den Reglerentwurf stehen mehrere *Freiheitsgrade* zur Verfügung.

Die Kaskadenregelung und die Vorsteuerung werden zur Longitudinalpositionsregelung im MAD-Laborversuch eingesetzt. Bei der Longitudinalpositionsregelung empfängt der ROS-Node `carctrl_node` bzw. `madctrl_d1` auf dem Topic `/mad/car0/navi/maneuver` ein Fahrmanöver, das die zu fahrende Bogenlänge x^* des Hinterachsmittelpunkts in Longitudinalrichtung vorgibt.

7.1 Kaskadenregelung

In der Positionsregelung bei elektrischen Antriebssystemen wird häufig eine Kaskadenregelung eingesetzt.

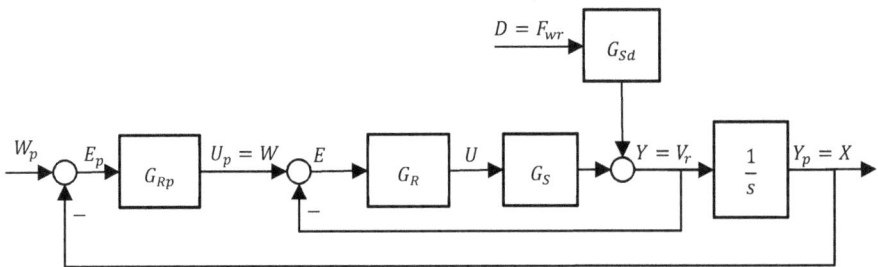

Abb. 73: Kaskadenregelung der Longitudinalposition

Der in Abb. 73 dargestellte Kaskadenregelkreis besteht aus
- einem *inneren Regelkreis* mit Regler G_R für die Geschwindigkeitsregelung
- und einem *äußeren Regelkreis* mit Regler G_{Rp} für die Positionsregelung.

https://doi.org/10.1515/9783110723526-007

Da die Kaskadenregelung aus zwei Reglern aufgebaut ist, stehen zwei Freiheitsgrade für den Reglerentwurf zur Verfügung. Diese Kaskadenregelung wird am Beispiel der Longitudinalpositionsregelung des MAD-Fahrzeugs gezeigt. Dabei dient

- der innere Regelkreis der Geschwindigkeitsregelung in Longitudinalrichtung
- und der äußere Regelkreis der Positionsregelung in Longitudinalrichtung.

7.1.1 Innerer Geschwindigkeitsregelkreis

Zunächst wird der innere Geschwindigkeitsregelkreis aus Kapitel 6 betrachtet. Die Signale dieses Regelkreises sind bereits bekannt aus Kapitel 6:

- Die Regelgröße ist die Geschwindigkeit $y = v_r$ des Hinterachsmittelpunkts.
- Die Stellgröße ist das normierte Motorsignal u.
- Die Führungsgröße ist die Sollgeschwindigkeit w.
- Die Störgröße ist die Summe der Fahrwiderstandskräfte $d = F_{wr}$.

Bei Einsatz des PI-Reglers G_R aus Aufgabe 6.1 für die PT1Tt-Regelstrecke G_S werden die Führungsübertragungsfunktion G_w und die Störübertragungsfunktion G_d des inneren Regelkreises wie folgt hergeleitet. Zunächst wird das PT1Tt-Übertragungsverhalten der Regelstrecke durch ein PT2-Übertragungsverhalten approximiert:

$$G_S(s) = \frac{Y(s)}{U(s)} = \frac{k_u}{Ts + 1} e^{-sT_t} \approx \frac{k_u}{(Ts + 1)(T_t s + 1)}$$
$$= \frac{k_u}{TT_t s^2 + (T + T_t)s + 1}$$

Diese Approximation ist zulässig, falls die Totzeit die Bedingung $T_t < T/3$ erfüllt. Dies ist der Fall beim MAD-Fahrzeug. Die Störübertragung der Longitudinaldynamik wird gemäß Aufgabe 5.1 durch die PT1-Übertragungsfunktion beschrieben:

$$G_{Sd}(s) = \frac{Y(s)}{D(s)} = -\frac{k_d}{Ts + 1}$$

Durch Einsatz des in Aufgabe 6.1 entworfenen PI-Reglers

$$G_R(s) = \frac{U(s)}{E(s)} = k_r \frac{T_i s + 1}{T_i s}$$

ergibt sich der Übertragungsfunktion der offenen Kette

$$G_0(s) = \frac{Y(s)}{E(s)} = G_R G_S = k_r k_u \frac{T_i s + 1}{T_i s(TT_t s^2 + (T + T_t)s + 1)} \; ,$$

die Führungsübertragungsfunktion

$$G_w(s) = \frac{Y(s)}{W(s)} = \frac{G_0}{1 + G_0} = \frac{T_i s + 1}{\frac{T_i T T_t}{k_r k_u} s^3 + \frac{T_i (T + T_t)}{k_r k_u} s^2 + T_i \left(1 + \frac{1}{k_r k_u}\right) s + 1}$$

und die Störübertragungsfunktion

$$G_d(s) = \frac{Y(s)}{D(s)} = \frac{G_{Sd}}{1 + G_0} = -\frac{\frac{k_d}{k_r k_u} (T_i T T_t s^3 + T_i (T + T_t) s^2 + T_i s)}{(T s + 1)\left[\frac{T_i T T_t}{k_r k_u} s^3 + \frac{T_i (T + T_t)}{k_r k_u} s^2 + T_i \left(1 + \frac{1}{k_r k_u}\right) s + 1\right]}$$

des inneren Geschwindigkeitsregelkreises.

7.1.2 Äußerer Positionsregelkreis

Die Signale des äußeren Positionsregelkreises sind wie folgt:

- Die Regelgröße ist die Longitudinalposition $y_p = x$, wobei x die gefahrene Bogenlänge des Hinterachsmittelpunkts ist.
- Die Führungsgröße ist die Sollposition w_p des Hinterachsmittelpunkts in Longitudinalrichtung.
- Die Stellgröße ist die Sollgeschwindigkeit $u_p = w_v$ für den inneren Regelkreis.
- Der äußere Regelkreis hat keine Störgröße.

Mit Hilfe der Führungsübertragungsfunktion G_w des inneren Regelkreises wird die Führungsübertragungsfunktion G_{wp} des äußeren Regelkreises berechnet.

Die Übertragungsfunktion der äußeren Regelstrecke ergibt sich aus einer Serienschaltung der inneren Führungsübertragungsfunktion G_w und eines Integrators, da die Position gleich dem Integral der Geschwindigkeit ist:

$$\begin{aligned} G_{Sp}(s) &= \frac{Y_p(s)}{U_p(s)} = G_w(s) \frac{1}{s} \\ &= \frac{T_i s + 1}{\frac{T_i T T_t}{k_r k_u} s^4 + \frac{T_i (T + T_t)}{k_r k_u} s^3 + T_i \left(1 + \frac{1}{k_r k_u}\right) s^2 + s} \end{aligned} \qquad (7.1)$$

Als Positionsregler wird ein P-Regler mit Reglerverstärkung k_p eingesetzt:

$$G_{Rp}(s) = \frac{U_p(s)}{E_p(s)} = k_p$$

Durch Serienschaltung dieses Reglers mit der äußeren Regelstrecke ergibt sich die Übertragungsfunktion der offenen Kette

$$G_{0p}(s) = G_{Rp}G_{Sp} = \frac{k_p(T_i s + 1)}{\frac{T_i T T_t}{k_r k_u} s^4 + \frac{T_i(T + T_t)}{k_r k_u} s^3 + T_i\left(1 + \frac{1}{k_r k_u}\right) s^2 + s}$$

und die Übertragungsfunktion des Führungsverhaltens

$$G_{wp}(s) = \frac{Y_p(s)}{W_p(s)} = \frac{G_{0p}}{1 + G_{0p}}$$

$$= \frac{T_i s + 1}{\frac{T_i T T_t}{k_p k_r k_u} s^4 + \frac{T_i(T + T_t)}{k_p k_r k_u} s^3 + \frac{T_i}{k_p}\left(1 + \frac{1}{k_r k_u}\right) s^2 + \left(\frac{1}{k_p} + T_i\right) s + 1}$$

7.1.3 Reglerentwurf

Die Vorteile der Kaskadenregelung bestehen darin, dass es sich beim Reglerentwurf um einen zweistufigen Entwicklungsprozess handelt:
- Im ersten Entwicklungsschritt wird der innere Geschwindigkeitsregler entsprechend Kapitel 6 entworfen und getestet.
- Im zweiten Entwicklungsschritt wird der äußere Positionsregler entworfen und getestet. Die äußere Regelstrecke ergibt sich aus einer Serienschaltung der Führungsübertragung des inneren Regelkreises und einem Integrator (I-Glied).

Der innere Geschwindigkeitsregler unterdrückt Störungen. Der äußere Positionsregler muss daher nicht für eine gute Störunterdrückung hin entworfen werden. Der äußere Positionsregler ist meist ein einfacher P-Regler mit einem Reglerparameter k_p.

Die Bestimmung des Reglerparameters k_p erfolgt anhand der Rampenantwort des äußeren Regelkreises. Die Rampenantwort ist qualitativ in Abb. 74 dargestellt. Die Rampenantwort weist zwei Regelabweichungen auf:
- den zeitlichen *Schleppabstand* e_t,
- den *Schleppabstand* e_y im Wertebereich.

Beide Schleppabstände konvergieren gegen stationäre Werte bei einem unbegrenzten Rampensignal für das Führungssignal $w_p(t) = v^* \cdot t \cdot h(t)$. Diese stationären Werte von e_t und e_y nehmen bei Vergrößerung des Reglerparameters k_p ab. Jedoch kann k_p aufgrund der Dynamikbeschränkungen des inneren Regelkreises nicht zu groß gewählt werden. Weiterhin nimmt die Dämpfung des Regelkreises mit steigendem k_p ungünstiger Weise ab. Dies würde zu einer höheren Schwingneigung und zu einer geringeren Robustheit des Regelkreises führen.

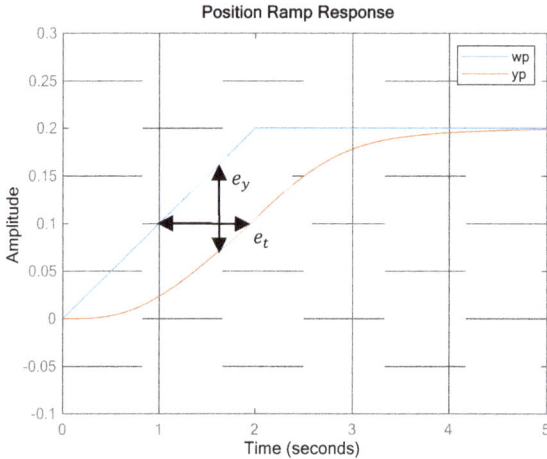

Abb.74: Rampenantwort des äußeren Positionsregelkreises

7.2 Vorsteuerung

Die *Vorsteuerung* ist eine Erweiterung eines Regelkreises zur dynamischen Folgere-gelung (Nachlaufregelung). Durch eine Vorsteuerung kann im Fall von veränderli-chen Führungssignalen ein ideales Führungsverhalten und damit der Schleppab-stand exakt auf null reduziert werden. Wie die Kaskadenregelung führt die Vorsteue-rung G_V auch auf eine Zwei-Freiheitsgrad-Regelkreisstruktur mit den beiden zu ent-werfenden Übertragungsfunktionen G_R und G_V. Abb. 75 stellt dar, wie der klassische, einschleifige Regelkreis um die Vorsteuerung G_V erweitert wird.

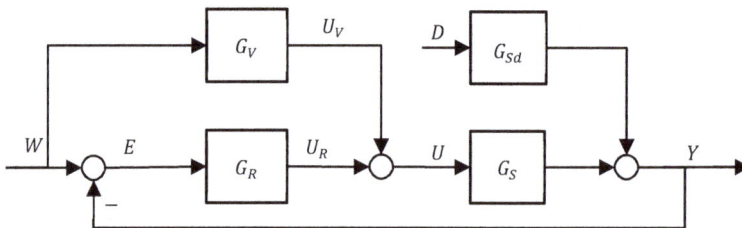

Abb. 75: Einschleifiger Regelkreis mit Vorsteuerung

7.2.1 Entwurf der Vorsteuerung durch Invertierung der Regelstrecke

Die Gesamtübertragungsverhalten des Regelkreises mit Vorsteuerung wird gemäß Abb. 75 durch folgende algebraische Gleichung beschrieben:

$$Y = G_S[G_R(W - Y) + G_V W] + G_{Sd}D$$

Auflösen nach der Regelgröße ergibt:

$$Y = \underbrace{\frac{G_S(G_R + G_V)}{1 + G_R G_S}}_{G_w} W + \underbrace{\frac{G_{Sd}}{1 + G_R G_S}}_{G_d} D \qquad (7.2)$$

Mit Hilfe der Vorsteuerung kann ein ideales Führungsverhalten G_w gleich einer Identität erzielt werden, falls die Vorsteuerung als Inverse der Regelstrecke entworfen wird:

$$G_V(s) = G_S^{-1}(s) \qquad (7.3)$$

Einsetzen von (7.3) in (7.2) ergibt das ideale Führungsverhalten

$$G_w(s) = \frac{G_S(G_R + G_V)}{1 + G_R G_S} = \frac{G_S(G_R + G_S^{-1})}{1 + G_R G_S}$$
$$= \frac{G_S G_R + 1}{1 + G_R G_S} = 1$$

Das bedeutet, dass die Regelgröße direkt der Führungsgröße ohne Verzögerung folgt, falls

- die Übertragungsfunktion $G_S(s)$ die Regelstrecke ohne Fehler beschreibt
- und keine Störung $D(s)$ auftritt:

$$Y(s) = G_w(s)W(s) = W(s)$$

Parallel werden Störungen durch die Rückkopplung über den Regler G_R im Regelkreis unterdrückt.

7.2.2 Differenzgrad der Regelstrecke

Eine kausale Regelstrecke weist die folgende Übertragungsfunktion mit Zähler- und Nennerpolynomen auf, wobei der Nennergrad n größer oder gleich dem Zählergrad q ist:

$$G_S(s) = \frac{Z_S(s)}{N_S(s)} = \frac{b_q s^q + b_{q-1} s^{q-1} + \cdots + b_1 s + b_0}{a_n s^n + a_{n-1} s^{n-1} + \cdots + a_1 s + a_0}$$

Der *Differenzgrad r* der Regelstrecke ist definiert als:

$$r = n - q$$

Dieser Differenzgrad ist immer größer gleich null, falls die Regelstrecke kausal ist:

$$r \geq 0$$

Die Vorsteuerung wird als Inverse der Strecke entworfen:

$$G_V(s) = \frac{U_V(s)}{W(s)} = G_S^{-1}(s) = \frac{a_n s^n + a_{n-1} s^{n-1} + \cdots + a_1 s + a_0}{b_q s^q + b_{q-1} s^{q-1} + \cdots + b_1 s + b_0}$$

Im Zeitbereich lässt sich die Vorsteuerung entsprechend als Differentialgleichung für die Stellgröße $u_V(t)$ definieren:

$$b_q \frac{d^q u_V}{dt^q} + \cdots + b_1 \frac{du_V}{dt} + b_0 u_V(t) = a_n \frac{d^n w}{dt^n} + \cdots + a_1 \frac{dw}{dt} + a_0 w(t) \, ; \ t > 0$$

Damit diese Vorsteuerung kausal ist, muss das Führungssignal $w(t)$ zur Lösung der Differentialgleichung r-fach differenzierbar sein. Weiterhin muss die Stellgröße im Allgemeinen stetig sein. Das bedeutet, sie darf keine Sprünge oder gar Impulse aufweisen, die den Aktuator beschädigen könnten. Um dies zu erreichen, existieren zwei prinzipielle Alternativen:

– Die Führungsgröße $w(t)$ wird geplant, so dass sie entsprechend oft differenzierbar ist. In der Literatur [30] wird dieser Fall als „Vorsteuerungs-Entwurf im Offline-Fall" bezeichnet.

– Oder es wird ein Führungsfilter eingesetzt. In [30] wird dieser Fall als „Vorsteuerungs-Entwurf im Online-Fall" bezeichnet. Falls die Führungsgröße von außen als stetiges Signal vorgegeben wird, wird die Kausalität der Vorsteuerung im Online-Fall durch ein Führungsfilter der Ordnung r erreicht:

$$G_F(s) = \frac{1}{1 + c_1 s + c_2 s^2 + \cdots + c_r s^r}$$

Im Fall eines Führungsfilters wird der Regelkreis entsprechend dem Signalflussplan in Abb. 76 erweitert.

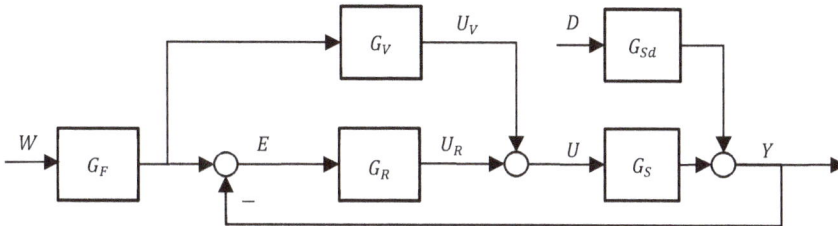

Abb. 76: Vorsteuerung mit Führungsfilter

7.3 Positionsregelung mit Kaskadenregelung und Vorsteuerung

In Mini-Auto-Drive wird für die Longitudinalpositionsregelung eine Kombination aus Kaskadenregelung und Vorsteuerung eingesetzt. Abb. 77 zeigt den vollständigen Signalflussplan des kaskadierten Regelkreises einschließlich der Führungsübertragung G_w des inneren Geschwindigkeitsregelkreises aus Kapitel 6. Die Störung des inneren Regelkreises durch Fahrwiderstände ist aus Platzgründen nicht dargestellt.

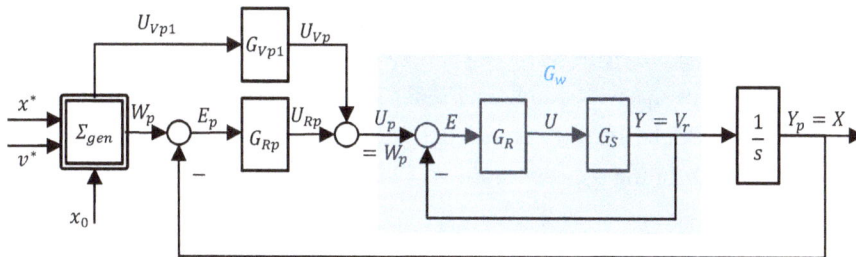

Abb. 77: Kaskadenregelung mit Vorsteuerung und Führungssignalgenerator

Der äußere P-Regler G_{Rp} für die Positionsregelung wird entsprechend Abschnitt 7.1 entworfen. Das Signal u_{Vp} der Vorsteuerung überlagert das Stellsignal u_{Rp} dieses äußeren Reglers.

Die Vorsteuerung wird in einen Offline-Führungssignalgenerator Σ_{gen} und den Online-Filter G_{Vp1} aufgeteilt. Σ_{gen} erzeugt das Führungssignal $w_p(t)$ für die

Longitudinalposition als Polynom 5. Grades in Abhängigkeit von der Zeit t. Weiterhin generiert Σ_{gen} das Eingangssignal $u_{Vp1}(t)$ für den Online-Anteil G_{Vp1} der Vorsteuerung durch mehrfache Differentiation von $w_p(t)$. Die konstanten Eingänge für Σ_{gen} sind die Startposition x_0, die zu fahrende Bogenlänge x^* und die maximale Geschwindigkeit v^* während des Fahrmanövers. Σ_{gen} generiert das Führungssignal $w_p(t)$ als streng monoton wachsende Funktion von $w_p(0) = x_0$ bis $w_p(t_e) = x_0 + x^*$ im Zeitbereich $t \in [0s; t_E]$.

In den folgenden beiden Abschnitten wird zunächst der Entwurf der Vorsteuerung und danach die Führungssignalgenerierung behandelt.

7.3.1 Entwurf der Vorsteuerung

Der Entwurf der Vorsteuerung erfolgt entsprechend zu Abschnitt 7.2 unter der Annahme, dass die Sollposition w_p als Eingangssignal für die Vorsteuerung vorliegt. Die ideale Übertragungsfunktion G_{Vp} der Vorsteuerung wird in diesem Fall als die Inverse der Regelstrecke im äußeren Regelkreis entworfen, wobei die Übertragungsfunktion G_{Sp} der äußeren Regelstrecke durch (7.1) gegeben ist:

$$G_{Vp}(s) = \frac{U_{Vp}}{W_p} = G_{Sp}^{-1} = \left(G_{wv}\frac{1}{s}\right)^{-1} = \frac{\frac{T_i T T_t}{k_r k}s^4 + \frac{T_i(T+T_t)}{k_r k}s^3 + T_i\left(1+\frac{1}{k_r k}\right)s^2 + s}{T_i s + 1}$$

Der Differenzgrad der Regelstrecke beträgt $r = 4 - 1 = 3$. Daher muss das Führungssignal w_p 3-fach differenzierbar sein.

Die Vorsteuerung G_{Vp} wird durch eine Serienschaltung eines Übertragungsglieds G_{Vp2}, das ausschließlich Differentiationen des Führungssignals berechnet, und eines Hochpassfilters 1. Ordnung G_{Vp1} realisiert:

$$G_{Vp}(s) = \frac{U_{Vp}}{W_p}$$
$$= \underbrace{\left(\frac{T_i T T_t}{k_r k}s^3 + \frac{T_i(T+T_t)}{k_r k}s^2 + T_i\left(1+\frac{1}{k_r k}\right)s + 1\right)}_{G_{Vp2}(s)}\underbrace{\frac{s}{T_i s + 1}}_{G_{Vp1}(s)} \qquad (7.4)$$

Demnach handelt es sich bei dieser Vorsteuerung um eine Serienschaltung einer Offline-Vorsteuerung und einer Online-Vorsteuerung. Im Offline-Teil erzeugt der Führungssignalgenerator zunächst das Führungssignal w_p und dann durch mehrfache Differentiation von w_p das Signal u_{Vp1}:

$$U_{Vp1}(s) = \underbrace{\left(\frac{T_i T T_t}{k_r k} s^3 + \frac{T_i (T + T_t)}{k_r k} s^2 + T_i \left(1 + \frac{1}{k_r k} \right) s + 1 \right)}_{G_{Vp2}(s)} W_p(s) \qquad (7.5)$$

Der nachgeschaltete Online-Teil berechnet den Vorsteuerungsanteil u_{Vp} des Stellsignals aus u_{Vp1}:

$$U_{Vp}(s) = \underbrace{\frac{s}{T_i s + 1}}_{G_{Vp1}(s)} U_{Vp1}(s)$$

Der Vorteil dieser Serienschaltung von G_{Vp2} und G_{Vp1} besteht darin, dass der Führungssignalgenerator Σ_{gen} das Signal u_{Vp1} offline und analytisch aus Ableitungen eines analytisch definierten Führungssignals w_p berechnen kann. Die Berechnung des Stellsignals u_{Vp} erfolgt durch eine Online-Filterung von u_{Vp1} mit Hilfe einer zeitdiskreten Variante des Hochpassfilters G_{Vp1}.

7.3.2 Entwurf der Führungssignalgenerierung

Der Führungssignalgenerator Σ_{gen} berechnet das Führungssignal w_p als Polynom 5. Grades in Abhängigkeit von der Zeit $t \in [t_0; t_E]$:

$$w_p(t) = c_5 t^5 + c_4 t^4 + c_3 t^3 + c_2 t^2 + c_1 t + c_0 \qquad (7.6)$$

Die Eingangsdaten für diese Führungssignalgenerierung sind die Startposition x_0, die zu fahrende Bogenlänge x^* und die maximale Geschwindigkeit v^* des Parkvorgangs. Als Anforderungen muss $w_p(t)$ die folgenden Randbedingungen erfüllen:

$$w_p(t_0) = x_0 \qquad (7.7)$$

$$\dot{w}_p(t_0) = 0 \frac{m}{s} \qquad (7.8)$$

$$\ddot{w}_p(t_0) = 0 \frac{m}{s^2} \qquad (7.9)$$

$$w_p(t_E) = x_0 + x^* \qquad (7.10)$$

$$\dot{w}_p(t_E) = 0\,\frac{m}{s} \tag{7.11}$$

$$\ddot{w}_p(t_E) = 0\,\frac{m}{s^2} \tag{7.12}$$

Somit startet das Fahrzeug bei Zeit $t_0 = 0s$ aus dem Stillstand bei der Position x_0 mit Geschwindigkeit $0\,m/s$ und Beschleunigung $0\,m/s^2$. Zum Zeitpunkt $t_E > t_0$ soll das Fahrzeug die Longitudinalposition $x_0 + x^*$ erreichen und mit Geschwindigkeit $0\,m/s$ und Beschleunigung $0\,m/s^2$ zum Stillstand kommen. Als Startposition x_0 wird die Istposition $x(t_0)$ des Fahrzeugs zum Zeitpunkt t_0 der Aktivierung der Longitudinalpositionsregelung verwendet.

Das Führungssignal ist wegen dieser Randbedingungen punktsymmetrisch zum Wendepunkt $\left(t_E/2\,;\,w_p(t_E/2)\right)$. An diesem Wendepunkt ist die Fahrzeuggeschwindigkeit maximal, die als Eingangssignal v^* für den Führungssignalgenerator Σ_{gen} vorgegeben wird:

$$\dot{w}_p(t_E) = v^* \tag{7.13}$$

Die sieben Gleichungen (7.7) bis (7.13) bilden ein Gleichungssystem für die sechs Polynomialkoeffizienten $c_0, c_1, \dots, c_5$ von $w_p(t)$ und für die Zeit t_E. Wegen (7.13) ist dieses Gleichungssystem nichtlinear.

Die Lösung dieses Gleichungssystems erfolgt in drei Schritten. Im ersten Schritt wird die Zeit t_E als bekannt angenommen. Die Polyomialkoeffizienten $c_5, c_4, \dots, c_0$ werden als Lösung des linearen Gleichungssystems (7.7) bis (7.12) in Abhängigkeit der gegebenen Position x_0, der Bogenlänge x^* und der Zeit t_E berechnet. Dieses lineare Gleichungssystem lautet in Matrizenform

$$\begin{bmatrix} t_0^5 & t_0^4 & t_0^3 & t_0^2 & t_0 & 1 \\ 5t_0^4 & 4t_0^3 & 3t_0^2 & 2t_0 & 1 & 0 \\ 20t_0^3 & 12t_0^2 & 6t_0 & 2 & 0 & 0 \\ t_E^5 & t_E^4 & t_E^3 & t_E^2 & t_E & 1 \\ 5t_E^4 & 4t_E^3 & 3t_E^2 & 2t_E & 1 & 0 \\ 20t_E^3 & 12t_E^2 & 6t_E & 2 & 0 & 0 \end{bmatrix} \cdot \begin{bmatrix} c_5 \\ c_4 \\ c_3 \\ c_2 \\ c_1 \\ c_0 \end{bmatrix} = \begin{bmatrix} x_0 \\ 0 \\ 0 \\ x_0 + x^* \\ 0 \\ 0 \end{bmatrix} \tag{7.14}$$

oder unter Berücksichtigung von $t_0 = 0s$

$$
\begin{bmatrix}
0 & 0 & 0 & 0 & 0 & 1 \\
0 & 0 & 0 & 0 & 1 & 0 \\
0 & 0 & 0 & 2 & 0 & 0 \\
t_E^5 & t_E^4 & t_E^3 & t_E^2 & t_E & 1 \\
5t_E^4 & 4t_E^3 & 3t_E^2 & 2t_E & 1 & 0 \\
20t_E^3 & 12t_E^2 & 6t_E & 2 & 0 & 0
\end{bmatrix}
\cdot
\begin{bmatrix}
c_5 \\ c_4 \\ c_3 \\ c_2 \\ c_1 \\ c_0
\end{bmatrix}
=
\begin{bmatrix}
x_0 \\ 0 \\ 0 \\ x_0 + x^* \\ 0 \\ 0
\end{bmatrix}
\tag{7.15}
$$

Die Lösung kann mit einem Computer-Algebra-System erfolgen, z.B. mit Hilfe der MATLAB-Symbolic-Math-Toolbox™, und liefert folgendes Ergebnis:

$$
\begin{bmatrix}
c_5 \\ c_4 \\ c_3 \\ c_2 \\ c_1 \\ c_0
\end{bmatrix}
=
\begin{bmatrix}
\dfrac{6x^*}{t_E^5} \\[2mm]
-\dfrac{15x^*}{t_E^4} \\[2mm]
\dfrac{10x^*}{t_E^3} \\[2mm]
0 \\ 0 \\ x_0
\end{bmatrix}
\tag{7.16}
$$

Im zweiten Schritt erfolgt die Bestimmung von t_E durch Einsetzen der Polynomialkoeffizienten (7.16) in die Polynomialfunktion (7.6). Damit berechnet sich die maximale Geschwindigkeit zu

$$
\dot{w}_p\left(\frac{t_E}{2}\right) = \frac{15x^*}{8t_E}
$$

Aus der Vorgabe (7.13) für die Maximalgeschwindigkeit v^* bei der Wendestelle $t_E/2$ ergibt sich die Zeit t_E des Fahrmanövers:

$$
t_E = \frac{15x^*}{8v^*}
\tag{7.17}
$$

Im dritten und letzten Schritt wird die nun bekannte Zeit t_E aus (7.17) in (7.16) zur Berechnung der Polynomialkoeffizienten in Abhängigkeit von x^* und v^* eingesetzt:

$$
\begin{bmatrix} c_5 \\ c_4 \\ c_3 \\ c_2 \\ c_1 \\ c_0 \end{bmatrix} = \begin{bmatrix} \dfrac{65536\, v^{*5}}{253125\, x^{*4}} \\[2mm] -\dfrac{4096\, v^{*4}}{3375\, x^{*3}} \\[2mm] \dfrac{1024\, v^{*3}}{675\, x^{*2}} \\[2mm] 0 \\ 0 \\ x_0 \end{bmatrix}
\tag{7.18}
$$

Bei Aktivierung der Longitudinalpositionsregelung zum Zeitpunkt $t = 0s$ berechnet der Führungssignalgenerator Σ_{gen} zunächst die Polynomialkoeffizienten entsprechend diesem Offline-Entwurf. Im Intervall $t \in [0s; t_E]$ wertet Σ_{gen} das Polynom (7.6) zur Berechnung von $w_p(t)$ aus und begrenzt $w_p(t) = x_0 + x^*$ für $t > t_E$.

Des Weiteren berechnet Σ_{gen} das Signal $u_{Vp1}(t)$ für die Online-Vorsteuerung G_{Vp1} gemäß (7.5) im Intervall $t \in [0s; t_E]$:

$$
u_{Vp1}(t) = \frac{T_i T T_t}{k_r k} \dddot{w}_p(t) + \frac{T_i(T + T_t)}{k_r k} \ddot{w}_p(t) + T_i \left(1 + \frac{1}{k_r k}\right) \dot{w}_p(t)
\\ + w_p(t)
\tag{7.19}
$$

Zur analytischen Berechnung von $u_{Vp1}(t)$ werden die Ableitungen des Polynoms $w_p(t)$ berechnet und in (7.19) eingesetzt. Das resultierende Polynom 5. Grades für $u_{Vp1}(t)$ ergibt sich zu:

$$
u_{Vp1}(t) = c_5 t^5 + \left[c_4 + 5 T_i c_5 \left(\frac{1}{kk_r} + 1\right)\right] t^4
$$

$$
+ \left[c_3 + 4 T_i c_4 \left(\frac{1}{kkr} + 1\right) + \frac{20 T_i c_5 (T + T_t)}{kkr}\right] t^3
$$

$$
+ \left[c_2 + 3 T_i c_3 \left(\frac{1}{kk_r} + 1\right) + \frac{12 T_i c_4 (T + T_t)}{kk_r} + \frac{60 T T_i T_t c_5}{kk_r}\right] t^2
\tag{7.20}
$$

$$
+ \left[c_1 + 2 T_i c_2 \left(\frac{1}{kk_r} + 1\right) + \frac{6 T_i c_3 (T + T_t)}{kk_r} + \frac{24 T T_i T_t c_4}{kk_r}\right] t
$$

$$
+ c_0 + T_i c_1 \left(\frac{1}{kk_r} + 1\right) + \frac{2 T_i c_2 (T + T_t)}{kk_r} + \frac{6 T T_i T_t c_3}{kk_r}
$$

7.4 Aufgaben

7.4.1 Aufgabe 7.1 Entwurf der Longitudinalpositionsregelung [C++/Simulink]

Für Fahrmanöver zum Parken oder Anhalten eines MAD-Fahrzeugs wird die Longitudinalpositionsregelung als Kaskadenregelung zunächst ohne und dann mit Vorsteuerung entworfen. Der innere Regelkreis ist der Geschwindigkeitsregelkreis aus den Aufgaben des Kapitels 6 ohne Modifikationen. Im äußeren Regelkreis wird für die Positionsregelung ein P-Regler verwendet entsprechend Abschnitt 7.1.

Der Reglerentwurf, d.h. die Berechnung des Reglerparameters k_p aus Abschnitt 7.1, erfolgt anhand einer Betrachtung des stationären Schleppabstandes e_y aus Abb. 74. Dieser entspricht der stationären Regelabweichung

$$e_y = \lim_{t \to \infty} e_p(t)$$

des äußeren Regelkreises für den Fall, dass als Führungssignal ein unbegrenztes Rampensignal der Form

$$w_p(t) = v^* \cdot t \cdot h(t)$$

vorliegt mit der Annahme einer Anfangsposition $x_0 = 0m$ bei $t_0 = 0s$.

a. Berechne zunächst den stationären Schleppabstand e_y mit Hilfe des Endwertsatzes der Laplace-Transformation für allgemeine Rampensignal-, Regelstrecken- und Reglerparameter. Verwende die approximierte Regelstrecke gemäß Abschnitt 7.1.

b. Der stationäre Schleppabstand soll $e_y = 10cm$ bei einer Sollgeschwindigkeit von $v^* = 0,1m/s$ betragen. Berechne die erforderliche Reglerverstärkung k_p des P-Reglers.

c. Überprüfe die Ergebnisse, indem Du die Rampenantwort $y_p(t)$ des kaskadierten Regelkreises auf das unbegrenzte Rampensignal $w_p(t) = v^*th(t)$ mit Hilfe der MATLAB-Control-System-Toolbox simulierst und die Signal-Zeit-Diagramme von $w_p(t)$ und $y_p(t)$ grafisch darstellst.

d. Ab welcher Reglerverstärkung k_p wäre der kaskadierte Regelkreis instabil? Die Lösung dieser Aufgabe ist analytisch nicht möglich. Bestimme die numerische, grafische Lösung durch Verwendung des MATLAB-Befehls rlocus, der die Wurzelortskurven des geschlossenen Regelkreises in Abhängigkeit von k_p grafisch darstellt.

e. Erweitere nun den Regelkreis um eine Vorsteuerung im äußeren Regelkreis entsprechend des in Abschnitt 7.3 beschriebenen Entwurfsverfahrens. Programmiere dazu die neue MATLAB-Funktion

```
[ c, te ] = cd_refpoly_vmax(vmax, x0, xs)
```

zur Berechnung der Zeit t_E und der Polynomialkoeffizienten $c_5, c_4, ..., c_0$ von $w_p(t)$ gemäß Abschnitt 7.3. Diese MATLAB-Funktion cd_refpoly_vmax erhält als Übergabeparameter

- die maximale Geschwindigkeit v^* als Parameter vmax,
- die Startposition x_0 als Parameter x0,
- die zu fahrende Bogenlänge x^* als Parameter xs.

Die beiden Rückgabeparameter sind

- ein Zeilenvektor c, der die Polynomialkoeffizienten $c_5, c_4, ..., c_0$ enthält,
- die Zeit te, bei welcher das Führungssignal $w_p(t_E) = x_0 + x^*$ ist.

Programmiere weiterhin die MATLAB-Funktion

```
cff = cd_refpoly_ff(c, k, T, Tt, kr, Ti)
```

zur Berechnung der Polynomialkoeffizienten des Signals $u_{vp1}(t)$ aus Gleichung (7.20). Die Übergabeparameter von cd_refpoly_ff sind

- der Zeilenvektor c der Polynomialkoeffizienten von $w_p(t)$, die cd_refpoly_vmax berechnet hat,
- die Parameter k, T, T_t, k_r, T_i der Regelstrecke und des Geschwindigkeitsreglers.

Der Rückgabeparameter ist

- ein Zeilenvektor cff, der die Polynomialkoeffizienten von $u_{vp1}(t)$ enthält.

Erweitere das MATLAB-Skript ex6_1.m um Tests der beiden neuen MATLAB-Funktionen cd_refpoly_vmax und cd_refpoly_ff für den Fall

$$v^* = 0,5 \, m/s \, , x_0 = 0 \, m, \, x^* = 1 \, m.$$

Die Tests sollen $w_p(t), y_p(t), \dot{w}_p(t), \ddot{w}_p(t)$ und $u_{vp1}(t)$ berechnen und in Signal-Zeit-Diagrammen darstellen. Verwende

- die MATLAB-Funktionen polyval und polyder zur Berechnung und Auswertung der Polynome in Abhängigkeit von t,
- die MATLAB-Funktion lsim zur Berechnung von $y_p(t)$.

f.   In Vorbereitung auf die folgenden Aufgaben soll der Hochpass-Anteil $G_{Vp1}(s)$ der
     Vorsteuerung in Gleichung (7.4) aus Abschnitt 7.3 zeitlich diskretisiert werden.

     –   Verwende die Trapezregel zur Approximation der zeitkontinuierli-
       chen Übertragungsfunktion $G_{Vp1}(s)$ durch die zeitdiskrete Übertra-
       gungsfunktion $G_{Vp1}^*(z)$. Bestimme weiterhin die Differenzenglei-
       chung für den Stellsignalanteil u_{Vpk} in Abhängigkeit von u_{Vp1k}.

Erforderliche Laborergebnisse:
–   mathematische Ausdrücke für $Y_p(s), E_p(s), e_y, k_p$
–   Wert und Einheit von k_p
–   Signal-Zeit-Diagramm der Rampenantwort $y_p(t)$ auf $w_p(t) = v^* th(t)$
–   Wurzelortskurven des Regelkreises in Abhängigkeit von k_p
–   MATLAB-Funktionen `cd_refpoly_vmax` und `cd_refpoly_ff`
–   Signal-Zeit-Diagramme für $w_p(t), y_p(t), \dot{w}_p(t), \ddot{w}_p(t)$ und $u_{Vp1}(t)$
–   zeitdiskrete Übertragungsfunktion $G_{Vp1}^*(z)$ für Hochpass-Anteil der Vorsteue-
    rung
–   Differenzengleichung für den Stellsignalanteil u_{Vpk} in Abhängigkeit von u_{Vp1k}
–   erweitertes MATLAB-Skript `ex6_1.m` zur Lösung der Teilaufgaben und zum Tes-
    ten der entwickelten MATLAB-Funktionen

7.4.2 Aufgabe 7.2 Erweiterung des Simulink-Subsystems Control Software für Longitudinalpositionsregelung [Simulink]

Die Regelungsfunktion `Control Software` in `s7_template.slx` bzw. `madctrl_d1.slx`
soll um die Longitudinalpositionsregelung entsprechend Abschnitt 7.3 erweitert werden. `Control Software` empfängt zwei verschiedene Typen von Fahrmanövern auf
dem Bussignal `maneuver`:
–   `ManeuverTypePathFollow` für geschwindigkeitsgeregelte freie Fahrt entspre-
    chend Kapitel 6,
–   `ManeuverTypePark` für Longitudinalpositionsregelung entsprechend diesem Ka-
    pitel.

Dieser Typ ist im Element `type` des Bussignals `maneuver` codiert. Je nach Wert dieses
Elements, soll die Regelungsfunktion `Control Software` flexibel zwischen der Ge-
schwindigkeitsregelung und der Longitudinalpositionsregelung umschalten.
 Bitte beachte, dass die Longitudinalpositionsregelung die Geschwindigkeitsrege-
lung enthält und die Führungssignalgenerierung aus Aufgabe 7.1 benötigt wird. Die
Geschwindigkeitsregelung aus Kapitel 6 ist stets aktiv. Der äußere Posititionsregler

G_{Rp}, die Vorsteuerung G_{Vp1} und die Führungssignalgenerierung Σ_{gen} werden aktiviert bzw. deaktiviert je nach Fahrmanövertyp.

Im Fall des Fahrmanövertyps `ManeuverTypePark` enthält das Bussignal `maneuver` die folgenden Elemente:
- die zu fahrende Bogenlänge x^* (`xManeuverEnd`),
- die maximale Geschwindigkeit v^* (`vmax`).

Zum Aktivierungszeitpunkt des Longitudinalpositionsreglers liest Σ_{gen} weiterhin die Istposition $y_p(t) = x(t)$ zur Initialisierung der Startposition $x_0 = x(0)$ ein.

a. Erweitere das Subsystem `Control Software` in `s7_template.slx` aus Kapitel 6 um
  - Führungssignalgenerierung Σ_{gen},
  - Longitudinalpositionsregler als kaskadierter Regler G_{Rp} mit Vorsteuerung G_{Vp1},
  - Erkennung des Fahrmanövertyps,
  - Aktivierung / Deaktivierung des Longitudinalpositionsreglers je nach Fahrmanövertyp.
b. Teste `s7_template.slx` mit Hilfe von MiL-Simulationen in Simulink durch
  - Veränderung der konstanten Werte für `type`, `vmax`, `xManeuverEnd` als Elemente des Bussignals `maneuver`,
  - Messung der Position x und der Geschwindigkeit v auf `caroutputsext`.
c. Teste das Subsystem `Control Software` in SiL-Simulationen auf dem simulierten MAD-System durch Modifikation und Ausführen des Python-Skripts `madcar/scripts/send_maneuver.py`.
d. Teste das Subsystem `Control Software` in Fahrversuchen auf dem MAD-System durch Modifikation und Ausführen von `madcar/scripts/send_maneuver.py`.

Alle Entwicklungsschritte außer den letzten beiden Teilaufgaben c. und d. können auf beliebigen Arbeitsplatzrechnern durchgeführt werden, auf denen die Entwicklungsumgebungen aus Abschnitt 3.1.2 installiert sind. Für SiL-Tests und Fahrversuche ist ein Zugang zum MAD-Laborsystem erforderlich.

Erforderliche Laborergebnisse:
- erweitertes Simulink-Modell `s7_template.slx`
- erweitertes Modelldaten-File `s6_data.m`
- Signal-Zeit-Diagramme der Sollposition $w_p(t)$ und der Istposition $y_p(t) = x(t)$ aus Simulink-MiL-Simulationen und auf dem realen MAD-System

7.4.3 Aufgabe 7.3 Erweiterung des ROS-Nodes carctrl_node für Longitudinalpositionsregelung [C++]

Der ROS-Node carctrl_node soll um die Longitudinalpositionsregelung entsprechend Abschnitt 7.3 erweitert werden. Die auf dem ROS-Topic /mad/car0/navi/maneuver empfangenen Fahrmanöver vom Message-Typ madmsgs::DriveManeuver enthalten im Element type den Typ des Fahrmanövers:
- TYPE_PATHFOLLOW für geschwindigkeitsgeregelte freie Fahrt entsprechend Kapitel 6,
- TYPE_PARK für Longitudinalpositionsregelung entsprechend diesem Kapitel.

Je nach Wert dieses Elements, soll die C++-Klasse CarCtrlNode flexibel zwischen der Geschwindigkeitsregelung und der Longitudinalpositionsregelung umschalten. Bitte beachte, dass die Longitudinalpositionsregelung die Geschwindigkeitsregelung enthält und die Führungssignalgenerierung aus der Aufgabe 7.1 notwendig ist.

Die Geschwindigkeitsregelung aus Kapitel 6 ist also stets aktiv. Der äußere Longitudinalpositionsregler G_{Rp}, die Vorsteuerung G_{Vp1} und die Führungssignalgenerierung Σ_{gen} werden aktiviert bzw. deaktiviert je nach Fahrmanövertyp.

Im Fall des Fahrmanövertyps TYPE_PARK enthält die ROS-Message auf ROS-Topic /mad/car0/navi/maneuver die folgenden Elemente:
- die zu fahrende Bogenlänge x^* (xManeuverEnd),
- die maximale Geschwindigkeit v^* (vmax).

Zum Aktivierungszeitpunkt $t_0 = 0s$ des Longitudinalpositionsreglers liest Σ_{gen} weiterhin die Istposition $y_p(0) = x(0)$ zur Initialisierung der Startposition $x_0 = x(0)$ ein.
a. Erweitere das ROS-Package aus Kapitel 6 um die C++-Header-Datei PositionController.h, die die C++-Klasse PositionController implementiert für:
    - Führungssignalgenerierung Σ_{gen},
    - Longitudinalpositionsregler als kaskadierter Regler G_{Rp} mit Vorsteuerung G_{Vp1}.
   Die C++-Klasse CarCtrlNode in carctrl_node.cpp soll erweitert werden um
    - die Berechnung der Position $x(t)$ durch numerische Integration der Geschwindigkeit $v(t)$, die auf dem ROS-Topic /mad/caroutputsext als Element v empfangen wird,
    - Erkennung des Fahrmanövertyps,
    - Aktivierung / Deaktivierung des Longitudinalpositionsreglers und Aufruf von Methoden der C++-Klasse PositionController je nach Fahrmanövertyp,

      – Debug-Ausgabe des Führungssignals $w_p(t)$ auf ROS-Topic `/mad/car0/ctrl/debug/wp` als ROS-Messages des Typs `std_msgs::Float32`.

b. Teste den modifizierten ROS-Node `carctrl_node` in SiL-Simulationen auf dem simulierten MAD-System

      – durch Veränderung der konstanten Werte für `type`, `vmax`, `xManeuverEnd` und Ausführen des Python-Skripts `madcar/scripts/send_maneuver.py`,

      – Messung der Istposition `x` auf `/mad/car0/sim/caroutputsext` in `rqt`,

      – Messung des Führungssignals `wp` auf `/mad/car0/ctrl/debug/wp` in `rqt`.

c. Teste den modifizierten ROS-Node `carctrl_node` in Fahrversuchen auf dem MAD-System durch Ausführen von `madcar/scripts/send_maneuver.py`.

Alle Entwicklungsschritte außer dem letzten Schritt c. können auf beliebigen Arbeitsplatzrechnern durchgeführt werden, auf denen die Entwicklungsumgebungen aus Abschnitt 3.1.2 installiert sind. Für den realen Fahrversuch im letzten Schritt ist ein Zugang zum MAD-Laborsystem erforderlich.

Erforderliche Laborergebnisse:

– erweiterte C++-Klasse `CarCtrlNode` in C++-Modul `carctrl_node.cpp`
– C++-Klasse `PositionController` in C++-Header `PositionController.h`
– Signal-Zeit-Diagramme der Sollposition $w_p(t)$ und der Istposition $y_p(t) = x(t)$ aus SiL-Tests und Fahrversuchen durch Aufzeichnungen mit `rqt`

8 Bahnkurvendefinition

Die *Trajektorienregelung* und die *Bahnfolgeregelung* sind Ansätze zur *Bahnregelung* von Fahrzeugen und Robotern [17]. Bei der *Trajektorienregelung* ist die Solltrajektorie in Abhängigkeit von der Zeit parametriert. Die Solltrajektorie definiert implizit die Sollgeschwindigkeit des Fahrzeugs in Abhängigkeit von der Zeit. Dagegen ist bei der *Bahnfolgeregelung* die Sollbahnkurve unabhängig von der Zeit aber in Abhängigkeit der Bogenlänge parametriert. Das Geschwindigkeitsprofil kann unabhängig von der Sollbahnkurve spezifiziert werden. Dies ist ein Vorteil der Bahnfolgeregelung gegenüber der Trajektorienregelung bei vielen Fahrmanövern des autonomen Fahrens. Das Fahrzeug kann derselben Bahnkurve mit unterschiedlichen Geschwindigkeitsprofilen folgen, wobei bei der Trajektorienregelung das Geschwindigkeitsprofil nicht angepasst werden kann, ohne die Solltrajektorie selbst zu überplanen.

In diesem und dem nächsten Kapitel wird die Bahnfolgeregelung und nicht die Trajektorienregelung behandelt. Als Alternative zur Bahnfolgeregelung hat Karlheinz Wolfmüller eine Trajektorienregelung für MAD auf Basis der nichtlinearen Entkopplungsregelung realisiert [18]. Dabei erfolgt eine toolgestützte Generierung des Zustandsreglers und des Zustandsbeobachters mit Hilfe der MATLAB-Symbolic-Math-Toolbox aus dem in Abschnitt 5.5 beschriebenen Fahrdynamikmodell.

8.1 Sollbahnkurven

Die *Sollbahnkurve* für die Bahnfolgeregelung wird in Abhängigkeit der zu fahrenden *Bogenlänge x^** parametriert. Für die Fahrt auf einer horizontalen Ebene wird die Sollbahnkurve vektoriell definiert als:

$$s^*(x^*) = \begin{pmatrix} s_1^*(x^*) \\ s_2^*(x^*) \\ 0 \end{pmatrix} \; ; \quad x^* \in [0, x_E]$$

Der Einfachheit halber wird in diesem Kapitel der hochgestellte Index $*$ zur Bezeichnung von Führungsgrößen weggelassen:

$$s(x) = \begin{pmatrix} s_1(x) \\ s_2(x) \\ 0 \end{pmatrix} \; ; \quad x \in [0, x_E] \tag{8.1}$$

Die Bedeutung der mathematischen Symbole ist:
- erste Koordinate $s_1(x)$ im ortsfesten, kartesischen Koordinatensystem,
- zweite Koordinate $s_2(x)$ im ortsfesten, kartesischen Koordinatensystem,
- Bogenlänge $x \in [0, x_E]$,
- Gesamtbogenlänge x_E.

https://doi.org/10.1515/9783110723526-008

Der Wertebereich der Bogenlänge ist das Intervall von 0 (Startpunkt der Bahnkurve) bis x_E (Endpunkt der Bahnkurve). Im Fall der Bahnfolgeregelung ist die Bahnkurve vollständig durch die beiden skalaren Funktion $s_1(x)$ und $s_2(x)$ in (8.1) definiert. Abb. 78 stellt diese Bahnkurve als Ortskurve im kartesischen Koordinatensystem dar.

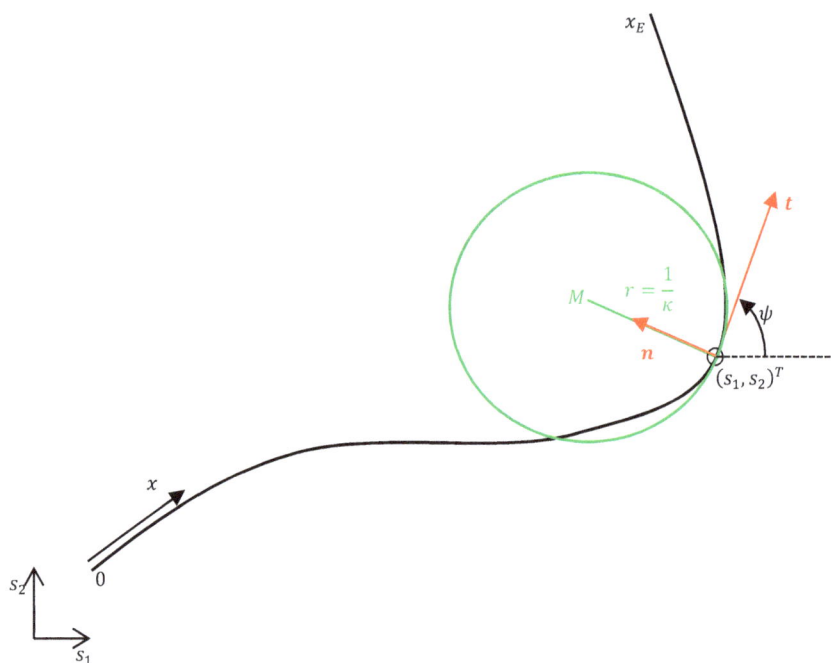

Abb. 78: Bahnkurve auf einer horizontalen Ebene

Dagegen würde im Fall einer Trajektorienregelung im Gegensatz zur Bahnfolgeregelung die Bogenlänge x noch zusätzlich in Abhängigkeit von der Zeit t parametriert werden:

$$x = x(t) \; ; \; t \in [0; t_E]$$

8.1.1 Abgeleitete Bahngrößen

Der lokale Kreis mit *Bahnradius* $r(x)$ in Abb. 78 nähert sich lokal an jeden Bahnpunkt $s(x) = \big(s_1(x), s_2(x)\big)^T$ der Bahnkurve an. Der *Tangentialvektor* $t(x)$ der Bahnkurve ist gleichzeitig der Tangentialvektor des Kreises. Der *Normalvektor* $n(x)$ zeigt in Richtung des Kreismittelpunktes. Aus der Definition (8.1) der Bahnkurve können diese Bahngrößen hergeleitet werden, die zur Bahnfolgeregelung benötigt werden. Die angegeben Formeln sind im dreidimensionalen Fall als *Frenetsche Formeln* bekannt. In diesem Lehrbuch wird der Spezialfall einer ebenen, horizontalen Bewegung betrachtet.

8.1.1.1 Infinitesimale Bogenlängenänderung

Der Betrag der infinitesimalen Bogenlängenänderung dx berechnet sich mit Hilfe des Pythagoras aus den infinitesimalen kartesischen Koordinatenänderungen ds_1 und ds_2.

$$|dx| = \sqrt{ds_1^2 + ds_2^2} \tag{8.2}$$

8.1.1.2 Tangentialvektor

Der Tangentialvektor $t(x)$ ist gleich der Ableitung von $s(x)$:

$$t(x) = \begin{pmatrix} t_1(x) \\ t_2(x) \\ 0 \end{pmatrix} = \frac{ds}{dx} = \begin{pmatrix} \dfrac{ds_1}{dx} \\ \dfrac{ds_2}{dx} \\ 0 \end{pmatrix} = \begin{pmatrix} s_1'(x) \\ s_2'(x) \\ 0 \end{pmatrix}$$

Aufgrund von (8.2) ist die Länge des Tangentialvektors gleich 1:

$$|t(x)| = \sqrt{\left(\frac{ds_1}{dx}\right)^2 + \left(\frac{ds_2}{dx}\right)^2} = \frac{1}{|dx|}\sqrt{ds_1^2 + ds_2^2} = 1$$

8.1.1.3 Lokaler Richtungswinkel

Der lokale Richtungswinkel der Bahnkurve ist gleich dem Richtungswinkel des Tangentialvektors:

$$\psi(x) = \text{atan2}(ds_2, ds_1) = \text{atan2}(t_2, t_1) = \text{atan2}(s_2', s_1') \tag{8.3}$$

Die Funktion atan2 berechnet sich entsprechend der Fallunterscheidung in (4.18).

8.1.1.4 Lokale Krümmung

Die lokale Kurvenkrümmung ist gleich dem Betrag der zweiten Ableitung von $s(x)$.

$$\kappa(x) = \left| \frac{d^2 s}{dx^2} \right| = \sqrt{s_1''(x)^2 + s_2''(x)^2} = \frac{1}{r(x)} \qquad (8.4)$$

Bei stationären Kreisfahrten ist die Krümmung konstant und gleich der Inversen des konstanten Kreisradius: $\kappa = 1/r$. Bei geraden Bahnkurven ist die Krümmung gleich 0, wobei der Radius r gegen unendlich strebt.

8.1.1.5 Normalvektor

Der Normalvektor n ist gleich der normalisierten 2. Ableitung von s. Der Normalvektor n ist weiterhin gleich der normalisierten 1. Ableitung von t:

$$n(x) = \begin{pmatrix} n_1(x) \\ n_2(x) \\ 0 \end{pmatrix} = \frac{1}{\left| \frac{d^2 s}{dx^2} \right|} \frac{d^2 s}{dx^2} = \frac{1}{\left| \frac{dt}{dx} \right|} \frac{dt}{dx} = \frac{1}{|t'|} t'$$

$$= \frac{1}{\sqrt{s_1''^2 + s_2''^2}} \begin{pmatrix} \frac{d^2 s_1}{dx^2} \\ \frac{d^2 s_2}{dx^2} \\ 0 \end{pmatrix} = \frac{1}{\sqrt{s_1''^2 + s_2''^2}} \begin{pmatrix} s_1'' \\ s_2'' \\ 0 \end{pmatrix}$$

$$= \frac{1}{\kappa(x)} \begin{pmatrix} s_1'' \\ s_2'' \\ 0 \end{pmatrix}$$

Der Normalvektor n ist orthogonal zum Tangentialvektor t. Die Länge von n ist gleich 1.

8.1.1.6 Binormalvektor

Der Binormalvektor ist gleich dem Kreuzprodukt von t und n:

$$t \times n = \frac{1}{\sqrt{s_1''^2 + s_2''^2}} \begin{pmatrix} 0 \\ 0 \\ s_1' s_2'' - s_1'' s_2' \end{pmatrix} = \frac{1}{\kappa(x)} \begin{pmatrix} 0 \\ 0 \\ s_1' s_2'' - s_1'' s_2' \end{pmatrix} \qquad (8.5)$$

Die dritte Koordinate dieses Rotationsvektors ist positiv, falls die Bahnkurve eine Linkskurve ist, und negativ, falls die Bahnkurve eine Rechtskurve ist. Es gilt die Rechte-Handregel der Rotation.

8.1.2 Kreisbögen

Als Beispiele für Bahnkurven werden in diesem Abschnitt Kreisbögen betrachtet. Es wird zwischen Links- und Rechtskurven unterschieden.

8.1.2.1 Linkskurve

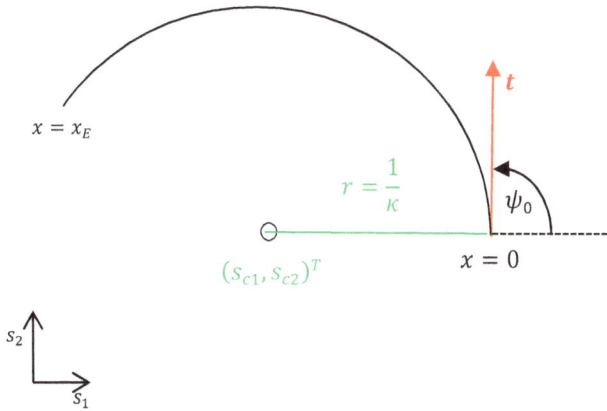

Abb. 79: Kreisbogen für Linkskurve

Eine Linkskurve kann durch die Bahnkurve eines Kreisbogens mit
- Radius r,
- Mittelpunkt $(s_{c1}, s_{c2})^T$,
- initialem Richtungswinkel ψ_0
- und Gesamtbogenlänge x_E

in Abhängigkeit von der Bogenlänge $x \in [0, x_E]$ definiert werden:

$$s(x) = \begin{pmatrix} s_1(x) \\ s_2(x) \end{pmatrix} = \begin{pmatrix} s_{c1} + r \cos\left(\frac{x}{r} + \psi_0 - \frac{\pi}{2}\right) \\ s_{c2} + r \sin\left(\frac{x}{r} + \psi_0 - \frac{\pi}{2}\right) \\ 0 \end{pmatrix}$$

Bei einem vollständigen Kreis ist die Gesamtbogenlänge $x_E = 2\pi r$. Mit Hilfe der Frenetschen Formeln berechnen sich der Tangentialvektor t, der Richtungswinkel ψ, die Krümmung κ, der Normalvektor n, und der Binormalvektor des Kreisbogens wie folgt:

$$t = \begin{pmatrix} s_1' \\ s_2' \\ 0 \end{pmatrix} = \begin{pmatrix} -\sin\left(\frac{x}{r} + \psi_0 - \frac{\pi}{2}\right) \\ \cos\left(\frac{x}{r} + \psi_0 - \frac{\pi}{2}\right) \\ 0 \end{pmatrix}$$

$$\psi = \text{atan2}(s_2', s_1') = \frac{x}{r} + \psi_0$$

$$\mathbf{s}'' = \begin{pmatrix} s_1'' \\ s_2'' \\ 0 \end{pmatrix} = \begin{pmatrix} -\dfrac{1}{r}\cos\left(\dfrac{x}{r} + \psi_0 - \dfrac{\pi}{2}\right) \\ -\dfrac{1}{r}\sin\left(\dfrac{x}{r} + \psi_0 - \dfrac{\pi}{2}\right) \\ 0 \end{pmatrix}$$

$$\kappa = \sqrt{s_1''^2 + s_2''^2} = \frac{1}{r}$$

$$\mathbf{n} = \frac{1}{\kappa}\begin{pmatrix} s_1'' \\ s_2'' \\ 0 \end{pmatrix} = \begin{pmatrix} -\cos\left(\dfrac{x}{r} + \psi_0 - \dfrac{\pi}{2}\right) \\ -\sin\left(\dfrac{x}{r} + \psi_0 - \dfrac{\pi}{2}\right) \\ 0 \end{pmatrix}$$

$$\mathbf{t} \times \mathbf{n} = \frac{1}{\sqrt{s_1''^2 + s_2''^2}}\begin{pmatrix} 0 \\ 0 \\ s_1' s_2'' - s_1'' s_2' \end{pmatrix} = \begin{pmatrix} 0 \\ 0 \\ 1 \end{pmatrix}$$

8.1.2.2 Rechtskurve

Der Kreisbogen für eine Rechtskurve ist ähnlich definiert:

$$\begin{pmatrix} s_1(x) \\ s_2(x) \end{pmatrix} = \begin{pmatrix} s_{c1} - r\cos\left(-\dfrac{x}{r} + \psi_0 - \dfrac{\pi}{2}\right) \\ s_{c2} - r\sin\left(-\dfrac{x}{r} + \psi_0 - \dfrac{\pi}{2}\right) \\ 0 \end{pmatrix}$$

Die Frenetschen Formeln ergeben aber nun:

$$\mathbf{t} = \begin{pmatrix} s_1' \\ s_2' \\ 0 \end{pmatrix} = \begin{pmatrix} \sin\left(-\dfrac{x}{r} + \psi_0 - \dfrac{\pi}{2}\right) \\ -\cos\left(-\dfrac{x}{r} + \psi_0 - \dfrac{\pi}{2}\right) \\ 0 \end{pmatrix}$$

$$\psi = \text{atan2}(s_2', s_1') = -\frac{x}{r} + \psi_0$$

$$\boldsymbol{s}'' = \begin{pmatrix} s_1'' \\ s_2'' \\ 0 \end{pmatrix} = \begin{pmatrix} -\dfrac{1}{r}\cos\left(-\dfrac{x}{r}+\psi_0-\dfrac{\pi}{2}\right) \\ -\dfrac{1}{r}\sin\left(-\dfrac{x}{r}+\psi_0-\dfrac{\pi}{2}\right) \\ 0 \end{pmatrix}$$

$$\kappa = \sqrt{s_1''^2 + s_2''^2} = \frac{1}{r}$$

$$\boldsymbol{n} = \frac{1}{\kappa}\begin{pmatrix} s_1'' \\ s_2'' \\ 0 \end{pmatrix} = \begin{pmatrix} -\cos\left(-\dfrac{x}{r}+\psi_0-\dfrac{\pi}{2}\right) \\ -\sin\left(-\dfrac{x}{r}+\psi_0-\dfrac{\pi}{2}\right) \\ 0 \end{pmatrix}$$

$$\boldsymbol{t}\times\boldsymbol{n} = \frac{1}{\sqrt{s_1''^2 + s_2''^2}}\begin{pmatrix} 0 \\ 0 \\ s_1's_2'' - s_1''s_2' \end{pmatrix} = \begin{pmatrix} 0 \\ 0 \\ -1 \end{pmatrix}$$

Die Krümmung κ ist bei Links- und Rechtskurven stets positiv und im Fall von Kreisbögen gleich dem Kehrwert des Kreisradius r. Daher kann anhand der Krümmung κ nicht zwischen Links- und Rechtskurven unterschieden werden. Die Unterscheidung erfolgt anhand des dritten Elements des Binormalvektors $\boldsymbol{t}\times\boldsymbol{n}$.

8.1.3 Klothoide

Klothoide werden zusammen mit Geraden und Kreisbögen in der Konstruktion von Fahrstraßen und Eisenbahnstrecken verwendet. Mit Hilfe von Klothoiden werden Links- und Rechtskurven konstruiert. Klothoide bilden dabei die Zwischensegmente zwischen Geraden und Kreisbögen.

Die wesentliche Eigenschaft von sich schließenden Klothoiden besteht in der linearen Zunahme der Krümmung $\kappa(x)$ in Abhängigkeit der zunehmenden Bogenlänge x. Bei sich öffnenden Klothoiden nimmt die Krümmung $\kappa(x)$ dagegen linear in Abhängigkeit der zunehmenden Bogenlänge x ab. Diese Eigenschaften sind Voraussetzungen für eine komfortable Autofahrt:

– Der Lenkwinkel des Fahrzeugs ist linear in Abhängigkeit der Bogenlänge x.
– Die Lateralbeschleunigung des Fahrzeugs a_{c2} ist stetig, da die Gierwinkelgeschwindigkeit $\dot{\psi}$ stetig ist.

Unstetige Lateralbeschleunigungen würden als unkomfortabel von Fahrzeug- oder Bahnpassagieren empfunden werden. Weiterhin wäre Bahnkurven mit unstetigen

Lateralbeschleunigungen nicht fahrbar, da der Lenkwinkel unstetig sein müsste. Unstetige Lateralbeschleunigungen würden entstehen, wenn Bahnkurven ausschließlich aus Geraden und Kreisbögen ohne Klothoiden aufgebaut wären.

8.1.3.1 Definition der Klothoiden

Die lineare Zunahme der Krümmung bei sich schließenden Klothoiden wird ausgedrückt durch:

$$\kappa(x) = \frac{1}{r(x)} = \sqrt{s_1''^2 + s_2''^2} = |a| \cdot x$$

Dagegen gilt bei sich öffnenden Klothoiden eine lineare Abnahme:

$$\kappa(x) = \frac{1}{r(x)} = \sqrt{s_1''^2 + s_2''^2} = |a| \cdot (x_E - x)$$

Die Krümmung ist gleich der Inversen des lokalen Bahnradius $r(x)$. Der lokale Bahnradius $r(x)$ ist wie im allgemeinen Fall gleich dem Radius des lokalen Kreises, der die Bahnkurve bei Bogenlänge x approximiert. Klothoiden werden in vier verschiedene Typen untergliedert:

– linksförmige, sich schließende Klothoiden,
– rechtsförmige, sich schließende Klothoiden,
– linksförmige, sich öffnende Klothoiden,
– rechtsförmige, sich öffnende Klothoiden.

Der Parameter a spezifiziert die Form der Klothoide. Je größer a betragsmäßig ist, desto steiler ist die Kurve. Beispiele für diese vier Typen sind in Abb. 80 dargestellt.
– Alle Klothoiden starten im Koordinatenursprung $s(0) = s_0 = (0,0)^T$ der horizontalen Ebene und haben einen initialen Richtungswinkel $\psi(0) = \psi_0 = 0$.
– Der Betrag des Klothoidenparameters a ist gleich Eins in allen vier dargestellten Fällen.

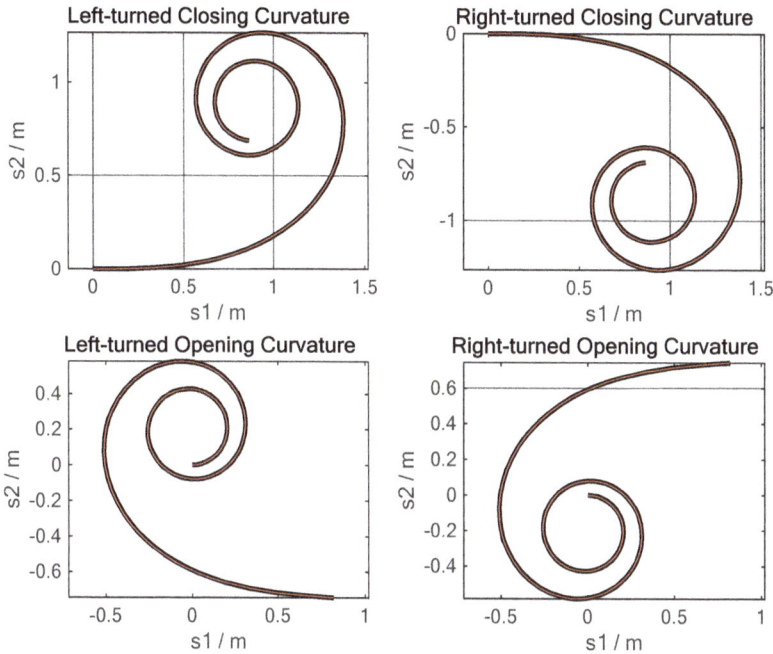

Abb. 80: Vier verschiedene Typen von Klothoiden

Die Bahnkurvendefinition der Klothoiden kann durch die Lösung von Differential-gleichungen hergeleitet werden. Die Bahnkurvendefinition enthält *Fresnel-Integral-funktionen*, die z.B. in MATLAB oder mit Boost-Odeint numerisch berechnet werden können.

In den folgenden beiden Abschnitten werden die Bahnkurven von sich schließen-den und sich öffnenden Klothoiden definiert. Beide Varianten haben die folgenden Eigenschaften:

- Startpunkt $s_0 = s(0) = (s_{10}, s_{20})^T$
- initialer Richtungswinkel $\psi(0) = \psi_0$
- Bogenlänge $x \in [0; x_E]$

Sich schließende und sich öffnende Klothoiden unterscheiden sich in der Definition der Bahnkurvenfunktion $s(x)$. Die beiden Fälle werden in den folgenden Abschnitten behandelt. Je nach Vorzeichen des Klothoidenparameters a ergeben sich Linkskur-ven oder Rechtskurven in beiden Fällen.

8.1.3.2 Sich schließende Klothoiden

Bei Klothoiden sind die beiden Teilfunktionen von $\boldsymbol{s}(x) = \left(s_1(x), s_2(x)\right)^T$ über Fresnel-Integrale definiert, bei welchen Sinus- und Cosinus-Funktionen mit quadratischen Argumenten als Integranden auftreten. Im Fall von sich schließenden Klothoiden, bei welchen die Krümmung linear mit der Bogenlänge x wächst, erfolgt die Definition wie folgt:

$$s_1(x) = s_{01} + \int_0^x \cos\left(\frac{a}{2}\xi^2 + \psi_0\right) d\xi$$

$$s_2(x) = s_{02} + \int_0^x \sin\left(\frac{a}{2}\xi^2 + \psi_0\right) d\xi$$

Mit Hilfe der Frenetschen Formeln ergibt sich für die Krümmung und den Richtungswinkel:

$$\kappa(x) = \sqrt{s_1''^2 + s_2''^2} = |a| \cdot x$$

$$\psi(x) = \operatorname{atan2}(s_2', s_1') = \frac{a}{2}x^2 + \psi_0$$

8.1.3.3 Sich öffnende Klothoiden

Im Fall von sich öffnenden Klothoiden, bei welchen die Krümmung linear mit der Bogenlänge x abnimmt, gilt:

$$s_1(x) = s_{01} + \int_0^x \cos\left(-\frac{a}{2}\xi^2 + ax_E\xi + \psi_0\right) d\xi$$

$$s_2(x) = s_{02} + \int_0^x \sin\left(-\frac{a}{2}\xi^2 + ax_E\xi + \psi_0\right) d\xi$$

$$\kappa(x) = \sqrt{s_1''^2 + s_2''^2} = |a| \cdot (x_E - x)$$

$$\psi(x) = \text{atan2}(s_2', s_1') = -\frac{a}{2}(x_E - x)^2 + \psi_0 + \frac{a}{2}x_E^2$$

$$\psi(x_E) = \frac{a}{2}x_E^2 + \psi_0$$

8.1.4 MAD-Library in C++

Die MAD-Library im ROS-Package `madlib` des Git-Repositories `https://github.com/modbas/mad` stellt C++-Klassen zur Konstruktion von Fahrbahnkarten und Bahnkurven für die Bahnfolgeregelung zur Verfügung:

- `modbas::Track` repräsentiert die Gesamtstrecke und stellt Methoden zur Interpolation von Bahnkurven durch kubische Splines zur Verfügung.
- `modbas::TrackSegment` ist die Basisklasse für Bahnsegmente, aus welchen die Karte aufgebaut wird.
- `modbas::StraightSegment` repräsentiert Geradensegmente.
- `modbas::CircleSegment` beschreibt Kurvensegmente durch Kreisbögen.
- `modbas::ClothoidSegment` repräsentiert sich öffnende oder schließende Klothoidsegmente.
- `modbas::Spline` repräsentiert kubische Splines und stellt Methoden zur Spline-Interpolation und zur Berechnung des Bahnkurvenpunkts, der der nächste Punkt des Splines zur gegeben Fahrzeugposition ist, zur Verfügung. Die Klasse `modbas::Spline` wird weiterhin dazu verwendet, um beliebige Bahnkurven auf der Karte darzustellen. Spezialfälle dieser Bahnkurven sind: linker Fahrbahnrand, rechter Fahrbahnrand, Mittellinie, Ideallinie.

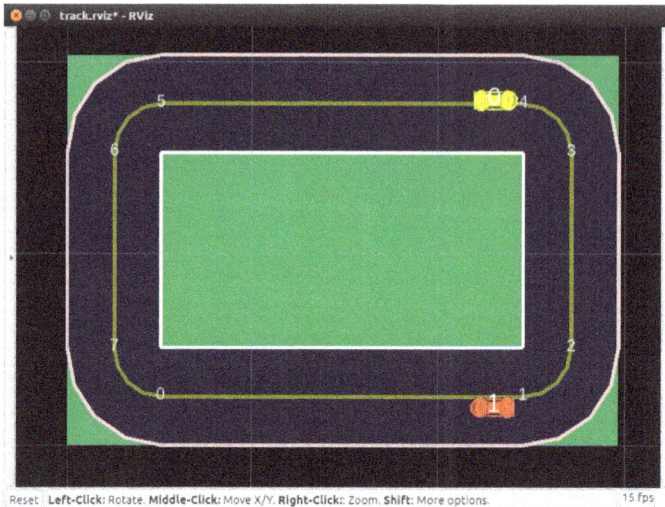

Abb. 81: Ovale Fahrbahn mit vier Geraden und vier Kreisbögen

Kommentierter C++-Code zu diesen Klassen sind in den C++-Header-Files im Verzeichnis src/madlib/include zu finden. Der ROS-Node track_node aus Abb. 16 verwendet diese Klassen zum Aufbau von Fahrbahnkarten aus Bahnsegmenten:

- track_node veröffentlicht den ROS-Service /mad/get_waypoints, der von anderen ROS-Nodes aufgerufen werden kann, um die Wegpunkte der Bahnkurve für die Bahnfolgeregelung zu berechnen.
- track_node generiert ROS-Visualization-Markers zur grafischen Darstellung der Karte in rviz.

Der folgende Code-Ausschnitt aus track_node.cpp baut die in Abb. 81 dargestellte ovale Fahrbahn aus vier Geraden und vier Kreisbögen auf.

Listing 19: Code-Ausschnitt aus src/madtrack/src/track_node.cpp für ovale Fahrbahn

```
const float a1total { 2.700F }; // total surface width [ m ]
const float a2total { 1.800F }; // total surface height [ m ]
const float a1boundary { 0.05F }; // boundary for markers [ m ]
const float a2boundary { 0.05F }; // boundary for markers [ m ]
const float a1 { a1total - 2.0F * a1boundary };
const float a2 { a2total - 2.0F * a2boundary };
const float width { 0.25F * a2 }; // track width [ m ]

modbas::Track track { a1total, a2total, 0.01F };
track.initCircuit();
```

```
std::shared_ptr<modbas::TrackPose> pose {
  std::make_shared<modbas::TrackPose>(0.0F, a1boundary + width,
                                      a2boundary + 0.5F * width, 0.0F) };
track.addPose(pose);
track.addSegment(std::make_shared<modbas::StraightSegment>(
  pose, width, a1 - 2.0F * width));
track.addSegment(std::make_shared<modbas::CircleSegment>(
  pose, width, 0.5F * width, 0.5F * modbas::Utils::pi));
track.addSegment(std::make_shared<modbas::StraightSegment>(
  pose, width, a2 - 2.0F * width));
track.addSegment(std::make_shared<modbas::CircleSegment>(
  pose, width, 0.5F * width, 0.5F * modbas::Utils::pi));
track.addSegment(std::make_shared<modbas::StraightSegment>(
  pose, width, a1 - 2.0F * width));
track.addSegment(std::make_shared<modbas::CircleSegment>(
  pose, width, 0.5F * width, 0.5F * modbas::Utils::pi));
track.addSegment(std::make_shared<modbas::StraightSegment>(
  pose, width, a2 - 2.0F * width));
track.addSegment(std::make_shared<modbas::CircleSegment>(
  pose, width, 0.5F * width, 0.5F * modbas::Utils::pi));
if (!track.finalizeCircuit()) {
  ROS_ERROR("finalizing circuit failed");
}
```

Die Bahn hat eine Gesamtbreite von $a_1 = 2700mm$ und eine Gesamttiefe von $a_2 = 1800mm$. Der Koordinatenursprung ist in der linken unteren Ecke. Der Startpunkt der Bahnkurve bei Bogenlänge $x = 0m$ ist bei

$$(s_1, s_2)^T = \left(a_{1boundary} + w, a_{2boundary} + \frac{w}{2}\right)^T,$$

wobei w die Spurbreite ist und $a_{1boundary}, a_{2boundary}$ Sicherheitsränder sind.

8.1.5 MODBAS-CAR-Library in MATLAB

Analog zur C++-MAD-Library enthält die MODBAS-CAR-Library (mbc) im Verzeichnis matlab/madctrl des Git-Repositories https://github.com/modbas/mad MATLAB-Funktionen zur Erstellung von Fahrbahnkarten und Bahnkurven für die Bahnfolgeregelung:

– mbc_track_create erstellt eine neue Karte,
– mbc_circle_create fügt einen neuen Kreisbogen hinzu,
– mbc_straight_create fügt einen neuen Geradenabschnitt hinzu,
– mbc_track_display interpoliert die Strecke durch kubische Splines und stellt die Strecke grafisch in einem MATLAB-Figure dar.

Für jede dieser Funktionen kann mit Hilfe des MATLAB-Befehls help eine Kurzdokumentation abgerufen werden, z.B. mit help mbc_circle_create. Der Funktionsumfang von MODBAS-CAR-Library ist eingeschränkt im Vergleich zur C++-MAD-Library. So können z.B. keine Abzweigungen oder mehrspurige Strecken beschrieben werden.

Das folgende MATLAB-Skript erstellt eine ähnliche ovale Rennstrecke wie die aus Abb. 81 und stellt diese grafisch dar.

Listing 20: MATLAB-Skript zur Erstellung einer ovalen Fahrbahn

```
%% Road Surface
a1total = 2.7; % total surface width [ m ]
a2total = 1.8; % total surface height [ m ]
a1boundary = 0.05; % margin [ m ]
a2boundary = 0.05; % margin [ m ]
a1 = a1total - 2 * a1boundary; % total surface width [ m ]
a2 = a2total - 2 * a2boundary; % total surface height [ m ]
width = 0.25 * a2; % track width [ m ]

%% Create Oval
track = mbc_track_create(a1boundary + width, a2boundary + 0.5 * width, 0);
track = mbc_straight_create(track, a1 - 2 * width, width);
track = mbc_circle_create(track, 0.5 * width, 0.5 * pi, width);
track = mbc_straight_create(track, a2 - 2 * width, width);
track = mbc_circle_create(track, 0.5 * width, 0.5 * pi, width);
track = mbc_straight_create(track, a1 - 2 * width, width);
track = mbc_circle_create(track, 0.5 * width, 0.5 * pi, width);
track = mbc_straight_create(track, a2 - 2 * width, width);
track = mbc_circle_create(track, 0.5 * width, 0.5 * pi, width);
track = mbc_track_display(track, 0.1, [ 0 a1total 0 a2total ]);
path = track.center;
```

8.2 Interpolation mit kubischen Splines

Für die Bahnfolgeregelung in Kapitel 9 werden in MAD *kubische Splines* verwendet. Diese Splines werden durch Abtastung der Bahnkurven erzeugt, die entsprechend Abschnitt 8.1 aus einzelnen Bahnsegmenten aufgebaut werden. Die Vorteile in der Verwendung von Splines bestehen darin, dass die Bahnfolgeregelung einheitlich für Geraden und Kurven entworfen werden kann und dass darüber hinaus Sollbahnkurven durch Splines allgemein definiert werden können, die weder Geraden, noch Kreisbögen oder Klothoiden entsprechen.

Splines sind abschnittsweise definierte Polynome zur Interpolation von Datenpunkten. Es wird auf [31] verwiesen für eine gute Referenz zur Herleitung und

Implementierung der Interpolationsfunktion für *kubische Splines*. Die Eingangsdaten für Splines sind *Wegpunkte (Datenpunkte)* der Sollbahnkurve:

$$\boldsymbol{s}_i = \begin{pmatrix} s_{1i} \\ s_{2i} \\ 0 \end{pmatrix} = \boldsymbol{s}(x_i) = \begin{pmatrix} s_1(x_i) \\ s_2(x_i) \\ 0 \end{pmatrix} \quad ; \quad i = 1, \dots, n$$

Dabei wird der Definitionsbereich der Bogenlänge $x \in [0; x_E]$
– in $n - 1$ Intervalle unterteilt
– durch n diskrete, streng monoton wachsende Abtastpunkte x_i.

Die Abtastpunkte x_i der Bogenlänge können äquidistant oder auch nicht äquidistant sein.

Beide Koordinaten $s_1(x)$ und $s_2(x)$ der Bahnkurven werden jeweils unabhängig voneinander durch zwei verschiedene kubische Splines interpoliert. Als Beispiel wird im Folgenden die erste Koordinate $s_1(x)$ betrachtet. Als Abkürzung wird die Funktion $y(x)$ eingeführt:

$$y(x) = s_1(x)$$

Aus dieser Definition der s_1-Koordinate erfolgt durch Abtastung die Vorgabe der Datenpunkte $(x_i, y_i)^T$:

$$y_i = y(x_i) = s_1(x_i) = s_{1i} \quad ; \quad i = 1, \dots, n$$

Die Anforderungen an kubische Splines für die Bahnfolgeregelung sind:
– Das Spline ist stetig und verläuft exakt durch jeden Wegpunkt.
– Das Spline ist kontinuierlich in seiner 1. Ableitung.
– Das Spline ist kontinuierlich in seiner 2. Ableitung.

Das bedeutet, dass das Spline 2-fach stetig differenzierbar und damit $y(x) \in C^2$ ist.

8.2.1 Abschnittsweise definierte kubische Polynome

In jedem Intervall $x \in [x_i; x_{i+1}]$, $i = 1, \dots, n - 1$ wird ein Polynom 3. Grades definiert mit jeweils unterschiedlichen Parametern $x_i, x_{i+1}, y_i, y_{i+1}, y_i'', y_{i+1}''$:

$$y(x) = A_i(x)y_i + B_i(x)y_{i+1} + C_i(x)y_i'' + D_i(x)y_{i+1}'' \tag{8.6}$$

$$A_i(x) = \frac{x_{i+1} - x}{x_{i+1} - x_i}$$

$$B_i(x) = \frac{x - x_i}{x_{i+1} - x_i}$$

$$C_i(x) = \frac{1}{6}[A_i(x)^3 - A_i(x)](x_{i+1} - x_i)^2$$

$$D_i(x) = \frac{1}{6}[B_i(x)^3 - B_i(x)](x_{i+1} - x_i)^2$$

Abb. 82 stellt ein kubisches Spline (blaue Kurve) dar, das sechs gegebene Daten-punkte (rote Kreise) interpoliert. Die gestrichelte Kurve ist das kubische Polynom des mittleren Intervalls $x \in [x_3; x_4] = [2; 3]$ für $i = 3$.

Nur in diesem Intervall ist die Approximation durch dieses kubische Polynom ausreichend genau. Außerhalb dieses Intervalls wäre die Approximation ungenau. In jedem Intervall werden daher unterschiedliche Polynome verwendet.

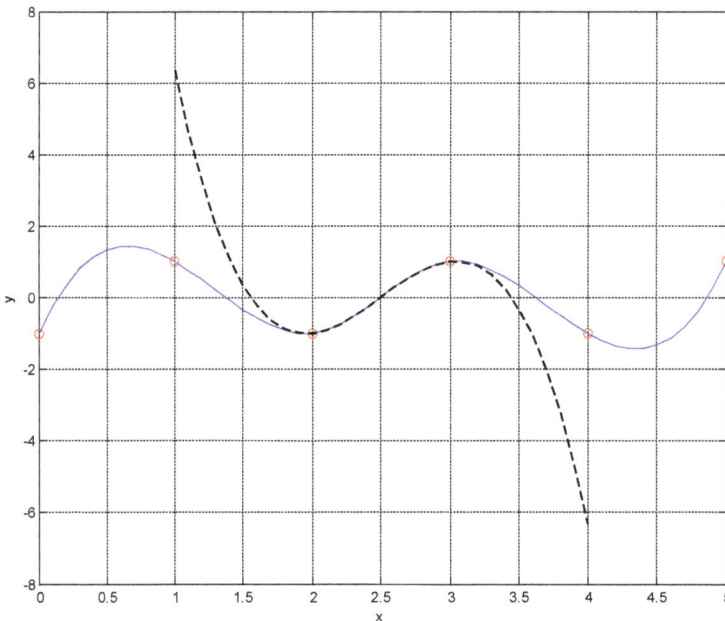

Abb. 82: Kubisches Spline und kubisches Polynom im mittleren Intervall

Die Interpolationsregel (8.6) erfüllte die oben genannten Anforderungen, was im Folgenden gezeigt wird. Zunächst betrachten wir den Wert von $y(x)$ beim Abtastpunkt x_i:

$$y(x_i) = A_i(x_i)y_i + B_i(x_i)y_{i+1} + C_i(x_i)y_i'' + D_i(x_i)y_{i+1}''$$

$B_i(x_i), C_i(x_i), D_i(x_i)$ sind alle gleich 0. $A_i(x_i)$ ist gleich 1. Daraus folgt:

$$y(x_i) = y_i$$

Das abschnittsweise definierte Polynom im Intervall $x \in [x_i; x_{i+1}]$ verläuft exakt durch den gegebenen Datenpunkt y_i am Abtastpunkt x_i. Am Abtastpunkt x_{i+1} haben wir die folgende Situation:

$$y(x_{i+1}) = A_i(x_{i+1})y_i + B_i(x_{i+1})y_{i+1} + C_i(x_{i+1})y_i'' + D_i(x_{i+1})y_{i+1}''$$

$$A_i(x_{i+1}) = C_i(x_{i+1}) = D_i(x_{i+1}) = 0$$

$$B_i(x_{i+1}) = 1$$

und daher

$$y(x_{i+1}) = y_{i+1}$$

Das abschnittsweise definierte Polynom im Intervall $x \in [x_i; x_{i+1}]$ verläuft exakt durch den gegebenen Datenpunkt y_{i+1} am Abtastpunkt x_{i+1}. Die erste Anforderung der Stetigkeit ist damit erfüllt.

Nun schauen wir uns die ersten und zweiten Ableitungen des Polynoms (8.6) an. Nach ein paar Rechenschritten ergibt sich:

$$y'(x) = \frac{y_{i+1} - y_i}{x_{i+1} - x_i} - \frac{3A_i(x)^2 - 1}{6}(x_{i+1} - x_i)y_i'' \qquad (8.7)$$
$$+ \frac{3B_i(x)^2 - 1}{6}(x_{i+1} - x_i)y_{i+1}''$$

$$y''(x) = A_i(x)y_i'' + B_i(x)y_{i+1}''$$

und

$$y''(x_i) = y_i''$$

$$y''(x_{i+1}) = y''_{i+1}$$

Daher sind die zweiten Ableitungen von $y(x)$ kontinuierlich an den Abtastpunkten x_i und x_{i+1}.

Jetzt müssen wir noch die Frage beantworten, wie die zweiten Ableitungen y''_i an den Abtastpunkten berechnet werden, die in der Interpolationsregel (8.6) benötigt werden. Bisher kennen wir nur y_i.

Zur Bestimmung von y''_i betrachten wir die Forderung nach Stetigkeit der ersten Ableitung $y'(x)$. Durch Gleichsetzen von (8.7) ausgewertet für $x = x_i$ im Intervall $[x_{i-1}; x_i]$ und von (8.7) ausgewertet für $x = x_i$ im benachbarten Intervall $[x_i; x_{i+1}]$ erhalten wir die erforderlichen Gleichungen für y''_i:

$$
\frac{x_i - x_{i-1}}{6} y''_{i-1} + \frac{x_{i+1} - x_{i-1}}{3} y''_i + \frac{x_{i+1} - x_i}{6} y''_{i+1}
$$
$$
= \frac{y_{i+1} - y_i}{x_{i+1} - x_i} - \frac{y_i - y_{i-1}}{x_i - x_{i-1}} \quad ; \quad i = 2, \ldots, n-1 \tag{8.8}
$$

Dies ist ein lineares Gleichungssystem mit $n - 2$ Gleichungen für n unbekannte y''_i. Dieses Gleichungssystem ist unterbestimmt. Es fehlen zwei Gleichungen. Es existieren verschiedene Optionen zur Vervollständigung des Gleichungssystems anhand von Randbedingungen für das Spline:

- *Not-a-Knot-End-Conditions*: die dritte Ableitung $y'''(x_i)$ wird zusätzlich betrachtet und es wird gefordert, dass diese kontinuierlich ist für $i = 2$ und $i = n - 1$.
- *Natural-End-Conditions*: die zweite Ableitung $y''(x_i)$ wird gleich 0 gesetzt an beiden Rändern des Splines für $i = 1$ and $i = n$.
- *Vorgabe der ersten Ableitungen an den Rändern*: die beiden Werte der ersten Ableitungen $y'(x_i)$ für $i = 1$ und $i = n$ werden definiert.
- *Periodic-End-Conditions*: $y'(x_1) = y'(x_n)$ und $y''(x_1) = y''(x_n)$

Im Fall von *periodischen Splines* muss weiterhin gelten, dass die Wegpunkte bei x_1 und x_n identisch sind: $y(x_1) = y(x_n)$. Periodische Splines werden beispielsweise zur Definition von Bahnkurven für Kreisverkehre oder auch bei MAD verwendet.

Es ist zu beachten, dass das lineare Gleichungssystem (8.8) eine tridiagonale Form aufweist. Dies stellt einen wesentlichen Vorteil der kubischen Splines dar. Für Natural-End-Conditions kann der Thomas-Algorithmus [32] angewandt werden. Bei Periodic-End-Conditions muss ein gestörtes tridiagonales System gelöst werden durch Anwendung des Thomas-Algorithmus in Verbindung mit der Sherman-Morrison-Formula [33].

Die n konstanten Werte y''_i als Lösungen des linearen Gleichungssystem werden in die abschnittsweise definierte Interpolationsgleichung (8.6) eingesetzt. Diese kann dann formuliert werden als:

$$y(x) = c_{i3}(x - x_i)^3 + c_{i2}(x - x_i)^2 + c_{i1}(x - x_i) + c_{i0}$$
$$\text{für } x \in [x_i; x_{i+1}], \ i = 1, \dots, n - 1 \tag{8.9}$$

mit den konstanten Parametern

$$c_{i3} = \frac{1}{6h_i}(-y_i'' + y_{i+1}'')$$

$$c_{i2} = \frac{y_i''}{2}$$

$$c_{i1} = \frac{1}{6h_i}(-6y_i + 6y_{i+1} - 2h_i^2 y_i'' - h_i^2 y_{i+1}'')$$
$$= \frac{-y_i + y_{i+1}}{h_i} - \frac{h_i}{6}(2y_i'' + h_i y_{i+1}'')$$

$$c_{i0} = y_i$$

$$h_i = x_{i+1} - x_i$$

8.2.2 Berechnung von kubischen Splines in MATLAB

Abschnittsweise definierte Polynome sind in MATLAB als Datentypen verfügbar. Zur Interpolation von Datenpunkten mit Hilfe von kubischen Splines stellt MATLAB die Funktion spline zur Verfügung, die *Not-a-Knot-End-Conditions* oder die *Vorgabe der ersten Ableitungen an den Rändern* unterstützt:

```
pp = spline(xi, yi)
```

- xi ist ein Vektor der Abtastpunkte der Bogenlänge.
- yi ist ein Vektor der Datenpunkte an diesen Abtastpunkten.
- pp ist eine MATLAB-Datenstruktur zur Repräsentation von abschnittsweise definierten Polynomen.

Zum Beispiel berechnet der folgende MATLAB-Code

```
xi = [ 0 1 2 3 4 5 ];
yi = [ -1 1 -1 1 -1 1 ];
pp = spline(xi, yi);
```

das Spline in Abb. 82. Dabei löst die MATLAB-Funktion spline das lineare Gleichungssystem (8.7) mit *Not-a-Knot-End-Conditions*. Der resultierende Wert des Rückgabeparameters pp ist:

```
pp =
form: 'pp'
breaks: [0 1 2 3 4 5]
coefs: [5x4 double]
pieces: 5
order: 4
dim: 1
```

Das Element coefs der Struktur pp ist die Matrix-Repräsentation der Polynomialkoeffizienten c_i in (8.9):

```
>> pp.coefs
ans =
      2.2222    -8.6667     8.4444    -1.0000
      2.2222    -2.0000    -2.2222     1.0000
      3.1111     4.6667     0.4444    -1.0000
      2.2222    -4.6667     0.4444     1.0000
      2.2222     2.0000    -2.2222    -1.0000
```

Die MATLAB-Funktion csape der MATLAB-Curve-Fitting-Toolbox ist eine erweiterte Funktion zur Spline-Interpolation. Diese kann als Alternative zur Funktion spline verwendet werden, falls diese Toolbox verfügbar ist. Zum Beispiel generiert

```
pp = csape(xi, yi, ,periodic')
```

ein kubisches Spline mit *Periodic-End-Conditions* für in sich geschlossene Bahnkurven.

Zur Evaluierung von kubischen Splines stellt MATLAB die Funktion ppval zur Verfügung:

```
y = ppval(pp, x)
```

ppval wertet das kubische Spline bei Bogenlänge x aus entsprechend zu (8.9). Um Rechenzeit zu sparen kann (8.9) umgeformt werden in:

$$y(x) = (x - x_i)\{(x - x_i)[(x - x_i)c_{i3} + c_{i2}] + c_{i1}\} + c_{i0} \tag{8.10}$$

Die Berechnungsvorschrift (8.10) kann als iterative Schleife implementiert werden. Siehe dazu die MATLAB-Funktion mbc_ppval der MODBAS-CAR-Library als Embedded-Version der MATLAB-Funktion ppval.

Zur grafischen Darstellung von abschnittsweise definierten Polynomen kann die Standard-MATLAB-Funktion plot in Verbindung mit ppval verwendet werden. In

MATLAB ist weiterhin die Funktion `fnplt` zur direkten grafischen Darstellung verfügbar:

```
fnplt(pp)
```

8.2.3 Ableitungen kubischer Splines

Ein Vorteil von kubischen Splines besteht darin, dass deren Ableitungen analytisch
berechnet werden können. Aus (8.9) können direkt die ersten und zweiten Ableitungen des Splines bestimmt werden:

$$y'(x) = 3c_{i3}(x - x_i)^2 + 2c_{i2}(x - x_i) + c_{i1} \qquad (8.11)$$

$$y''(x) = 6c_{i3}(x - x_i) + 2c_{i2} \qquad (8.12)$$

für $x \in [x_i; x_{i+1}]$, $i = 1, ..., n - 1$. Die MATLAB-Funktion `fnder` berechnet allgemein
die n-te Ableitung eines abschnittsweise definierten Polynoms:

```
ppd = fnder(pp, n)
```

`fnder` gibt als Rückgabewert die n-te Ableitung als neues abschnittsweise definiertes
Polynom zurück.

8.3 Aufgaben

8.3.1 Aufgabe 8.1 Gerade Bahnkurve [Simulink/C++]

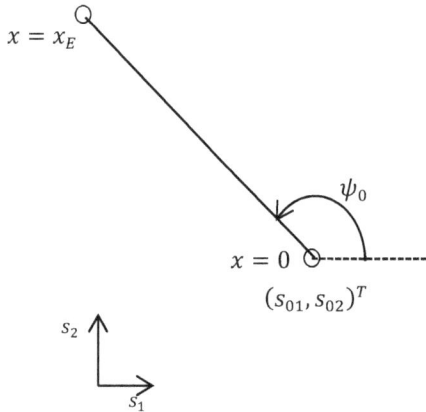

Abb. 83: Gerade Bahnkurve

a. Bestimme die Definition $s(x) = \big(s_1(x), s_2(x)\big)^T$ der geraden Bahnkurve in Abb. 83. Der Anfangspunkt der geraden Bahnkurve ist der Punkt $s(0) = s_0 = (s_{01}, s_{02})^T$. Der Richtungswinkel an diesem Startpunkt ist gegeben als $\psi(0) = \psi_0$.
b. Bestimme den Tangentialvektor $t(x)$, den Normalvektor $n(x)$ und die Krümmung $\kappa(x)$ der geraden Bahnkurve.

Erforderliche Laborergebnisse:
- $s(x), t(x), n(x), \kappa(x)$

8.3.2 Aufgabe 8.2 MODBAS-CAR-Funktionen für Klothoide [Simulink]

Erweitere die MODBAS-CAR-Library um neue MATLAB-Funktionen für Klothoide:
- track = mbc_clothoid_create(track, a, rad, w, opening)
- points = mbc_clothoid_get_points(track, idx, xstart, dx, alpha)

Verwende als Basis die korrespondierenden Funktionen mbc_circle_create und mbc_circle_get_points für Kreisbögen.

Erweitere weiterhin `mbc_spline_create` für die Erzeugung von Klothoiden neben Geraden und Kreissegmenten.

- Parameter a ist der Klothoidenparameter a. Dieser Übergabeparameter soll stets positiv sein.
- Parameter rad ist der Differenzwinkel zwischen den Richtungswinkeln am Startpunkt $\psi_0 = \psi(0)$ und am Endpunkt $\psi_E = \psi(x_E)$. Das endgültige Vorzeichen des Klothoidenparameters a wird durch das Vorzeichen des Parameters rad bestimmt.
    - rad ist positiv für Linkskurven
    - rad ist negativ für Rechtskurven

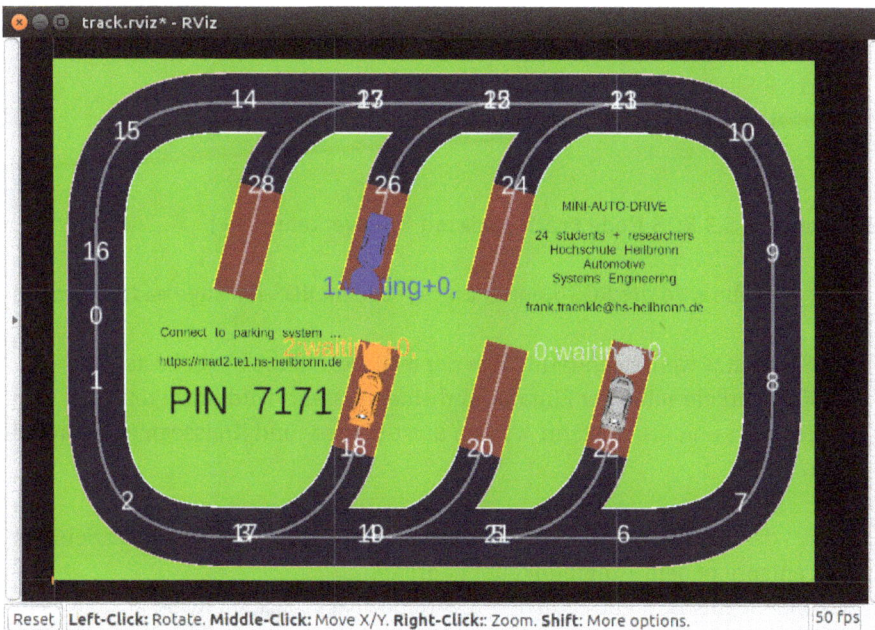

Abb. 84: Fahrbahnkarte von MAD auf der Bundesgartenschau 2019 in Heilbronn

- Der optionale Parameter opening gibt an, ob ein sich öffnender oder schließender Klothoid erstellt werden soll.
    - opening wird gleich 1 gesetzt für sich öffnende Klothoiden
    - opening wird gleich 0 gesetzt oder weggelassen für sich schließende Klothoiden

Hinweis: Die MATLAB-Funktion integral kann zur notwendigen numerischen Berechnung der Fresnel-Integrale verwendet werden.

Teste die neuen Funktionen, indem Du den ovalen Rundkurs der Bundesgarten-schau 2019 in Abb. 84 ohne die dargestellten Parkplätze programmierst. Dieser ovale Rundkurs ist wie folgt spezifiziert:

- Die Gesamtgröße der Fahrbahnkarte ist $2700mm$ auf $1800mm$.
- Der grüne Randstreifen hat eine Breite von $50mm$.
- Die Bahnbreite beträgt $200mm$.
- Die Startposition ist $(s_{10}, s_{20})^T = (150mm, 900mm)^T$.
- Der Richtungswinkel bei dieser Startposition ist $\psi_0 = -\pi/2$.
- Der Kurs soll aus 5 Geraden, 4 sich schließenden und 4 sich öffnenden Klothoiden bestehen.
- Der Klothoidenparameter soll $a = 8$ betragen.

Erforderliche Laborergebnisse:

- MATLAB-Skript `mbc_clothoid_create.m`
- MATLAB-Skript `mbc_clothoid_get_points.m`
- modifiziertes MATLAB-Skript `s6_data.m`

8.3.3 Aufgabe 8.3 ROS-Node `track_node` mit Kreisverkehr [C++]

In dieser Aufgabe wird der ROS-Knoten `track_node` im ROS-Package `madtrack` modifiziert:

- Die Parkplätze werden entfernt, aber der ovale Rundkurs bleibt bestehen.
- Ein Kreisverkehr mit einer Einfahrt und einer Ausfahrt wird hinzugefügt.
- Die Einfahrt und die Ausfahrt werden aus Geraden- und Kreissegmenten aufge-baut.

Der Radius der Mittellinie dieses Kreisverkehrs ist mit $500mm$ vorgegeben. Sein Mit-telpunkt entspricht dem Mittelpunkt der Fahrbahn.

Modifiziere die `main`-Funktion des ROS-Node `track_node` im ROS-Package `madt-rack`, so dass die neue Fahrbahnkarte der Abb. 85 entspricht.

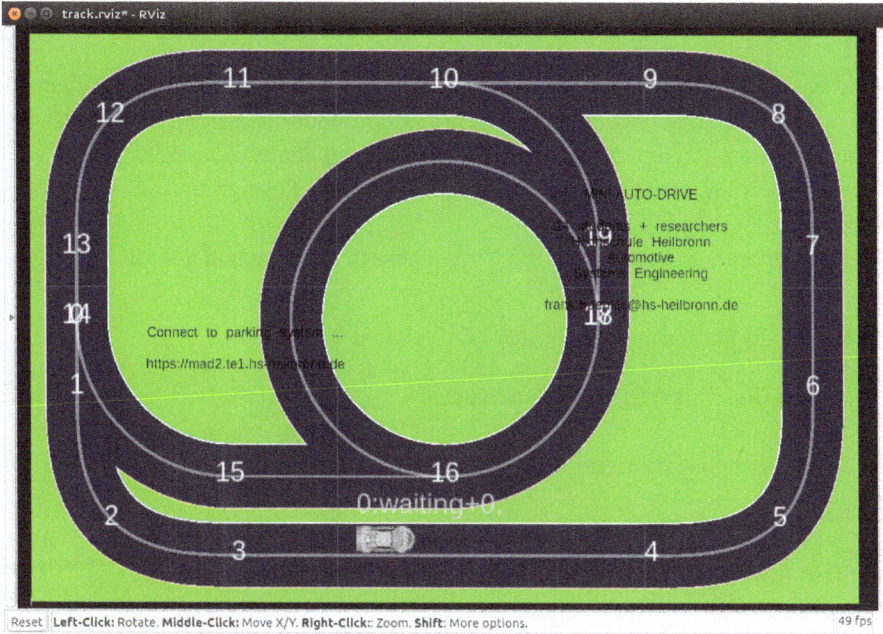

Abb. 85: Fahrbahnkarte mit Kreisverkehr

Erforderliche Laborergebnisse:

— angepasstes C++-Modul `track_node.cpp`

9 Bahnfolgeregelung

Während die *Geschwindigkeitsregelung* die normierte Motorspannung u_n (Element pedals von ROS-Topic /mad/carinputs) generiert, stellt die *Bahnfolgeregelung* den normalisierten, nach unten und oben begrenzten Lenkwinkel $\delta_n = \delta/\delta_{max} \in [-1; 1]$ (Element steering von ROS-Topic /mad/carinputs). Die Regelgrößen der Bahnfolgeregelung sind:

– die Position des Mittelpunkts der Hinterachse in kartesischen Koordinaten

$$s(t) = \big(s_1(t), s_2(t)\big)^T$$

– und der Gierwinkel $\psi(t)$ des Fahrzeugs.

Der Bahnfolgeregler ist ein Regler mit zwei Freiheitsgraden und besteht aus den zwei Komponenten:
– nichtlinearer Zustandsregler Σ_{FB}
– und nichtlineare Vorsteuerung Σ_{FF}.

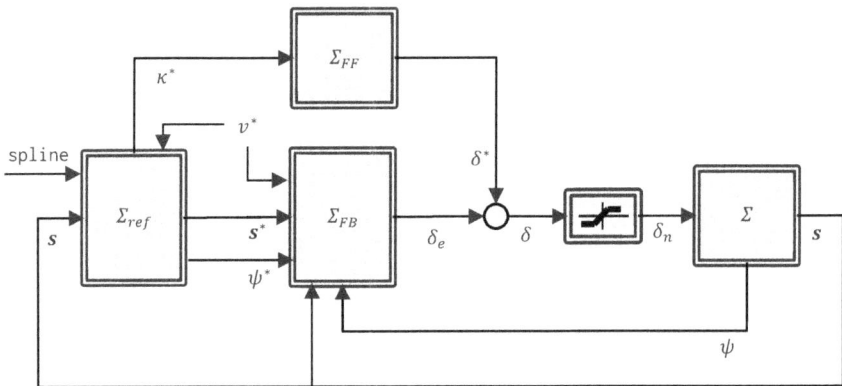

Abb. 86: Signalflussplan der Bahnfolgeregelung

Der Signalflussplan auf Systemebene ist in Abb. 86 dargestellt. Das System Σ ist die nichtlineare Fahrdynamik aus Abschnitt 5.4 und 5.5. Der Führungssignalgenerator Σ_{ref} erzeugt die folgenden Führungssignale durch Verarbeitung einer vordefinierten Sollbahnkurve in Form eines Splines und der aktuellen Fahrzeugposition s:
– Sollposition s^* in kartesischen Koordinaten,
– Sollgierwinkel ψ^*,

https://doi.org/10.1515/9783110723526-009

— Sollbahnkrümmung κ^*.

9.1 Führungssignalgenerierung

Zur Unterscheidung der Sollbahnkurve vom aktuellen Fahrzeugzustand werden ab sofort die Größen der Sollbahnkurve durch den hochgestellten Index * gekennzeichnet wie zu Beginn des Kapitels 8:

$$s^*(x^*) = \begin{pmatrix} s_1^*(x^*) \\ s_2^*(x^*) \\ 0 \end{pmatrix}$$

Alle abgeleiteten Größen der Sollbahnkurve werden ebenfalls mit * gekennzeichnet, wie z.B. der Sollgierwinkel $\psi^*(x^*)$, der vom Zustandsregler Σ_{FB} eingelesen wird. Die Bogenlänge x^* ist die Bogenlänge desjenigen Punktes auf der Sollbahnkurve, der am nächsten liegt zum aktuellen Hinterachsmittelpunkt des Fahrzeugs.

Die nichtlineare Vorsteuerung Σ_{FF} benötigt die Krümmung $\kappa^*(\hat{x})$ der Sollbahnkurve. Für diese Vorsteuerung schaut der Führungssignalgenerator Σ_{ref} wie in Abb. 87 dargestellt in die Zukunft, um den Lenkverzug T_t des Fahrzeugs zu kompensieren. Die Bogenlänge $\hat{x}$ beschreibt einen Punkt auf der Sollbahnkurve, der vor dem nächsten Punkt $s^*(x^*)$ liegt. Die Bogenlänge $\hat{x}$ wird wie folgt aus x^* berechnet:

$$\hat{x} = x^* + v^* T_t \tag{9.1}$$

Dabei ist v^* die Sollgeschwindigkeit des Fahrzeugs, die der Geschwindigkeitsregler aus Kapitel 6 einregelt, und T_t die Totzeit des Lenkverzugs.

Der nächste Punkt auf der Sollbahnkurve zur aktuellen Fahrzeugposition wird approximativ durch folgende Schritte berechnet:

1. Die beiden nächsten Wegpunkte x_k^* und x_{k+1}^* der Sollbahnkurve, die durch kubische Splines beschrieben wird, werden bestimmt.
2. Der nächste Punkt x^* zwischen diesen beiden Wegpunkten wird durch lineare Interpolation berechnet.
3. Der Abstand der Fahrzeugposition zum Spline wird durch eine nichtlineare Gleichung beschrieben. Mit Hilfe eines iterativen Gradientenabstiegsverfahrens wird durch eine numerische Minimierung dieses Abstands die Genauigkeit der Bogenlänge x^* aus Schritt 2. erhöht.

Der nächste Punkt ist der Referenzpunkt $s^*(x^*)$ für die Bahnfolgeregelung. Aus einem Vergleich der aktuellen Bahnposition zu diesem Referenzpunkt wird die Regelabweichung, wie in Abschnitt 9.2 beschrieben, berechnet.

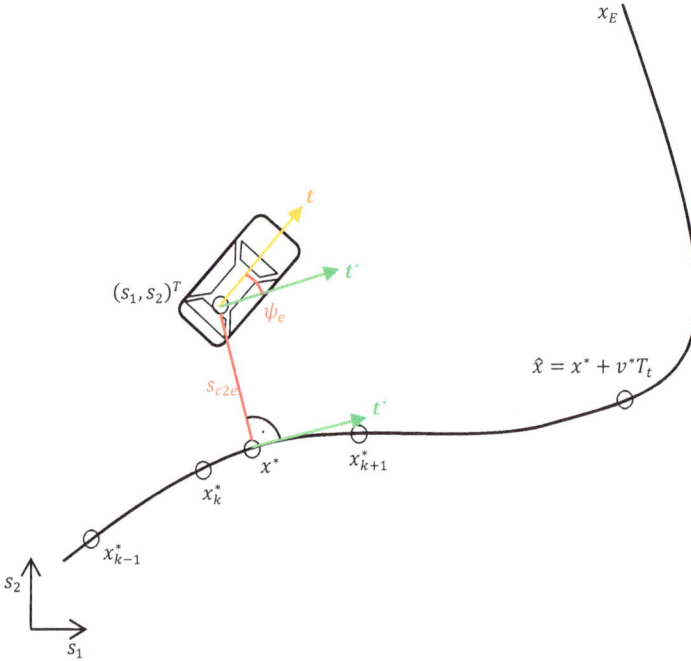

Abb. 87: Nächster Punkt zum Hinterachsmittelpunkt auf Sollbahnkurve

Nachdem die Bogenlänge x^* des nächsten Punktes auf dem Spline kennen, können wir den Sollgierwinkel aus der Definition des Orientierungwinkels (8.3) berechnen:

$$\psi^*(x^*) = \text{atan2}\left(s_2^{*'}(x^*), s_1^{*'}(x^*)\right) \tag{9.2}$$

Die nichtlineare Vorsteuerung benötigt die Krümmung der Sollbahnkurve, die aus (8.4) berechnet werden kann:

$$\kappa^*(\hat{x}) = \sqrt{s_1^{*''}(\hat{x})^2 + s_2^{*''}(\hat{x})^2} \tag{9.3}$$

mit der Bogenlänge $\hat{x}$ aus (9.1). Zur Unterscheidung zwischen Links- und Rechtskurven wird das dritte Element des Binormalvektors (8.5) ausgewertet:

$$t^* \times n^* = \begin{pmatrix} 0 \\ 0 \\ s_1^{*\prime} s_2^{*\prime\prime} - s_1^{*\prime\prime} s_2^{*\prime} \end{pmatrix} \tag{9.4}$$

Mit Hilfe des Vorzeichens dieses dritten Elements wird eine vorzeichenbehaftete Krümmung berechnet, die für die Vorsteuerung in Abschnitt 9.5 benötigt wird:

$$\kappa^*(\hat{x}) = \mathrm{sign}(s_1^{*\prime} s_2^{*\prime\prime} - s_1^{*\prime\prime} s_2^{*\prime}) \sqrt{s_1^{*\prime\prime 2} + s_2^{*\prime\prime 2}} \tag{9.5}$$

9.1.1 MAD-Library in C++

Die C++-Klasse `modbas::Spline` der MAD-Library `madlib` stellt Methoden zur approximativen Berechnung der Bogenlänge x^* des nächsten Spline-Punktes und zur Interpolation des Splines an diesem Punkt zur Verfügung:

- `int getNearest(const std::array<float, dim>& y, float& x, float& dist)` berechnet die Bogenlänge x (entspricht x^*) des nächsten Punktes auf dem Spline, wobei die aktuellen Fahrzeugkoordinaten s als Argument y übergeben werden. Das Rückgabeargument `dist` enthält nur eine approximierte Distanz zum Spline. Daher sollte `dist` nicht verwendet werden.

- `void interpolate(float x, std::array<float, dim>& y, std::array<float, dim>& yd, std::array<float, dim>& ydd, const int pieceIdx = -1)` interpoliert das Spline bei Bogenlänge x und berechnet den Punkt y, die erste Ableitung yd und die zweite Ableitung ydd bei Bogenlänge x. Aus diesen Ableitungen kann dann der Tangentialvektor t^*, der Gierwinkel ψ^* und der Normalvektor n^* des Splines bei Bogenlänge x berechnet werden. Durch wiederholtes Aufrufen von `interpolate` kann zudem die Krümmung κ^* bei Bogenlänge $\hat{x} = x^* + v^* T_t$ bestimmt werden.

Diese Klasse `modbas::Spline` ist in der C++-Header-Datei `src/madlib/include/Spline.h` definiert.

9.1.2 MODBAS-CAR-Library in MATLAB

Die MODBAS-CAR-Library `mbc` stellt die folgende MATLAB-Funktion für die approximative Berechnung der Bogenlängen x^* und $\hat{x}$ sowie der Referenzsignale $s^*(x^*)$, $\psi^*(x^*)$ and $\kappa^*(\hat{x})$ zur Verfügung:

- `mbc_spline_get_reference` berechnet $s^*(x^*)$, $\psi^*(x^*)$ und $\kappa^*(\hat{x})$ für ein gegebenes Spline und die aktuelle Fahrzeugposition s.

Intern ruft `mbc_spline_get_reference` die folgenden beiden MATLAB-Funktionen auf:
- `mbc_spline_get_nearest` berechnet x^*.
- `mbc_ppval` ist eine Embedded-Version der Standard-MATLAB-Funktion `ppval` zur Interpolation von Splines.

Alle drei Funktionen sind in Embedded-MATLAB programmiert und können daher von Simulink durch Verwendung von MATLAB-Funktion-Blocks aufgerufen werden. Weiterhin kann Embedded-Coder Embedded-C-Code für Microcontroller oder den MAD-Linux-PC generieren.

Mit `help` können weitere Informationen zu diesen MATLAB-Funktionen abgerufen werden, z.B. mit `help mbc_spline_get_reference`.

9.2 Dynamik der Regelabweichung

Als Voraussetzung für den Entwurf des nichtlinearen Zustandsreglers Σ_{FB} in Abschnitt 9.3 und der nichtlinearen Vorsteuerung Σ_{FF} in Abschnitt 9.5 wird die Dynamik der Regelabweichung modelliert. Es werden drei einzelne skalare Regelabweichungen entsprechend der Abb. 87 betrachtet:
- tangentialer Abstand s_{c1e} des Hinterachsmittelpunkts s zum nächsten Punkt s^* auf der Sollbahnkurve,
- orthogonaler Abstand s_{c2e} des Hinterachsmittelpunkts s zum nächsten Punkt s^* auf der Sollbahnkurve,
- Abweichung ψ_e des Gierwinkels ψ zum Richtungswinkel ψ^* der Sollbahnkurve am nächsten Punkt.

In Vektorform wird die Regelabweichung x_e definiert als:

$$x_e = \begin{pmatrix} s_{c1e} \\ s_{c2e} \\ \psi_e \end{pmatrix}$$

Der orthogonale Abstand der Fahrzeugposition zur Sollbahnkurve wird gemäß Abb. 87 durch eine Projektion des Differenzvektors s_e auf die Normale zur Sollbahnkurve bestimmt:

$$s_{c2e}(t) = \underbrace{[s(t) - s^*(x^*)]^T}_{s_e} \cdot n^*(x^*)$$

$$= [s_2(t) - s_2^*(x^*)] \cos \psi^*(x^*) - [s_1(t) - s_1^*(x^*)] \sin \psi^*(x^*)$$

(9.6)

Der Normalvektor wird aus dem Richtungswinkel der Sollbahnkurve bestimmt:

$$n^*(x^*) = \begin{pmatrix} s_1^{*\prime\prime} \\ s_2^{*\prime\prime} \end{pmatrix} = \begin{pmatrix} -\sin\psi^* \\ \cos\psi^* \end{pmatrix}$$

denn der Tangentialvektor ist gegeben als:

$$t^*(x^*) = \begin{pmatrix} s_1^{*\prime} \\ s_2^{*\prime} \end{pmatrix} = \begin{pmatrix} \cos\psi^* \\ \sin\psi^* \end{pmatrix}$$

Die Abweichung s_{c1e} tangential zur Sollbahnkurve in Abb. 87 ist gleich 0, da sich der nächste Punkt s^* auf der Sollbahnkurve aus einer orthogonalen Projektion des Hinterachsmittelpunkts s auf die Sollbahnkurve ergibt:

$$s_{c1e}(t) = \underbrace{[s(t) - s^*(x^*)]^T}_{s_e} \cdot t^*(x^*) = 0 \tag{9.7}$$

Die Regelabweichung der Gierwinkels ist die Differenz des Gierwinkels des Fahrzeugs zum Richtungswinkel der Sollbahnkurve:

$$\psi_e(t) = \psi(t) - \psi^*(x^*) \tag{9.8}$$

9.2.1 Nichtlineare Fehlerdynamik

Die nichtlineare Dynamik der Regelabweichung $x_e = (s_{c1e}, s_{c2e}, \psi_e)^T$ wird im Folgenden hergeleitet als Voraussetzung für den nachfolgenden Reglerenwurf.

Alle Regelabweichungen werden zu einem Vektor zusammengefasst, wobei die Gleichungen (9.6), (9.7) und (9.8) zur Berechnung der einzelnen Regelabweichungen verwendet werden:

$$\begin{pmatrix} s_{c1e} \\ s_{c2e} \\ \psi_e \end{pmatrix} = \begin{pmatrix} s_e^T \cdot t^* \\ s_e^T \cdot n^* \\ \psi(t) - \psi^*(x^*) \end{pmatrix}$$

Die Ableitung dieses Vektors nach der Zeit ergibt Differentialgleichungen für die Fehlerdynamik:

$$\begin{pmatrix} \dot{s}_{c1e} \\ \dot{s}_{c2e} \\ \dot{\psi}_e \end{pmatrix} = \begin{pmatrix} \dot{s}_e^T \cdot t^* + s_e^T \cdot \dot{t}^* \\ \dot{s}_e^T \cdot n^* + s_e^T \cdot \dot{n}^* \\ \dot{\psi} - \dot{\psi}^* \end{pmatrix} \tag{9.9}$$

Die einzelnen Ableitungen werden weiter ausgewertet:

$$\dot{s}_e = \dot{s} - \dot{s}^* \tag{9.10}$$

$$\dot{t}^* = \dot{\psi}^* \begin{pmatrix} -\sin \psi^* \\ \cos \psi^* \end{pmatrix} = \dot{\psi}^* \boldsymbol{n}^* \tag{9.11}$$

$$\dot{\boldsymbol{n}}^* = \dot{\psi}^* \begin{pmatrix} -\cos \psi^* \\ -\sin \psi^* \end{pmatrix} = -\dot{\psi}^* \boldsymbol{t}^* \tag{9.12}$$

Einsetzen dieser Ableitungen in (9.9) ergibt:

$$\begin{pmatrix} \dot{s}_{c1e} \\ \dot{s}_{c2e} \\ \dot{\psi}_e \end{pmatrix} = \begin{pmatrix} (\dot{s} - \dot{s}^*)^T \cdot \boldsymbol{t}^* + \dot{\psi}^* \boldsymbol{s}_e^T \cdot \boldsymbol{n}^* \\ (\dot{s} - \dot{s}^*)^T \cdot \boldsymbol{n}^* - \dot{\psi}^* \boldsymbol{s}_e^T \cdot \boldsymbol{t}^* \\ \dot{\psi} - \dot{\psi}^* \end{pmatrix}$$
$$= \begin{pmatrix} (\dot{s} - \dot{s}^*)^T \cdot \boldsymbol{t}^* + \dot{\psi}^* s_{c2e} \\ (\dot{s} - \dot{s}^*)^T \cdot \boldsymbol{n}^* - \dot{\psi}^* s_{c1e} \\ \dot{\psi} - \dot{\psi}^* \end{pmatrix} \tag{9.13}$$

Das kinematische Einspurmodell (5.2) aus Abschnitt 5.2 definiert die Ableitungen der Zustandsgrößen des Fahrzeugs:

$$\begin{pmatrix} \dot{s}_1 \\ \dot{s}_2 \\ \dot{\psi} \end{pmatrix} = \begin{pmatrix} v \cos \psi \\ v \sin \psi \\ \dfrac{v}{l} \tan \delta \end{pmatrix} \tag{9.14}$$

Unter der Annahme, dass das Fahrzeug ideal der Sollbahnkurve folgt, wird die Dynamik des Sollbahnpunktes durch dieselbe Dynamik beschrieben:

$$\begin{pmatrix} \dot{s}_1^* \\ \dot{s}_2^* \\ \dot{\psi}^* \end{pmatrix} = \begin{pmatrix} v^* \cos \psi^* \\ v^* \sin \psi^* \\ \dfrac{v^*}{l} \tan \delta^* \end{pmatrix} \tag{9.15}$$

Einsetzen von (9.14) und (9.15) in (9.13) ergibt die folgende nichtlineare Fehlerdynamik:

$$\dot{s}_{c1e} = v \begin{pmatrix} \cos \psi \\ \sin \psi \end{pmatrix}^T \cdot \begin{pmatrix} \cos \psi^* \\ \sin \psi^* \end{pmatrix} - v^* \begin{pmatrix} \cos \psi^* \\ \sin \psi^* \end{pmatrix}^T \cdot \begin{pmatrix} \cos \psi^* \\ \sin \psi^* \end{pmatrix} + \dot{\psi}^* s_{c2e}$$
$$= v \cos(\psi - \psi^*) - v^* + s_{c2e} \frac{v^*}{l} \tan \delta^*$$
$$= v \cos \psi_e - v^* + s_{c2e} \frac{v^*}{l} \tan \delta^*$$

$$\dot{s}_{c2e} = v \begin{pmatrix} \cos\psi \\ \sin\psi \end{pmatrix}^T \cdot \begin{pmatrix} -\sin\psi^* \\ \cos\psi^* \end{pmatrix} - v^* \begin{pmatrix} \cos\psi^* \\ \sin\psi^* \end{pmatrix}^T \cdot \begin{pmatrix} -\sin\psi^* \\ \cos\psi^* \end{pmatrix} - \dot{\psi}^* s_{c1e}$$

$$= v\sin(\psi - \psi^*) - s_{c1e}\frac{v^*}{l}\tan\delta^*$$

$$= v\sin\psi_e - s_{c1e}\frac{v^*}{l}\tan\delta^*$$

oder in vektorieller Form:

$$\begin{pmatrix} \dot{s}_{c1e} \\ \dot{s}_{c2e} \\ \dot{\psi}_e \end{pmatrix} = \begin{pmatrix} v\cos\psi_e - v^* + s_{c2e}\dfrac{v^*}{l}\tan\delta^* \\[2mm] v\sin\psi_e - s_{c1e}\dfrac{v^*}{l}\tan\delta^* \\[2mm] \dfrac{v}{l}\tan\delta - \dfrac{v^*}{l}\tan\delta^* \end{pmatrix}$$

Unter Beachtung von (9.7) vereinfacht sich dies Dynamik zu:

$$\underbrace{\begin{pmatrix} \dot{s}_{c1e} \\ \dot{s}_{c2e} \\ \dot{\psi}_e \end{pmatrix}}_{\dot{x}_e} = \underbrace{\begin{pmatrix} v\cos\psi_e - v^* + s_{c2e}\dfrac{v^*}{l}\tan\delta^* \\[2mm] v\sin\psi_e \\[2mm] \dfrac{v}{l}\tan\delta - \dfrac{v^*}{l}\tan\delta^* \end{pmatrix}}_{f_e(s_{c1e},s_{c2e},\psi_e,v,v^*,\delta,\delta^*)} \tag{9.16}$$

9.2.2 Linearisierte Fehlerdynamik

Eine Linearisierung von (9.16) am Arbeitspunkt
- $\bar{s}_{c1e} = 0$
- $\bar{s}_{c2e} = 0$
- $\bar{\psi}_e = 0$
- $\bar{v} = v^*$
- $\bar{\delta} = \delta^*$ mit der Annahme $\delta^* = 0$

mit Hilfe der Ansätze aus Abschnitt 4.4.8 ergibt das linearisierte Fehlerdynamikmodell:

$$\begin{pmatrix} \dot{s}_{c1e} \\ \dot{s}_{c2e} \\ \dot{\psi}_e \end{pmatrix} = \begin{pmatrix} 0 & \dfrac{\bar{v}}{l}\tan\delta^* & -\bar{v}\sin\bar{\psi}_e \\ 0 & 0 & \bar{v}\cos\bar{\psi}_e \\ 0 & 0 & 0 \end{pmatrix} \cdot \begin{pmatrix} s_{c1e} \\ s_{c2e} \\ \psi_e \end{pmatrix}$$
$$+ \begin{pmatrix} \cos\bar{\psi}_e & 0 \\ \sin\bar{\psi}_e & 0 \\ \dfrac{1}{l}\tan\bar{\delta} & \dfrac{\bar{v}}{l}\dfrac{1}{\cos^2\bar{\delta}} \end{pmatrix} \cdot \begin{pmatrix} v_e \\ \delta_e \end{pmatrix}$$

$$\begin{pmatrix} \dot{s}_{c1e} \\ \dot{s}_{c2e} \\ \dot{\psi}_e \end{pmatrix} = \begin{pmatrix} 0 & \dfrac{v^*}{l}\tan\delta^* & 0 \\ 0 & 0 & v^* \\ 0 & 0 & 0 \end{pmatrix} \cdot \begin{pmatrix} s_{c1e} \\ s_{c2e} \\ \psi_e \end{pmatrix} + \begin{pmatrix} 1 & 0 \\ 0 & 0 \\ 0 & \dfrac{v^*}{l\cos^2\delta^*} \end{pmatrix} \cdot \begin{pmatrix} v_e \\ \delta_e \end{pmatrix}$$

Da im Fall der Bahnfolgeregelung wegen der Suche nach dem nächsten Punkt auf der Sollbahnkurve die longitudinale Regelabweichung s_{c1e} gleich null ist, reduziert sich die Fehlerdynamik auf eine lineare Dynamik 2. Ordnung:

$$\underbrace{\begin{pmatrix} \dot{s}_{c2e} \\ \dot{\psi}_e \end{pmatrix}}_{\dot{x}_e} = \underbrace{\begin{pmatrix} 0 & v^* \\ 0 & 0 \end{pmatrix}}_{A_e(v^*)} \cdot \underbrace{\begin{pmatrix} s_{c2e} \\ \psi_e \end{pmatrix}}_{x_e} + \underbrace{\begin{pmatrix} 0 \\ \dfrac{v^*}{l} \end{pmatrix}}_{b_e(v^*)} \underbrace{\delta_e}_{u_e} \tag{9.17}$$

9.3 Zustandsregler

Die linearisierte Dynamik (9.17) der Regelabweichungen s_{c2e} und ψ_e wird mit dem nichtlinearen Zustandsregler Σ_{FB} geregelt. Das Stellsignal dieses Reglers ist der Lenkwinkel δ_e, der gemäß Abb. 86 addiert wird zum Ausgangssignal δ^* der nichtlinearen Vorsteuerung Σ_{FF}, die im Abschnitt 9.5 entworfen wird. Der Lenkwinkel δ wird demnach als Summensignal der Stellsignalanteile von Σ_{FB} und Σ_{FF} berechnet:

$$\delta = \delta_e + \delta^*$$

Das *Regelgesetz* eines Zustandsreglers im Fall eines skalaren Stellsignals lautet:

$$u_e = \delta_e = -k^T(v^*) \cdot x_e \tag{9.18}$$

In der Bahnfolgeregelung wird ein nichtlinearer Zustandsregler mit einem *Zustandsreglervektor* $k^T(v^*) = \begin{pmatrix} k_1(v^*) & k_2(v^*) \end{pmatrix}$ verwendet, der von der Sollgeschwindigkeit v^* abhängt. Durch eine geeignete Wahl von k^T wird eine lineare Dynamik des geschlossenen Regelkreises erzielt.

Einsetzen des Regelgesetzes (9.18) in die Dynamik der Regelabweichung (9.17) ergibt die Dynamik des geschlossenen Regelkreises:

$$\dot{x}_e = \underbrace{\left(A_e(v^*) - b_e(v^*) \cdot k^T(v^*)\right)}_{A_w} \cdot x_e$$

Der Reglerentwurf erfolgt durch eine *Polvorgabe* für die Systemmatrix A_w des geschlossenen Regelkreises. Dazu wird zunächst die *charakteristische Gleichung* der Regelkreisdynamik aufgestellt:

$$|\lambda I - A_w| = 0$$

Diese charakteristische Gleichung ist die Bestimmungsgleichung der *Eigenwerte* λ_i des geschlossenen Regelkreises. Im vorliegenden Fall gilt:

$$A_w = A_e(v^*) - b_e(v^*) \cdot k^T(v^*)$$
$$= \begin{pmatrix} 0 & v^* \\ 0 & 0 \end{pmatrix} - \begin{pmatrix} 0 \\ v^* \\ \frac{v^*}{l} \end{pmatrix} \cdot (k_1(v^*) \quad k_2(v^*))$$

$$A_w = \begin{pmatrix} 0 & v^* \\ -\dfrac{v^*}{l} k_1(v^*) & -\dfrac{v^*}{l} k_2(v^*) \end{pmatrix}$$

$$|\lambda I - A_w| = \begin{vmatrix} \lambda & -v^* \\ \dfrac{v^*}{l} k_1(v^*) & \lambda + \dfrac{v^*}{l} k_2(v^*) \end{vmatrix}$$
$$= \lambda^2 + \frac{v^*}{l} k_2(v^*)\lambda + \frac{v^{*2}}{l} k_1(v^*) = 0 \tag{9.19}$$

Mit dem folgenden nichtlinearen Ansatz für den Zustandsreglervektor mit konstanten Koeffizienten k_1', k_2'

$$k^T(v^*) = (k_1(v^*) \quad k_2(v^*)) = \begin{pmatrix} \dfrac{k_1'}{v^{*2}} & \dfrac{k_2'}{v^*} \end{pmatrix} \tag{9.20}$$

vereinfacht sich die charakteristische Gleichung (9.19) zu

$$|\lambda I - A_w| = \lambda^2 + \frac{k_2'}{l}\lambda + \frac{k_1'}{l} = 0 \tag{9.21}$$

Durch *Polvorgabe* ergibt sich das geforderte charakteristische Polynom als Produkt der Linearfaktoren entsprechend dem Fundamentalsatz der Algebra:

$$(\lambda - \lambda_1)(\lambda - \lambda_2) = \lambda^2 - (\lambda_1 + \lambda_2)\lambda + \lambda_1\lambda_2 = 0 \qquad (9.22)$$

Mit gegebenen Eigenwerten $\lambda_1 = \lambda_2 = -1/T_w$ können die Reglerparameter von Σ_{FB} durch einen Koeffizientenvergleich von (9.21) und (9.22) berechnet werden:

$$k_2' = -l(\lambda_1 + \lambda_2) = \frac{2l}{T_w} \qquad (9.23)$$

$$k_1' = l\lambda_1\lambda_2 = \frac{l}{T_w^2} \qquad (9.24)$$

Gemäß (9.20) gilt für den Zustandsreglervektor des nichtlinearen Zustandsreglers Σ_{FB}

$$\boldsymbol{k}^T(v^*) = \left(\frac{k_1'}{v^{*2}} \quad \frac{k_2'}{v^*}\right) = \left(\frac{l}{T_w^2 v^{*2}} \quad \frac{2l}{T_w v^*}\right)$$

und durch Berücksichtigung von (9.18) für das Stellsignal in Abhängigkeit der Regelabweichungen

$$u_e = \delta_e = -\boldsymbol{k}^T(v^*) \cdot \boldsymbol{x}_e$$
$$= -\left(\frac{l}{T_w^2 v^{*2}} \quad \frac{2l}{T_w v^*}\right) \cdot \begin{pmatrix} s_{c2e} \\ \psi_e \end{pmatrix}$$
$$= -\frac{l}{T_w^2 v^{*2}} s_{c2e} - \frac{2l}{T_w v^*} \psi_e$$

Bei der Modellierung des Zustandsreglers ist zu beachten, dass $\boldsymbol{k}^T$ bei der Sollgeschwindigkeit $v^* = 0 \, m/s$ singulär wird. Daher muss v^* vor der Division begrenzt werden:

$$v^* := \begin{cases} v^* & ; \quad \text{für } v^* > v_\epsilon \vee v^* < -v_\epsilon \\ v_\epsilon & ; \quad \text{für } 0 \leq v^* \leq v_\epsilon \\ -v_\epsilon & ; \quad \text{für } -v_\epsilon \leq v^* < 0 \end{cases}$$

Hier ist v_ϵ eine ausreichend kleine Geschwindigkeit. Eine gute Wahl ist $v_\epsilon = 0{,}1 m/s$.

9.4 Steuerbarkeit

Der Zustandsreglervektor $\boldsymbol{k}^T$ wird singulär bei $v^* = 0 \, m/s$, da die nichtlineare Fahrdynamik Σ (9.14) bei der Geschwindigkeit $v = 0 \, m/s$ *lokal nicht steuerbar* ist. Die *lokale vollständige Steuerbarkeit* eines nichtlinearen Systems ist durch dessen Arbeitspunktlinearisierung definiert.

Das nichtlineare System Σ (9.14) des Reeds-Shepp-Car aus Abschnitt 5.2.1 ist in der Zustandsraumdarstellung gegeben als

$$\Sigma: \quad \underbrace{\begin{pmatrix} \dot{s}_1 \\ \dot{s}_2 \\ \dot{\psi} \end{pmatrix}}_{\dot{x}} = \underbrace{\begin{pmatrix} v \cos\psi \\ v \sin\psi \\ \dfrac{v}{l} \tan\delta \end{pmatrix}}_{f(x,u)} \quad ; \; t > 0$$

$$x(0) = x_0$$

mit dem Zustandsvektor $x = (s_1 \quad s_2 \quad \psi)^T$ und dem Eingangsvektor $u = (v \quad \delta)^T$.

Die Linearisierung (siehe Abschnitt 4.4.8) an einem beliebigen Arbeitspunkt

$$\bar{x} = (\bar{s}_1 \quad \bar{s}_2 \quad \bar{\psi})^T , \quad \bar{u} = (\bar{v} \quad \bar{\delta})^T$$

des Zustandsraums ergibt das linearisierte System $\Delta\Sigma$:

$$\Delta\Sigma: \quad \underbrace{\begin{pmatrix} \Delta\dot{s}_1 \\ \Delta\dot{s}_2 \\ \Delta\dot{\psi} \end{pmatrix}}_{\Delta\dot{x}} = \underbrace{\begin{pmatrix} 0 & 0 & -\bar{v}\sin\bar{\psi} \\ 0 & 0 & \bar{v}\cos\bar{\psi} \\ 0 & 0 & 0 \end{pmatrix}}_{A} \cdot \underbrace{\begin{pmatrix} \Delta s_1 \\ \Delta s_2 \\ \Delta\psi \end{pmatrix}}_{\Delta x} + \underbrace{\begin{pmatrix} \cos\bar{\psi} & 0 \\ \sin\bar{\psi} & 0 \\ 0 & \dfrac{\bar{v}}{l}(1 + \tan^2\bar{\delta}) \end{pmatrix}}_{B}$$

$$\cdot \underbrace{\begin{pmatrix} \Delta v \\ \Delta\delta \end{pmatrix}}_{\Delta u} \quad ; \; t > 0$$

$$\Delta x(0) = x_0 - \bar{x}$$

Dabei sind die Systemmatrix A und die Eingangsmatrix B wie folgt definiert:

$$A = \left.\frac{\partial f}{\partial x^T}\right|_{\bar{x},\bar{u}} \quad , \quad B = \left.\frac{\partial f}{\partial u^T}\right|_{\bar{x},\bar{u}}$$

Zitat aus [34] S. 51: „Ein System $\Delta\Sigma$ heißt genau dann *vollständig zustandssteuerbar*, wenn für jede Anfangszeit t_0 jeder Anfangszustand $\Delta x(t_0)$ in endlicher Zeit $t_E > t_0$ durch einen unbeschränkten Steuervektor $\Delta u(t)$ in jeden beliebigen Endzustand $\Delta x(t_E)$ überführt werden kann." [i]

Das obige linearisierte System $\Delta\Sigma$ ist nur für $\bar{v} \neq 0\ m/s$ lokal zustandssteuerbar. Der Beweis erfolgt anhand der *Steuerbarkeitsmatrix* Q_S.

ℹ Zitat aus [34] S. 53: „Ein System n-ter Ordnung $\Delta\Sigma$ ist genau dann vollständig zustandssteuerbar, wenn die Steuerbarkeitsmatrix Q_S den Rang n hat:"

$$Q_S = (B \quad A \cdot B \quad A^2 \cdot B \quad \dots \quad A^{n-1} \cdot B)$$

Das obige, linearisierte System $\Delta\Sigma$ hat die Systemordnung $n = 3$ und es gilt:

$$Q_S = \begin{pmatrix} \cos\bar\psi & 0 & 0 & -\dfrac{\bar v^2}{l}\sin\bar\psi\left(1 + \tan^2\bar\delta\right) & 0 & 0 \\[2mm] \sin\bar\psi & 0 & 0 & \dfrac{\bar v^2}{l}\cos\bar\psi\left(1 + \tan^2\bar\delta\right) & 0 & 0 \\[2mm] 0 & \dfrac{\bar v}{l}\left(1 + \tan^2\bar\delta\right) & 0 & 0 & 0 & 0 \end{pmatrix}$$

Diese Steuerbarkeitsmatrix Q_S hat für $\bar v = 0\,m/s$ den Rang 1 und für $\bar v \neq 0\,m/s$ den Rang 3. Damit ist $\Delta\Sigma$ nur für $v \neq 0\,m/s$ vollständig zustandssteuerbar. Das System Σ ist folglich für $v = 0\,m/s$ lokal nicht steuerbar.

Obwohl das System Σ lokal nicht steuerbar ist, ist es *global steuerbar*, da jedes vorderachsgelenkte Fahrzeug von einem Anfangspunkt x_0 einschließlich eines Anfangsgierwinkels ψ_0 durch eine geeignete Wahl der Stellsignale $v(t)$ und $\delta(t)$ in jeden anderen Punkt $x(t_E)$ einschließlich einer beliebigen Zielorientierung $\psi(t_E)$ gesteuert werden kann. Dies kann mit Hilfe der nichtlinearen Regelungstheorie durch Verwendung von Lie-Klammern bewiesen werden [35].

9.5 Nichtlineare Vorsteuerung

Zur Verbesserung der Dynamik der Bahnfolgeregelung generiert die nichtlineare Vorsteuerung Σ_{FF} den Lenkwinkel δ^* additiv zum Lenkwinkel δ_e der Zustandsreglers Σ_{FB}.

Das Steuerungsgesetz für Σ_{FF} wird aus der nichtlinearen Gierdynamik des Fahrzeugs hergeleitet (siehe Abschnitt 5.2):

$$\dot\psi = \frac{v}{l}\tan\delta^*$$

Das Steuerungsgesetz für Σ_{FF} ergibt sich aus einer Inversion dieser Gleichung bei gegebener Gierwinkelgeschwindigkeit $\dot\psi = \dot\psi^*$ und Sollgeschwindigkeit v^* unter der Annahme, dass die Istgeschwindigkeit v auf die Sollgeschwindigkeit v^* eingeregelt ist:

$$\delta^* = \text{atan}\,\frac{l\dot\psi^*}{v^*} \tag{9.25}$$

Die Gierwinkelgeschwindigkeit $\dot{\psi}^*$ kann aus dem lokalen Radius oder der Krümmung der Sollbahnkurve berechnet werden:

$$\dot{\psi}^* = \frac{v^*}{r^*} = v^* \kappa^* \qquad (9.26)$$

Einsetzen von (9.26) in (9.25) ergibt das Steuerungsgesetz der nichtlinearen Vorsteuerung Σ_{FF}:

$$\delta^* = \operatorname{atan}[l \cdot \kappa^*(\hat{x})]$$

Es ist zu beachten, dass dieser Lenkwinkel nicht direkt von der Fahrzeuggeschwindigkeit v abhängt.

Es ist weiterhin zu beachten, dass die Vorsteuerung Σ_{FF} die vorzeichenbehaftete Krümmung (9.5) der Sollbahnkurve $\kappa^*(\hat{x})$ am vor dem Fahrzeug liegenden Punkt $\hat{x} = x^* + v^* T_t$ als Eingangssignal und den Radstand l als Parameter benötigt. Dadurch kompensiert die Vorsteuerung den Lenkverzug T_t.

9.6 Aufgaben

9.6.1 Aufgabe 9.1 Simulink-Subsystem Control Software für Geschwindigkeits- und Bahnfolgeregelung [Simulink]

In dieser Aufgabe wird das Simulink-Subsystem Control Software aus Aufgabe 6.2 um die Bahnfolgeregelung erweitert. Dieses Subsystem
- empfängt bereits das Bussignal maneuver zum Einlesen der Sollgeschwindigkeit vmax,
- empfängt bereits das Bussignal caroutputsext, das neben der Geschwindigkeit v die Elemente s(1), s(2) und psi enthält, die den Regelgrößen s_1, s_2 und ψ der Bahnfolgeregelung entsprechen,
- erzeugt bereits das Bussignal carinputs zur Steuerung des Fahrzeugs mit dem Fahrmodus u_{cmd} (Element cmd) und den normalisierten Stellsignalen pedals und steering, die u_n und $\delta_n = \delta/\delta_{max}$ entsprechen.

Das Simulink-Subsystem Control Software soll erweitert werden um
- das neue Subsystem Path Controller, das den Bahnfolgeregler parallel zum Subsystem Speed Controller aus Aufgabe 6.2 modelliert,
- einen weiteren Inport spline zum Einlesen der Sollbahnkurve auf dem Bussignal spline.

Folgende Ansätze werden empfohlen:

– Modelliere Σ_{ref}, Σ_{FB} und Σ_{FF} jeweils als individuelle Subsysteme von Path Con-
  troller.
– Verwende vmax als Geschwindigkeitsparameter v^* des Zustandsreglers Σ_{FB} aus
  Abschnitt 9.3.
– Normalisiere die Regelabweichung ψ_e auf den Wertebereich $\psi_e \in [-\pi; \pi]$ in Σ_{FB},
  beispielsweise mit Hilfe der MATLAB-Funktion mod. Andernfalls würde ψ_e gren-
  zenlos wachsen, während das Fahrzeug seine Runden dreht.
– Begrenze das normalisierte Stellsignal auf den Wertebereich $\delta_n \in [-1; 1]$.

Eine gute Wahl für die Zeitkonstante T_w des geschlossenen Regelkreises ist $300ms$
zur Berechnung der Reglerparameter in (9.23) und (9.24). Die folgenden Entwick-
lungsschritte sind durchzuführen:
– Erweitere s6_data.m um Parameterdefinitionen für Σ_{ref}, Σ_{FB} und Σ_{FF}.
– Erweitere s7_template.slx zur Generierung des Bussignals spline durch Einfü-
  gen von Constant- und BusCreator-Blöcken auf der obersten Modellebene. Die
  Constant-Blöcke sollen die Workspace-Parameter für die Spline-Definition aus
  s6_data.m einlesen.
– Modelliere Σ_{ref} als Subsystem von Path Controller und teste dieses Subsystem.
– Erweitere Path Controller um Σ_{FB} und teste dieses Subsystem in MiL-Simulati-
  onen.
– Erweitere Path Controller um Σ_{FF} und teste dieses Subsystem in MiL-Simulati-
  onen.
– Teste die Bahnfolgeregelung gemeinsam mit der Geschwindigkeitsregelung in
  MiL-Simulationen auf verschiedenen Fahrbahnkarten und mit verschiedenen
  Sollgeschwindigkeiten vmax durch Veränderung der Karten-Konfiguration in
  s6_data.m und Veränderung des Constant-Blocks für vmax.
– Teste die Bahnfolgeregelung und die Geschwindigkeitsregelung auf dem MAD-
  System in SiL-Simulationen.
– Teste die Bahnfolgeregelung und die Geschwindigkeitsregelung auf dem MAD-
  System in realen Fahrversuchen.

Alle Entwicklungsschritte außer den letzten beiden Schritten können auf beliebigen
Arbeitsplatzrechnern durchgeführt werden, auf denen die Entwicklungsumgebungen aus Abschnitt 3.1.2 installiert sind. Für SiL-Tests und Fahrversuche ist ein Zugang
zum MAD-Laborsystem erforderlich.

Erforderliche Laborergebnisse:
– Signal-Zeit-Diagramme für Gierwinkel $\psi(t)$
– tar.gz oder zip-Datei, die folgende Dateien enthält
        – s7_template.slx
        – s6_data.m

9.6.2 Aufgabe 9.2 ROS-Node `carctrl_node` für Geschwindigkeits- und Bahnfolgeregelung [C++]

In dieser Aufgabe wird ROS-Node `carctrl_node` aus Aufgabe 6.3 erweitert um die Bahnfolgeregelung. Dieser ROS-Node

- empfängt bereits Messages des Typs `madmsgs::DriveManeuver` auf Topic `/mad/car0/navi/maneuver` zum Einlesen der Sollgeschwindigkeit `vmax` für die Geschwindigkeitsregelung,
- empfängt bereits Messages des Typs `madmsgs::CarOutputsExt` auf Topic `/mad/caroutputsext` zur Messung der Geschwindigkeit und der Regelgrößen s_1, s_2 und ψ für die Bahnfolgeregelung,
- sendet bereits Messages des Typs `madmsgs::CarInputs` auf Topic `/mad/carinputs` zur Steuerung des Fahrzeugs mit dem Fahrmodus u_{cmd} (Element `cmd`) und den normalisierten Stellsignalen `pedals` und `steering`, die u_n und $\delta_n = \delta/\delta_{max}$ entsprechen.

ROS-Node `carctrl_node` soll erweitert werden um

- das Einlesen der Parameter für die Sollbahnkurve als kubische Splines, die als Elemente der ROS-Message `madmsgs::DriveManeuver` auf ROS-Topic `/mad/car0/navi/maneuver` empfangen,
- die C++-Klasse `PathController` in dem neuen C++-Header-File `PathController.h`, die die Bahnfolgeregelung parallel zu `SpeedController` aus dem C++-Header-File `SpeedController.h` berechnet,
- die Interpolation des kubischen Splines mit Hilfe der C++-Klasse `modbas::Spline` zur Approximation der Sollbahnkurve.

Folgende Ansätze werden empfohlen:

- Programmiere die Methoden `init`, `step` sowie individuelle Step-Methoden für Σ_{ref}, Σ_{FB} und Σ_{FF} in der Klasse `PathController`.
- Rufe diese individuellen Step-Methoden für Σ_{ref}, Σ_{FB} und Σ_{FF} von der Haupt-step-Methode der Klasse `carctrl_node` aus auf.
- Erweitere die Callback-Methode für den Empfang der Fahrmanöver auf `/mad/car0/navi/maneuver` zum Einlesen der Spline-Parameter `breaks`, `s1`, `s2`, `segments`.
- Übergib diese Spline-Parameter als Argumente an die Methode `init` von `PathController`, die dann das Spline erstellen kann.
- Erzeuge den Spline als Instanz der Klasse `modbas::Spline` (definiert in `src/madlib/include/Spline.h`) durch Aufruf des folgenden Konstruktors:

```
/**
@brief Spline constructor interpolates waypoints
```

```
@param[in] breaks List of arc lengths of waypoints [ m ]
@param[in] vals0 List of x-coordinates of waypoints [ m ]
@param[in] vals1 List of y-coordinates of waypoints [ m ]
@param[in] segmentIds Id of segment at every waypoint
*/
explicit Spline(const std::vector<float>& breaks,
                const std::vector<float>& vals0,
                const std::vector<float>& vals1,
                const std::vector<uint32_t>& segmentIds) noexcept
```

– Rufe die Methode `getNearest` von `modbas::Spline` auf zur Berechnung des
  nächsten Punktes auf dem Spline. Diese Methode gibt die Bogenlänge x dieses
  Punktes zurück:

```
/**
@brief getNearest returns nearest point on spline
       (point which has minimal distance to y)
@param[in] y Coordinates of point next to spline (e.g., car position) [ m ]
@param[out] x Arc length of nearest point on spline [ m ]
@param[out] dist [ m ] Approximate distance to spline. Do not use for control functions
@return Waypoint index of corresponding spline interval
*/
int getNearest(const std::array<float, dim>& y, float& x, float& dist)
```

– Rufe die Methode `interpolate` von `modbas::Spline` mehrfach auf zur Interpolation der kartesischen Koordinaten und der Ableitungen an diesem Punkt x^* und
  dem Punkt in der Zukunft $\hat{x} = x^* + v^* T_t$ entsprechend Abschnitt 9.1:

```
/**
@brief interpolate interpolates on the spline
@param[in] x The arc length of the point to be interpolated [ m ]
@param[out] y The coordinates of the interpolated point [ m ]
@param[out] yd The first derivative of the coordinates (tangential vector) [ 1 ]
@param[out] ydd The second derivative of the coordinates (normal vector) [ 1/m ]
@param[in] pieceIdx Optional waypoint index of interval on spline
           to speed up interpolation (default -1: search for interval on spline)
*/
void interpolate(float x, std::array<float, dim>& y,
                 std::array<float, dim>& yd, std::array<float, dim>& ydd,
                 const int pieceIdx = -1)
```

– Verwende `vmax` auf `/mad/car0/navi/maneuver` als Geschwindigkeitsparameter v^*
  des Zustandsreglers Σ_{FB} aus Abschnitt 9.3.

– Normalisiere die Regelabweichung ψ_e auf den Wertebereich $\psi_e \in [-\pi; \pi]$ in Σ_{FB} durch Verwendung der statischen Methode `modbas::Utils::normalizeRad` aus `src/madlib/include/Utils.h`. Andernfalls wächst ψ_e grenzenlos, während das Fahrzeug seine Runden dreht.
– Begrenze das normalisierte Stellsignal auf den Wertebereich $\delta_n \in [-1; 1]$.

Eine gute Wahl für die Zeitkonstante T_w des geschlossenen Regelkreises ist $300ms$ zur Berechnung der Reglerparameter in (9.23) und (9.24). Die folgenden Entwicklungsschritte sind durchzuführen:
– Programmiere `PathController` und die step-Methode von Σ_{ref} und teste diese.
– Erweitere `PathController` um die step-Methode von Σ_{FB} und teste diese in SiL-Simulationen.
– Erweitere `PathController` um die step-Methode von Σ_{FF} und teste diese in SiL-Simulationen.
– Teste die Bahnfolgeregelung gemeinsam mit der Geschwindigkeitsregelung in SiL-Simulationen auf verschiedenen Fahrbahnkarten und bei verschiedenen Sollgeschwindigkeiten `vmax` durch Modifikation des Python-Skripts `src/madcar/scripts/send_maneuver.py` und durch Kartenänderungen in `track_node.cpp`.
– Teste die Bahnfolgeregelung und die Geschwindigkeitsregelung auf dem MAD-System in realen Fahrversuchen.

Alle Entwicklungsschritte außer dem letzten Schritt können auf beliebigen Arbeitsplatzrechnern durchgeführt werden, auf denen die Entwicklungsumgebungen aus Abschnitt 3.1.2 installiert sind. Für den realen Fahrversuch im letzten Schritt ist ein Zugang zum MAD-Laborsystem erforderlich.

Erforderliche Laborergebnisse:
– Signal-Zeit-Diagramme des Gierwinkels ψ (psi auf `/mad/caroutputsext`), aufgezeichnet mit `rqt`
– tar.gz oder zip-Datei mit Source-Code von ROS-Node `carctrl_node`
    – inklusive C++-Module und C++-Header aller neu erstellter oder modifizierter C++-Klassen
    – modifizierte `CMakeLists.txt`

9.6.3 Aufgabe 9.3 Mini-Auto-Drive-Wettbewerb [Simulink / C++]

In diesem Wettbewerb treten Laborteams gegeneinander ein. Die im Laufe der Lehrveranstaltung erstellten Simulink-Modelle bzw. der C++-Code für die Geschwindigkeitsregelung und die Bahnfolgeregelung sollen von den einzelnen Laborteams so angepasst und erweitert werden, dass die Fahrzeuge möglichst kleine Rundenzeiten erzielen.

9.6.3.1 Modifikationen und Erweiterungen

Die Modifikationen und Erweiterungen sollen generisch und unabhängig von der Fahrbahnkarte sein. Der Wettbewerb wird auf einem den Laborteams unbekannten Kurs durchgeführt. Insbesondere kann angepasst werden:

– Simulink-Subsystem `Control Software` als Teil des Simulink-Modells `s7_temp-late.slx`
– bzw. ROS-Node `carctrl_node` mit allen verwendeten C++-Klassen innerhalb des ROS-Packages `madcar`.

Alle anderen Simulink-Subsysteme und C++-Klassen dürfen nicht verändert werden, insbesondere nicht das Simulink-Subsystem `Vehicle Dynamics` und auch nicht der ROS-Node `carsim_node` mit allen verwendeten C++-Klassen. Ansonsten würde sich die physikalische Fahrdynamik verändern.

Vorschläge für mögliche Modifikationen und Erweiterungen zur Optimierung der Rundenzeiten sind:

– Weiterentwicklung der Geschwindigkeits- und Bahnfolgeregler,
– Anpassung der Geschwindigkeit in Abhängigkeit der Kurvenkrümmung,
– Abbremsen vor einer Kurve,
– Beschleunigen aus der Kurve,
– Berechnung einer Ideallinie für die Sollbahnkurve unter Berücksichtigung der Longitudinal- und Lateralbeschleunigung.

9.6.3.2 Platzierung

Die Platzierung der Teams erfolgt anhand der erzielten Rundenzeit in der 2. vollständigen Runde. In der 1. Runde startet das Fahrzeug aus dem Stillstand.

Sollte das Fahrzeug die 2. Runde nicht erfolgreich abschließen, erfolgt eine Ersatzplatzierung anhand der unfallfreien Fahrzeit ab Start in der 1. Runde. Alle Ersatz-Platzierungen liegen hinter den normalen Platzierungen.

9.6.3.3 Strafzeiten

Alle Zeitintervalle, in welchen ein einzelnes Hinterrad die Fahrspur verlässt, werden als Strafzeiten zu der Rundenzeit addiert.

9.6.3.4 Unfall und Rennabbruch

Verlassen beide Hinterräder die Fahrspur, wird dies als ein fataler Unfall gewertet und das Rennen wird für das betroffene Fahrzeug abgebrochen. Es erfolgt die oben beschriebene Ersatzplatzierung anhand der Fahrzeit bis zu diesem Unfall.

9.6.3.5 Erforderliche Laborergebnisse

– tar.gz oder zip-Datei
  – mit Source-Code von ROS-Node `carctrl_node`
  – bzw. Kopie `s7_challenge.slx` des Simulink-Modell `s7_tem-`
    `plate.slx` mit zugehörigem MATLAB-Skript `s7_data.m`

Literaturverzeichnis

[1]   J. Schäuffele und T. Zurawka, Automotive Software Engineering: Grundlagen, Prozesse, Methoden und Werkzeuge effizient einsetzen, Springer Vieweg, 2016.

[2]   A. Meroth und F. Tränkle, „Autonomes Fahren im Laborversuch Mini-Auto-Drive," *Tagungsband AALE, 16. Fachkonferenz "Autonome und intelligente Systeme in der Automatisierungstechnik",* pp. 261-268, Februar, März 2019.

[3]   MathWorks. [Online]. Available: https://de.mathworks.com/. [Zugriff am 30 12 2020].

[4]   B. Stroustrup, Die C++-Programmiersprache: Aktuell zu C++11, München: Hanser, 2015.

[5]   B. Stroustrup, Eine Tour durch C++: Die kurze Einführung in den neuen Standard C++11, München: Hanser, 2015.

[6]   T. Weilkiens, Systems Engineering mit SysML/UML, dpunkt.verlag, 2014.

[7]   ROS. [Online]. Available: https://www.ros.org/. [Zugriff am 30 12 2020].

[8]   Boost, „Boost.Numeric.Odeint," [Online]. Available: https://www.boost.org/doc/libs/1_75_0/libs/numeric/odeint/doc/html/index.html. [Zugriff am 06 01 2021].

[9]   Destatis, „Statistisches Bundesamt, Gesellschaft und Umwelt: Verkehrsunfälle," [Online]. Available: https://www.destatis.de/DE/Themen/Gesellschaft-Umwelt/Verkehrsunfaelle/_inhalt.html. [Zugriff am 27 11 2020].

[10] C. Grote und R. Rau, „Auf dem Weg zum hochautomatisierten Fahren," *VDI-Berichte Nr. 2188,* pp. 559-570, 2013.

[11] SAE, „Taxonomy and Definitions for Terms Related to Driving Automation Systems for On-Road Motor Vehicles, J3016_201806," SAE International, 2018.

[12] U. Lefarth, U. Baum, T. Beck und T. Zurawka, „ASCET-SD-Development Environment for Embedded Control Systems," *IFAC Proceedings Volumes 30(4),* pp. 85-90, 1997.

[13] AUTOSAR. [Online]. Available: https://www.autosar.org/. [Zugriff am 2 1 2021].

[14] L. Köster, T. Thomsen und R. Stracke, „Connecting Simulink to OSEK: Automatic code generation for real-time operating systems with Targetlink," *SAE Technical Paper No. 2001-01-0024,* 2001.

[15] B. Vogel-Heuser und S. Kowalewski, „Cyber-physische Systeme," *at-Automatisierungstechnik,* Bd. 10, pp. 667-668, 2013.

[16] A. Meroth, F. Tränkle, B. Richter, M. Wagner, M. Neher und J. Lüling, „Optimization of the development process of intelligent transportation systems using Automotive SPICE and ISO 26262," *IEEE 17th International Conference on Intelligent Transportation Systems (ITSC),* p. 2014, 8-11 October 2014.

[17] B. Paden, M. Carp, S. Yong, D. Yershov und E. Frazzoli, „A suvery of motion planning and control techniques for self-driving urban vehicles," *IEEE Transactions on intelligent vehicles,* Nr. 1(1), pp. 33-55, 2016.

[18] K. Wolfmüller, Nichtlineare Entkopplungsregelung - Symbolischer Entwurfsstandard nichtlinearer Mehrgrößen-Systeme, Shaker-Verlag, 2021.

[19] M. Hawellek, D. Staudt und F. Tränkle, „Redundant Computer Vision for Fault-Tolerant Autonomous Driving in C++ and ROS2," *Embedded World 2021 Conference Proceedings,* pp. 211-216, 1 3 2021.

https://doi.org/10.1515/9783110723526-010

[20] VDI, „VDI-Richtlinie 2206: Entwicklungsmethodik für mechatronische Systeme," VDI-Gesellschaft Produkt- und Prozessgestaltung, 2004.

[21] S. Thrun, W. Burgard und D. Fox, Probabilistic Robotics (Intelligent Robotics and Autonomous Agents), MIT Press, 2005.

[22] E. Hairer, Solving Ordinary Differential Equations 1: Nonstiff Problems, Springer, 2009.

[23] J. Reeds und L. Shepp, „Optimal paths for a car that goes both forwards and backwards," *Pacific Journal of Mathematics,* pp. 367-393, 1990.

[24] L. Dubins, „On curves of minimal length with a constraint on overage curvature, and with prescribed initial and terminal positions and tangents," *American Journal of Mathematics,* pp. 497-516, 1957.

[25] D. Schramm, M. Hiller und R. Bardini, Modellbildung und Simulation der Dynamik von Kraftfahrzeugen, 2. Hrsg., Berlin, Heidelberg: Springer, 2013.

[26] P. Riekert und T. Schunk, „Zur Fahrmechanik des gummibereiften Kraftfahrzeugs," *Ingenieurarchiv 11,* 1940.

[27] H. Pacejka und E. Bakker, „The Magic Formula Tyre Model," *Vehicle system dynamics 21,* pp. 1-18, 1992.

[28] N. Heining, U. Ingelfinger, A. Meroth und F. Tränkle, „Dynamische Simulation von Mini-Fahrzeugen mit Modern C++, Boost-Odeint und Robot-Operating-System," *Tagungsband Workshop 2018 ASIM/GI-Fachgruppen,* pp. 69-74, 2018.

[29] G. Schulz, Regelungstechnik 1, De Gruyter, 2015.

[30] M. Zeitz, „Vorsteuerungs-Entwurf im Frequenzbereich: Offline oder Online," *at,* pp. 375-383, 7 2012.

[31] W. Press, S. Teukolsky, W. Vettering und B. Flannery, Numerical Recipes in C, Cambridge Press, 2007.

[32] CFD-Online. [Online]. Available: https://www.cfd-online.com/Wiki/Tridiagonal_matrix_algorithm_-_TDMA_(Thomas_algorithm). [Zugriff am 09 05 2021].

[33] J. Sherman und W. Morrison, „Adjustment of an Inverse Matrix Corresponding to a Change in One Element of a Given Matrix," *Annals of Mathematical Statistics 21(1),* pp. 124-127, 1950.

[34] G. Schulz, Regelungstechnik 2, Oldenbourg, 2013.

[35] H. J. Sussmann und T. Guoqing, „Shortest paths for the Reeds-Shepp car: a worked out example of the use of geometric techniques in nonlinear optimal control," *Rutgers Center for Systems and Control Technical Report 10,* pp. 1-71, 1991.

Register

https://doi.org/10.1515/9783110723526-011

www.ingramcontent.com/pod-product-compliance
Lightning Source LLC
Chambersburg PA
CBHW081055220326
41598CB00038B/7113